仪器分析实验
（第二版）

主　编　李志富　颜　军　干　宁

副主编　齐　誉　杜光明　王彩霞　李朝辉

　　　　　王雪梅　陈远道　温红珊

参　编　景伟文　苏　惠　邓德华

华中科技大学出版社

中国·武汉

内 容 提 要

　　本书从分析测量工作的实际出发,较为详细地介绍了仪器分析工作者应具备的基本知识与基本技能。全书共分为十三章,包括仪器分析实验基本知识,以及涉及现代仪器分析方法的 65 个基础性实验和综合性实验项目、17 个研究创新性实验项目。经过本次修订,内容叙述更科学,实验参数更合理,图表设计更准确。同时第二版增加了仪器分析实验室常见事故的处理方法和实验室废水废液的处理方法,为学生正确树立实验室安全意识和环保意识提供了理论指导;补充了仪器分析中常见联用技术的实验内容,为开阔学生的视野,提升学生实验分析能力提供了有力保障。第二版内容继续全面深入贯彻我国法定计量单位的新规定、新要求,书中的名词术语符合国家和行业的最新标准。考虑到各院校仪器设备的多样性,也为了使本教材具有普适性,每种分析方法尽可能多对应几个实验项目,以供各学校根据实际情况选用。

　　本书叙述深入浅出,通俗易懂,内容具体实用。本书可作为综合性大学、师范院校、医学和药学院校、农林院校等有关专业的实验教材,也可供生产企业、科研单位从事分析化验工作的人员参考。

图书在版编目(CIP)数据

　　仪器分析实验/李志富,颜军,干宁主编.—2 版.—武汉:华中科技大学出版社,2019.12(2022.8 重印)
　　全国普通高等院校工科化学规划精品教材
　　ISBN 978-7-5680-5809-4

　　Ⅰ.①仪…　　Ⅱ.①李…　②颜…　③干…　　Ⅲ.①仪器分析-实验-高等学校-教材　　Ⅳ.①O657-33

　　中国版本图书馆 CIP 数据核字(2019)第 276673 号

仪器分析实验(第二版) 　　　　　　　　　　　李志富　颜　军　干　宁　主编
Yiqi Fenxi Shiyan (Di-er Ban)

策划编辑:王新华
责任编辑:王新华
封面设计:秦　茹
责任校对:张会军
责任监印:周治超
出版发行:华中科技大学出版社(中国·武汉)　　　　电话:(027)81321913
　　　　　武汉市东湖新技术开发区华工科技园　　　　邮编:430223
录　　排:武汉正风图文照排中心
印　　刷:武汉科源印刷设计有限公司
开　　本:710mm×1000mm　1/16
印　　张:18.5
字　　数:390 千字
版　　次:2022 年 8 月第 2 版第 2 次印刷
定　　价:39.80 元

第二版前言

仪器分析实验是新世纪生命科学、环境科学、材料科学、能源科学、医药学、食品科学、农学、地质科学、化学化工等专业的主要基础技能课程之一。它是仪器分析金课课程教学中的重要环节,是人类认识物质和生命的重要手段,也是产品安全质量评价最重要的工具。它在培养学生基本技能、实践能力、科学素养以及增强学生的创新意识等方面都起着重要作用。因此,加强仪器分析实验教学已成为全面提高学生分析素质的重要途径之一。而仪器分析实验教材是做好实验教学的重要依据。编写和修订《仪器分析实验》的目的是希望对从事分析化验工作的人员,特别是刚开始接触和从事分析测量工作的学生,在学习掌握分析化验的基本知识与基本技能、提高理论水平、提高分析业务素质上有所指导和帮助。

《仪器分析实验》的修订宗旨是:以基本操作技能为主线,突出"量"的意识,强化能力培养和科学素养的形成,适应学生个性化发展,删除陈旧过时的实验内容,补充完善现代仪器分析新方法、新技术实验项目,满足社会需要。

实验内容紧密结合社会发展的需求,力求既结合实际,又面向未来,突出实用性,着重经验、技能和技巧的传授,内容精练,可操作性强。分析对象选取了生物、食品、材料、药品、地质、土壤、水体等方面的多种样品,兼顾到各专业的特点和需要。

在实验项目的编排上,尽力做到实验原理阐述清晰、实验步骤和注意事项叙述详细,实验教学内容和进度不依赖于理论课程,使学生未上理论课也可以顺利进行实验,有利于学生选课预习和独立完成实验。

在实验层次上,编排了基础性实验、综合性实验和研究创新性实验,实验技术包括紫外-可见分光光度法、分子荧光分析法和化学发光分析法、红外吸收光谱法、原子发射光谱法、原子吸收与原子荧光光谱法、电位分析法、库仑分析法、极谱和伏安分析法、气相色谱法、高效液相色谱法、离子色谱法和毛细管电泳分析法、核磁共振波谱法、质谱法和热重分析法与差热分析法、联用技术分析法。

本书共分为十三章,包括仪器分析实验基础知识,以及涉及现代仪器分析方法的65个基础性实验和综合性实验项目、17个研究创新性实验项目。经过本次修订,内容叙述更科学,实验参数更合理,图表设计更准确。同时第二版增加了仪器分析实验室常见事故的处理方法和实验室废水废液的处理方法,为学生正确树立实验室安全意识和环保意识提供了理论指导;补充了仪器分析中常见联用技术的实验内容,为开阔学生的视野、提升学生实验分析能力提供了有力保障。第二版内容继续全面深入贯彻我国法定计量单位的新规定、新要求,书中的名词术语符合国家和行业的最新标准。考虑到各院校仪器设备的多样性,也为了使本教材具有普适性,每种分析方法尽可能多对应几个实验项目,以供各学校根据实际情况选用。

在学时安排上,本书参考各院校开设实验所需要的学时数,对基础性实验安排为每实验 3~4 学时,综合性实验安排为每实验 4~6 学时,研究创新性实验安排为每实验 8~10 学时。

在组织形式上,由于不同学校在校学生人数、仪器分析实验总课时、实验室布局和实验所配仪器套数都不一样,因此,仪器分析实验采用大循环方式实施,每个实验小组安排 3~4 名学生进行实验。

在选择开设实验项目方面,教师可根据学校的实际情况,选择适合本学校专业特点的实验内容组织实验教学。

本书编写人员都是长期从事仪器分析实验教学和科研工作的一线教师和技术骨干,具有丰富的理论教学和实践教学经验,撰写内容汇集了编者宝贵的实践经验,实用和可操作性强。编者希望凭借该书的出版与广大读者分享经验和成果,希望该书的出版有助于一线的分析检测人员和高等院校相关专业的学生更多地了解分析仪器的基本原理和应用,掌握分析仪器的操作和维护技能,以适应社会发展的需要。

在编写本书时,我们参考了相关院校编写的教材和讲义,引用了其中某些数据和图标,并征询了有关高校从事仪器分析教学工作的老师们的意见,受到许多有益的启发,在此一并表示由衷的感谢。本书编写过程中得到了编者所在院校领导和有关部门的大力支持和帮助,尤其是山东第一医科大学圆满地承担了本书编写大纲的制订和编写组织工作,华中科技大学出版社编辑给予了细致的指导,在此一并致以衷心的感谢。

参加本书编写的有:山东第一医科大学李志富,成都大学颜军,宁波大学干宁,石河子大学齐誉,新疆农业大学杜光明、景伟文,河南农业大学王彩霞、苏惠,郑州大学李朝辉,安徽大学王雪梅,湖南文理学院陈远道,吉林工商学院温红珊,安阳师范学院邓德华。全书由李志富统稿并修改定稿。

限于编者学识水平,书中难免出现疏漏、不足之处,真诚欢迎广大读者批评指正。

编　者

2019 年 9 月

目　　录

第一章　仪器分析实验基本知识·····················1

第一节　仪器分析实验目的和基本要求···············1

第二节　仪器分析实验室常用仪器基本操作···········3

第三节　仪器分析实验用水的规格和制备·············11

第四节　仪器分析实验用化学试剂···················13

第五节　仪器分析实验室安全防护···················15

第六节　仪器分析实验数据记录和处理···············21

第七节　仪器分析样品采集和保存···················23

第八节　仪器分析样品前处理技术···················26

第二章　紫外-可见分光光度分析法··················32

第一节　紫外-可见分光光度分析法概述··············32

第二节　紫外-可见分光光度分析法实验项目··········33

实验 2-1　邻二氮菲分光光度法测定微量 Fe^{2+} 实验条件的选择及试样中铁离子
总浓度的分析(综合性实验)·····················33

实验 2-2　双波长分光光度法测定水中硝酸盐含量(综合性实验)···········38

实验 2-3　分光光度法测定食品中亚硝酸盐含量(综合性实验)·············42

实验 2-4　紫外差值光谱法鉴定废水中微量苯酚的含量(综合性选做实验)

·····················45

实验 2-5　紫外-可见分光光度法测定饮料中苯甲酸含量(综合性选做实验)

·····················49

实验 2-6　分光光度法同时测定钢中铬和锰的含量(综合性实验)···········51

实验 2-7　分光光度法测定溴百里酚蓝的 pK_a(综合性实验)··············56

实验 2-8　双波长消去法测定复方制剂安痛定中安替比林含量(综合性实验)

·····················59

实验 2-9　导数光谱法测定降压药中氢氯噻嗪含量(综合性实验)···········62

实验 2-10　有机化合物紫外吸收光谱及溶剂效应的影响(综合性选做实验)

·····················65

实验 2-11　共轭结构化合物发色基团的鉴别(基础性实验)···············68

第三章　分子荧光分析法与化学发光分析法·············71

第一节　分子荧光分析法与化学发光分析法概述·········71

第二节　分子荧光分析法与化学发光分析法实验项目 ······························· 72

实验 3-1　分子荧光分析法测定维生素 B_2 片剂或尿液试样中维生素 B_2 含量（综合性实验） ··· 72

实验 3-2　荧光分析法直接测定水中的痕量可溶性铝（综合性实验） ······· 78

实验 3-3　荧光分析法测定食品中硒含量（综合性选做实验） ··············· 81

实验 3-4　奎宁的荧光特性分析和含量测定（基础性实验） ················· 84

实验 3-5　荧光分析法测定阿司匹林中乙酰水杨酸和水杨酸含量（综合性选做实验） ··· 87

实验 3-6　胶束增敏荧光分析法测定溶液中微量铝离子的浓度（综合性实验） ·· 90

实验 3-7　流动注射化学发光分析法测定水样中的铬（综合性实验） ····· 93

第四章　红外吸收光谱分析法 ··· 97

第一节　红外吸收光谱分析法概述 ··· 97

第二节　红外吸收光谱分析法实验项目 ······································ 101

实验 4-1　苯甲酸红外吸收光谱的测定和解析——压片法制样（综合性实验） ·· 101

实验 4-2　丙酮红外光谱测定——液膜法制样（综合性实验） ········· 104

实验 4-3　聚乙烯和聚苯乙烯膜红外吸收光谱测定——薄膜法（综合性选做实验） ··· 106

实验 4-4　红外吸收光谱分析法区分顺丁烯二酸和反丁烯二酸（基础性实验） ·· 108

第五章　电感耦合等离子体原子发射光谱法 ···························· 110

第一节　电感耦合等离子体原子发射光谱法概述 ··················· 110

第二节　电感耦合等离子体原子发射光谱法实验项目 ············· 114

实验 5-1　电感耦合等离子体原子发射光谱法测定废水中镉、铬含量（综合性实验） ·· 114

实验 5-2　电感耦合等离子体原子发射光谱法测定食品中的多种微量元素含量（综合性实验） ··· 116

实验 5-3　电感耦合等离子体原子发射光谱法测定人发中微量铜、铅、锌含量（综合性实验） ··· 119

第六章　原子吸收与原子荧光光谱法 ···································· 123

第一节　原子吸收与原子荧光光谱法概述 ····························· 123

第二节　原子吸收与原子荧光光谱法实验项目 ······················ 125

实验 6-1　火焰原子吸收光谱分析中实验条件的选择（基础性实验） ········ 125

实验 6-2　火焰原子吸收光谱法测定人发中微量锌含量——标准曲线法（综合

性选做实验）………………………………………………… 128

实验 6-3　石墨炉原子吸收光谱法测定血清中铅含量——标准曲线法（综合性选做实验）…………………………………………………… 130

实验 6-4　火焰原子吸收光谱法测定自来水中钙、镁的含量（综合性选做实验）………………………………………………… 133

实验 6-5　火焰原子吸收标准加入法测定黄酒中铜和镉含量（综合性选做实验）………………………………………………… 136

实验 6-6　流动注射氢化物原子吸收光谱法测定血清中硒含量（综合性选做实验）………………………………………………… 139

实验 6-7　冷原子吸收光谱法测定尿中汞的含量（综合性选做实验）… 143

实验 6-8　石墨炉原子吸收光谱法测定水样中的镉含量（综合性实验）… 145

实验 6-9　氢化物发生原子荧光光谱法测定化妆品中砷的含量（综合性选做实验）………………………………………………… 148

实验 6-10　原子荧光光谱法测定植物中汞的含量（综合性选做实验）… 150

第七章　电化学分析法……………………………………………… 153
　第一节　电化学分析法概述……………………………………………… 153
　第二节　电化学分析法实验项目………………………………………… 159

实验 7-1　pH 玻璃电极性能检查及饮料 pH 测定（基础性实验）……… 159

实验 7-2　离子选择性电极法测定自来水中氟离子的含量（基础性实验）………………………………………………… 162

实验 7-3　乙酸的电位滴定分析及电离常数的测定（综合性实验）……… 165

实验 7-4　硫酸铜电解液中氯离子的电位滴定（基础性实验）………… 170

实验 7-5　氯离子选择性电极选择性系数的测定（基础性选做实验）… 172

实验 7-6　库仑滴定法测定药片中维生素 C 的含量（综合性选做实验）… 175

实验 7-7　控制电流库仑分析法测定 $Na_2S_2O_3$ 溶液的浓度（综合性选做实验）………………………………………………… 178

实验 7-8　电导池常数及水纯度的测定（基础性实验）………………… 181

实验 7-9　单扫描极谱法测定食品中禁用色素苏丹红Ⅰ的含量——峰电流一阶导数法（综合性选做实验）……………………………… 184

实验 7-10　催化极谱法测定自来水中微量钼的含量（综合性实验）… 186

实验 7-11　铋膜电极溶出伏安法测定水中铜、锌、铅、镉的含量（综合性实验）………………………………………………… 189

实验 7-12　循环伏安法测定神经递质多巴胺的含量（综合性选做实验）… 191

实验 7-13　微分电位溶出伏安法测定生物样品中铅和镉的含量（综合性选做实验）………………………………………………… 194

实验 7-14 循环伏安法测定饮料中葡萄糖的含量(综合性实验) ………… 197

第八章 气相色谱法 ……………………………………………………… 200

第一节 气相色谱法概述 ……………………………………………… 200

第二节 气相色谱法实验项目 ………………………………………… 208

实验 8-1 气相色谱分离条件的选择(基础性实验) ………………… 208

实验 8-2 TCD 气相色谱法测无水乙醇中水的含量(基础性实验) … 211

实验 8-3 FID 气相色谱归一化法测定混合烷烃中正己烷、正庚烷和正辛烷的含量(基础性实验) ………………………………………………… 214

实验 8-4 程序升温气相色谱法测定废水中苯的系列化合物——内标标准曲线法(综合性选做实验) …………………………………………… 217

实验 8-5 程序升温毛细管色谱法分析白酒中微量成分的含量(综合性选做实验) ……………………………………………………………… 221

实验 8-6 气相色谱外标法测定白酒中甲醇的含量(综合性选做实验) … 224

第九章 高效液相色谱法 ………………………………………………… 227

第一节 高效液相色谱法概述 ………………………………………… 227

第二节 高效液相色谱法实验项目 …………………………………… 235

实验 9-1 高效液相色谱法测定人血浆或泰诺感冒片中扑热息痛含量(综合性实验) ……………………………………………………………… 235

实验 9-2 反相高效液相色谱法测定饮料中咖啡因的含量(综合性实验) ……………………………………………………………………… 238

实验 9-3 高效液相色谱法测定饮料中山梨酸和苯甲酸的含量(综合性选做实验) ……………………………………………………………… 241

实验 9-4 高效液相色谱法测定荞麦中芦丁的含量(综合性选做实验) … 244

实验 9-5 高效液相色谱法分析水样中的酚类化合物(综合性选做实验) ……………………………………………………………………… 247

第十章 离子色谱分析法与毛细管电泳分析法 ………………………… 250

第一节 离子色谱分析法与毛细管电泳分析法概述 ………………… 250

第二节 离子色谱与毛细管电泳分析法实验项目 …………………… 251

实验 10-1 离子色谱法测定水样中阴离子(F^-、Cl^-、NO_3^-、SO_4^{2-})的浓度(综合性实验) …………………………………………………… 251

实验 10-2 毛细管电泳法测定阿司匹林中水杨酸(综合性实验) … 255

实验 10-3 毛细管电泳分离测定饮料中的防腐剂(综合性选做实验) … 258

第十一章 其他方法(核磁共振波谱法、质谱法、差热-热重分析法和联用分析技术) ………………………………………………………………… 260

第一节 核磁共振波谱法 ……………………………………………… 260

　　实验 11-1　乙基苯核磁共振氢谱测绘和谱峰归属(综合性选做实验) …… 260

第二节　质谱法 ……………………………………………………………… 263

　　实验 11-2　质谱法测定固体阿司匹林试样(综合性选做实验) ………… 263

第三节　差热-热重分析法 ………………………………………………… 265

　　实验 11-3　$CuSO_4 \cdot 5H_2O$ 热重-差热分析(综合性选做实验) ………… 265

第四节　联用分析技术 ……………………………………………………… 267

　　实验 11-4　GC-MS 检测邻二甲苯中的杂质苯和乙苯(综合性选做实验)

　　　………………………………………………………………………… 267

　　实验 11-5　HPLC-MS 测定人体血浆中扑热息痛的含量(综合性实验)

　　　………………………………………………………………………… 270

第十二章　仪器分析研究创新性实验 …………………………………………… 273

第十三章　Excel 和 Origin 在实验数据处理与误差分析中的应用 …………… 277

第一节　排序 ………………………………………………………………… 277

第二节　常用函数的使用 …………………………………………………… 278

第三节　工作曲线的绘制 …………………………………………………… 279

第四节　Origin 使用方法简介 ……………………………………………… 282

参考文献 …………………………………………………………………………… 283

第一章 仪器分析实验基本知识

第一节 仪器分析实验目的和基本要求

1. 仪器分析实验的任务和目的

仪器分析实验是实验化学和仪器分析课的重要内容。它是学生在教师指导下，以分析仪器为工具，亲自动手获得所需物质化学组成和结构等信息的教学实践活动。仪器分析作为现代的分析测试手段，日益广泛地为许多领域内的科研和生产提供大量的关于物质组成、结构以及微观区内元素的空间分布状态等方面的信息，已成为高等学校中许多专业的重要课程之一。要学好仪器分析，必须认真做好仪器分析实验，因为"纸上得来终觉浅，绝知此事要躬行"。

通过仪器分析实验，可以加深对有关仪器分析的基本原理的理解，并掌握必要的实验基础知识和基本操作技能，学会正确地使用分析仪器，合理地选择实验条件；同时，通过学习实验数据的处理方法，可以正确地表达实验结果，培养严谨求实的科学态度、勇于科技创新的精神和独立工作的能力。

2. 仪器分析实验的学习要求

为了达到以上教学目的，对仪器分析实验提出以下基本要求。

（1）做好各项预习。仪器分析所用的仪器一般较昂贵，同一实验室不可能购置多套同类仪器，仪器分析实验通常采用大循环方式组织教学，因而实验安排与讲课内容通常不能同步进行。在这种情况下，学生在实验前必须做好预习工作。

预习的内容包括：

① 仔细阅读仪器分析实验教材和理论教材中的相关内容，必要时参阅有关资料；

② 明确实验的目的和要求，透彻理解实验的基本原理；

③ 明确实验的内容及操作步骤、实验时应注意的事项；

④ 认真思考实验前应准备的问题，并能从理论上加以解决；

⑤ 查阅有关教材、参考书、网络、手册，获得该实验所需的有关化学反应方程式、常数等；

⑥ 通过自己对本实验的理解，在记录本上简要地写好实验预习报告，预习报告的格式可以自己拟定，并在实践中不断加以改进。

（2）学会正确使用仪器。要在教师指导下熟悉和使用仪器，勤学好问，未经教师允许不得随意开动或关闭仪器，更不得随意旋转仪器旋钮、改变仪器工作参数等。详细了解仪器的性能，防止损坏仪器或发生安全事故。应始终保持实验室的整洁和安静。

（3）在实验过程中，要认真学习有关分析方法的基本技术；要细心观察实验现象，仔细记录实验条件和分析测试的原始数据；要学会选择最佳实验条件；要积极思考、勤于动手，培养良好的实验习惯和科学作风。

（4）爱护实验仪器设备。实验中如发现仪器工作不正常，应及时报告，由教师处理。每次实验结束，应将所用仪器复原，清洗好用过的器皿，整理好实验室，请指导教师检查认可后方可离开实验室。

（5）认真写好实验报告。实验报告应简明扼要，图表清晰。实验报告的内容包括实验名称、完成日期、方法原理、仪器名称及型号、主要仪器工作参数、主要实验步骤、实验数据或图谱、实验中出现的现象、实验数据分析和结果处理、问题讨论等，并按规定时间提交指导教师批阅。认真写好实验报告是提高实验教学质量的一个重要环节。

3. 仪器分析实验室规则

实验室规则是人们在长期的实验室工作中，从经验、教训中归纳总结出来的。它有助于防止意外事故，保持正常的实验环境和工作秩序。遵守实验室规则是做好实验的重要前提。进行仪器分析实验时必须严格遵守以下实验室规则。

（1）穿好实验服，准备好实验教材、预习笔记、实验记录本，准时到实验室。不得无故缺席，因故缺席未做的实验应该自己想办法补做。

（2）实验前一定要做好预习和实验准备工作，检查实验所需要的试剂、仪器是否齐全完好。实验前先要集中精力听取和记录指导教师所强调的要点和注意事项，实验时要认真操作，仔细观察，积极思考，如实详细地做好记录。

（3）实验中必须保持肃静，不准喧哗，不得到处乱走。

（4）爱护国家财物，小心使用实验仪器和设备，注意节约水、电和试剂。实验时使用分配给自己的试剂和仪器，不得动用他人的试剂和仪器；公用试剂和仪器、临时用的试剂和仪器，用完后应放回原处或清洗干净。如有损坏，必须及时登记并报告指导教师。

（5）实验台上的试剂和仪器应整齐地放在一定位置上，并保持台面的清洁。废纸和破碎的玻璃仪器应放入指定的垃圾桶内，酸性和碱性废液应倒入指定的废液缸内，统一集中处理。切忌倒入水槽，以防堵塞或腐蚀下水道，造成环境污染。

（6）按规定量取药品或药品溶液，注意节约。称取药品后，及时盖好原瓶盖，放在指定地方的药品不得擅自拿走。

（7）使用精密仪器时,必须严格按照操作规程进行操作,小心谨慎,避免因粗心大意而损坏仪器。如发现仪器有故障,应立即停止使用,报告指导教师,及时排除故障。使用后必须自觉填写登记本。

（8）实验后,应将所用玻璃仪器洗净并整齐地放回原处,精密仪器按程序进行关闭,实验台上的仪器和试剂、试剂架上的各种试剂必须存放有序,清洁整齐。

（9）每次实验后由学生轮流值勤,负责打扫和整理实验室,并检查水龙头、各种电气开关和门窗是否关闭,以保持实验室的整洁和安全。

第二节　仪器分析实验室常用仪器基本操作

1. 玻璃器皿的洗涤和使用规则

玻璃具有很多优良的性质,如化学稳定性好、热稳定性好、绝缘,有良好的透明度和一定的机械强度等,其材料来源方便,可按需要制成各种不同形状的玻璃器皿。

玻璃器皿的清洁与否直接影响实验结果的准确度与精密度,因此,玻璃器皿的洗涤是一项非常重要的操作步骤。洗涤的目的是去除污垢,在清洗的同时必须注意不能带入任何干扰物质。洗涤后的玻璃器皿应清洁、透明,内外壁能被水均匀地润湿且不挂水珠,晾干后不留水痕。

1）常用洗涤方法

（1）用去污粉、合成洗涤剂或肥皂洗涤:有些玻璃器皿（如烧杯、试剂瓶、锥形瓶、量筒、试管、离心管等）可用毛刷蘸洗涤剂、去污粉或肥皂直接刷洗,然后用自来水冲洗干净,再用蒸馏水冲洗内壁 3 次。

具有精确刻度的器皿（如移液管、容量瓶、吸量管、滴定管、刻度比色管等）,为了保证容量的准确性,不宜用毛刷刷洗,可配制 1%～3% 的洗涤剂溶液浸泡,如果仍然洗不干净,可用其他方法清洗。

（2）用铬酸洗液洗涤:洗涤时尽量将待洗器皿内壁的水沥干,再倒入适量铬酸洗液,转动器皿使其内壁被洗液浸润。如果器皿内污垢较严重,可用洗液浸泡一段时间,然后用自来水冲洗干净。使用过的洗液倒回原盛放瓶以备再用（若洗液颜色变绿,则不可再用）。如果用热的洗液洗涤,则去污能力更强。铬酸洗液具有强酸性和强氧化性,对各种污渍均有较好的去污能力。它对衣服、皮肤、橡皮等有腐蚀作用,使用时应特别小心。

（3）用酸洗液洗涤:根据污垢性质,如属水垢和无机盐结垢,可直接使用不同浓度的盐酸、硝酸或硫酸溶液对器皿进行浸泡和洗涤,必要时适当加热,但加热的温度不宜太高,以免酸挥发或分解。灼烧过沉淀的瓷坩埚,用 1+1（指浓盐酸和蒸馏水的体积比,有时还可写成 1∶1 形式）的盐酸浸泡后去污极有效。酸洗液适用于洗涤附在容器上的金属（如银、铜等）、铅盐和一些荧光物质。

盐酸-乙醇（1+2）（指浓盐酸和乙醇的体积比,有时还可写成 1∶2 形式）混合溶液也是一种很好的洗涤液,适用于被有色物污染的比色皿、吸量管、容量瓶等器皿的洗涤。

(4)用碱洗液洗涤:碱洗液多为10%以上的氢氧化钠、氢氧化钾或碳酸钠溶液。碱洗液适于洗涤油脂和有机物,可采用浸泡和浸煮的方法。高浓度碱对玻璃有腐蚀作用,接触时间不宜超过20 min。氢氧化钠(钾)的乙醇溶液洗涤油脂的效率比有机溶剂高,但注意不能与器皿长时间接触。

(5)用有机溶剂洗涤:有机溶剂适用于洗涤聚合体、油脂和其他有机物。根据污物的性质,选择适当的有机溶剂。常用的有丙酮、乙醚、苯、二甲苯、乙醇、三氯甲烷、四氯化碳等。可浸泡或擦洗。

无论采用上述哪种方法洗涤器皿,最后都必须用自来水将洗涤液彻底冲洗干净,再用蒸馏水或去离子水洗涤3次。

2)常用洗涤液的配制

(1)铬酸洗液:称取20 g重铬酸钾,置于40 mL水中,加热使其溶解,放冷;缓缓加入360 mL浓硫酸(不能将重铬酸钾溶液加入浓硫酸中),边加边用玻璃棒搅拌。浓硫酸不可加得太快,防止因剧烈放热而发生意外。冷至室温,装入试剂瓶中备用。

储存的洗液应随时盖好器皿盖,以免吸收空气中的水分而逐渐析出CrO_3,降低洗涤效果。新配制的洗液呈暗红色,氧化能力很强;如果经长期使用或吸收过多水分(即变成墨绿色),就表明已经失效,不宜再用。

(2)酸洗液:常用的纯酸洗液为1+1盐酸、1+1硫酸和1+1硝酸溶液。根据所需用量,量取一定体积的水放入烧杯中,再取等体积酸缓慢倒入水中即可。

(3)盐酸-乙醇溶液:将盐酸和乙醇按1:2体积比混合即可。

(4)氢氧化钠-乙醇洗液:称取120 g氢氧化钠,溶解在100 mL水中,再用95%的乙醇稀释至1 L。

3)超声波清洗

超声波清洗器是一种新型的清洗仪器的工具,在实验室中的应用越来越广泛。其工作原理是超声波清洗器发出的高频振荡信号,通过换能器转换成高频机械振荡,传播到介质清洗液中,使液体流动而产生数以万计的微小气泡,这些气泡在超声波传播过程中会破裂并产生能量极大的冲击波(相当于瞬间产生上千个大气压的高压),这一现象被称为"空化作用"。超声波清洗正是用液体中的气泡产生的冲击波,不断冲击物体表面及缝隙,从而达到全面清洗效果的。

超声波清洗器的最基本结构包括超声波发生器、换能器和清洗水槽。超声波清洗器种类较多,容量为0.6～20 L,可带有定时、功率和温度控制选择功能,使用方便。

用超声波清洗器洗涤玻璃器皿时,应先用自来水初步清洗,然后进行超声波清洗。玻璃器皿内要充满洗涤液体,避免局部"干超"造成器皿破裂。

用超声波清洗器洗涤玻璃器皿具有以下优点。①无孔不入。由于超声波作用是发生在整个液体内,所有能与液体接触的物体表面都能被清洗,尤其适用于形状复杂、缝隙多的物件。②无损洗涤。传统的人工或化学清洗常会产生机械磨损或化学腐蚀,而用超声波正确清洗不会使器皿受到损伤。

4)玻璃器皿的干燥

根据器皿类型和使用要求的不同,采用不同的干燥方法,包括晾干、吹干、烘干、用适量有机溶剂干燥等。

(1)晾干:适用于不急用或不能加热的玻璃器皿。将洗净的玻璃器皿倒置或平放在干净架子或专用橱柜内,自然晾干。

(2)烘干:将洗净的玻璃器皿置于烘箱(105～120 ℃)内烘 1 h,烘厚壁玻璃器皿、实心玻璃塞时应缓慢升温。

(3)气流烘干器干燥:气流烘干器有加热和吹干双重作用,干燥快速,无水渍,使用方便。试管、量筒等适合用气流烘干器干燥。气流烘干器分无调温和可调温两种类型,可调温型气流烘干器一般可在 40～120 ℃范围内控温。

(4)吹干:适用于要求快速干燥的玻璃器皿。按需要用吹风机热风或冷风吹干。

(5)用有机溶剂干燥:适用于不宜加热,需快速干燥的器皿。有些有机溶剂可以和水相溶,用有机溶剂将水带出,然后让有机溶剂挥发干。最常用的是乙醇,向容器内加入少量乙醇,将容器倾斜转动,器壁上的水与乙醇混合,然后倾出乙醇和水(必要时,可再加 1 次乙醇),让残余的乙醇挥发干。若需要可向容器内吹风,加快有机溶剂挥发。

5)玻璃器皿的使用规则

使用玻璃器皿时,应遵守的规则和注意事项如下。

(1)玻璃器皿应保存在干燥、无尘的地方,使用完毕后,应及时洗、擦干净。

(2)计量玻璃器皿不能受热,也不能用来储存浓酸和浓碱。

(3)用于加热的器皿,事前应做质量检查,特别要注意受热部位不能有气泡、水印等。加热时应在受热部位与热源之间衬垫一个石棉网,并逐渐升温,避免骤热骤冷。

(4)不要将热的溶液或热水倒入厚壁的玻璃器皿中。

(5)带磨口的玻璃仪器不能存放碱溶液,磨塞和磨口之间不要在干态下硬性转动或摩擦,也不能将塞子塞紧瓶口后再加热或烘干。磨口瓶不用时,瓶塞(活塞)和磨口之间要衬纸,以避免日后打不开。

(6)带磨口的玻璃仪器(如容量瓶、比色管等),最好在清洗前用线绳把塞子和管拴好,以免打破塞子或相互混配而漏水。

(7)成套玻璃仪器,用完后立即洗净放在专用的包装盒中保存。

2.仪器分析实验量器的使用方法

在分析测量中,量器的正确、规范使用决定了溶液体积的精密度和准确度。量器是指准确量取溶液体积的玻璃仪器,主要有移液管、吸量管、移液器、微量进样器及容量瓶。它们是用透明性较好的软质玻璃制成的。

1）移液管和吸量管

移液管是用于准确移取一定体积溶液的量出式玻璃量器，正规名称应为"单标线吸量管"。它的中部有一膨大部分（称为球部），上部和下部均为较细窄的管径，上部管径刻有标线，球部标有它的容积和标定时的温度。常用的移液管有 25 mL、50 mL、100 mL 等规格（如图 1-2-1(a)所示）。

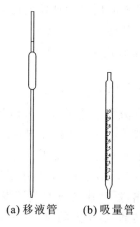

(a)移液管　　(b)吸量管

图 1-2-1　移液管和吸量管

吸量管是带有分刻度线的玻璃管，一般用以移取非整数的小体积溶液。常用的吸量管有 1 mL、2 mL、5 mL、10 mL、20 mL 等规格（如图 1-2-1(b)所示）。

(1)移液管和吸量管的润洗：移取溶液前，移液管或吸量管必须用少量待移溶液润洗内壁 2～3 次，以保证吸取后溶液的浓度不变。润洗时，先用吸水纸将管尖内外的水除去（避免稀释待移溶液），用右手拇指和中指拿住管径标线以上的部位，无名指和小指辅助拿住管，管尖插入液面以下（1～2 cm）。管尖不应插入太浅，以免液面下降后造成吸空；也不能插入太深，以免管外部附有过多的溶液。左手拿洗耳球（拇指或食指在球上方），先把球中空气压出，然后将球的尖端接在管口上（如图 1-2-2(a)所示），慢慢放松洗耳球，吸入溶液至管总体积约 1/3 处（不能让溶液回流，以免稀释待移液）。吸液时，应注意容器中液面和管尖的位置，使管尖随液面的下降而下降。从管口移走洗耳球，立即用食指按紧管口，将移液（吸量）管从溶液中移出，平放转动，使溶液充分润洗至标线以上内壁，润洗后的溶液从管尖放出，弃掉。重复润洗操作2～3 次。

(2)用移液管和吸量管移取溶液的操作：将润洗过的移液（吸量）管适度插入待移溶液中，按润洗时的操作方法吸入溶液至管径标线以上，迅速移去洗耳球，立即用右手食指紧按管口，左手改拿待吸溶液的容器（一般为容量瓶），然后将移液（吸量）管往上提起。将待吸溶液的容器倾斜约30°，右手垂直地拿住移液（吸量）管，使管尖紧贴液面以上容器内壁轻轻转两圈，以除去其外壁上的溶液。用拇指和中指微微旋转

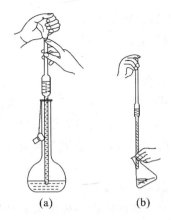

（a）　　　　　　　（b）

图 1-2-2　吸取溶液和放出溶液的操作

移液（吸量）管，食指轻微减压，直到液面缓缓下降到与标线相切时再次紧按管口，使溶液不再流出。然后移开待吸溶液的容器，左手改拿接收溶液的容器（一般为锥形瓶或烧杯）并使其倾斜约 30°，将移液（吸量）管保持垂直状态轻轻插入接收溶液的容器中，且接收容器内壁要与管尖紧贴在一起，松开食指让溶液自然地顺接收容器内壁流下（如图 1-2-2（b）所示），待液面下降到管尖后，再停 15 s 左右，靠内壁转动一下管尖后再将其移去。注意不要把残留在管尖的液体吹出，因为在校准移液（吸量）管体积时，没有把这部分液体算在内。

　　移液管和吸量管使用完毕后，应及时冲洗干净，放回移液管架上。

　　2）移液器

　　（1）移液器的构造和规格：移液器是量出式量器，分定量和可调两种。定量移液器是指移液器的容量是固定的，而可调移液器的容量在其标称容量范围内连续可调。可调移液器由连续可调的机械装置和可替换的吸头组成（如图 1-2-3 所示），不同型号的移液器吸头有所不同，实验室常用的移液器根据最大吸用量有 2 μL、10 μL、20 μL、200 μL、500 μL、1000 μL 等规格。

　　（2）移液器的使用：①根据实验精度选用正确量程的移液器，当取用体积与量程不一致时，可通过稀释液体，增加取用体积来减少误差；②调节移液器吸量体积时，切勿超过量程最大或最小值；③吸量时将吸头套在移液器的活塞杆上（必要时可用手辅助套紧，但要防止由此可能带来的污染），然后将吸量按钮按至第 1 挡，将吸头垂直插入待取液体中，深度以刚浸没吸头尖端为宜，然后慢慢释放吸量按钮以吸取液体；释放所吸液体时，先将吸头垂

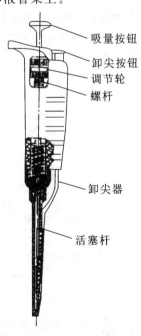

吸量按钮
卸尖按钮
调节轮
螺杆

卸尖器

活塞杆

图 1-2-3　可调移液器示意图

直接触在受液容器壁上，慢慢按压吸量按钮至第 1 挡，停留 1～2 s 后，按至第 2 挡以排出所有液体；④更换吸头时轻轻按卸尖按钮，吸头就会自动脱落。

3）微量进样器

微量进样器也叫微量注射器，一般有 1 μL、5 μL、10 μL、25 μL、50 μL、100 μL 等规格，是微量分析，特别是色谱分析实验中必不可少的取样、进样工具。

微量进样器是精密量器，易碎、易损，使用时应细心，否则会影响其准确度。使用前要用溶剂洗净，以免干扰样品分析；使用后应立即清洗，以免样品中的高沸点组分沾污微量进样器。

使用微量进样器时应注意以下几点：

（1）每次取样前先抽取少许试样溶液再排出微量进样器。如此重复几次，以润洗微量进样器。

（2）为保证精密度，每次进样体积都不应小于微量进样器总容积的 10%。

（3）为排除微量进样器内的空气，可将针头插入样品中反复抽排几次，抽时慢些，排时快些。

（4）取样时应多抽些试样于微量进样器内，并将针头朝上排除空气。

（5）取好样后，用无棉的纤维纸（如镜头纸）将针头外壁所沾的样品擦掉。注意切勿使针头内的样品流失。

3. 仪器分析实验称量器皿的使用

称量是仪器分析实验中基本操作之一，称量常用的仪器是分析天平，它属精密、贵重的仪器，通常要求能准确称量至 0.000 1 g，其最大载量一般为 100～200 g。

为了能得到准确的称量结果，称量通常在专用天平室中进行。实验室常用的分析天平有电光分析天平和电子分析天平（又称电子天平），目前主要使用的是电子分析天平（如图 1-2-4 所示）。

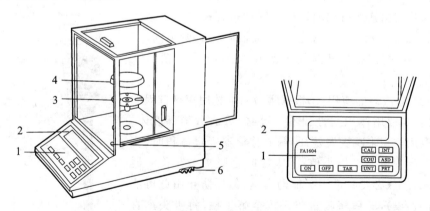

图 1-2-4　电子分析天平

1—键盘（控制板）；2—显示器；3—盘托；4—称量盘；5—水平仪；6—水平调节脚

在使用前必须了解分析天平的使用规则和称量方法。

1) 分析天平的使用规则

(1) 称量前检查天平是否水平,框罩内外是否清洁。

(2) 天平的前门仅在检修时使用,不得随意打开。

(3) 开关天平两边侧门时,动作要轻缓。

(4) 称量物的温度必须与天平温度相同,腐蚀性或者吸湿性的物质必须放在密闭容器中称量。

(5) 不得超载称量,读数时必须关好侧门。

(6) 如发现天平工作不正常,及时报告教师或实验室工作人员,不要自行处理。

(7) 称量完毕,天平复位后,应清洁框罩内外,盖上天平罩,并做好使用记录。长时间不使用时,应切断电源。

2) 电子分析天平称量程序

电子分析天平是目前最新一代的天平,其特点是通过操作者触摸按键可自动调零、自动校准、扣除皮重、数字显示等,同时其质量轻,体积小,操作简便,称量速度快。

(1) 电子分析天平放置和校准。

① 天平应放置在稳定、无震动的平台上,保持水平。如不水平,则调整地脚螺旋高度,使水平仪内空气泡位于圆环中央,达到水平状态。

② 接通电源,显示器就显示"OFF",按"ON"键,天平进入自检过程,自检通过后显示"0.0000 g",即进入正式工作状态。

③ 为获得精准的称量结果,天平必须在校准前通电 30～45 min,以达到天平的稳定工作温度。准备好校正砝码,按"TAR"键,显示"0.0000 g"。在显示"0.0000 g"时,按"CAL"键,显示"CAL"。在显示"CAL"时,在称量盘中央加入 200 g 校正砝码,同时关上防风罩的玻璃门,等待天平内部自动校准,当显示器出现"＋200.0000 g"同时蜂鸣器响了一下后天平校准结束,移去校准砝码,天平稳定后显示"0.0000 g",即可进行称量。

(2) 称取质量。

① 简单称量也称直接称量,在天平显示"0.0000 g"时,将称量的干燥、洁净的玻璃器皿直接放在称量盘上,若是性质稳定的样品可盛放在洁净的表面皿、称量纸或烧杯中,然后一起放于称量盘上,同时关上天平防风罩的玻璃门,等待天平稳定后显示单位"g",如 10.4321 g,读取称量结果。这种方法适用于称量洁净、干燥的不易潮解或升华的固体试样。比如干燥、洁净烧杯、表面皿、称量瓶、锥形瓶等的称量,已知准确质量的烧杯或锥形瓶内所盛试剂或样品质量的称量。

② 去皮称量也叫增重称量,将容器放在天平称量盘上,随后显示容器的质量值。按"TAR"键去皮,即显示"0.0000 g",给容器加上称量药品或样品,等稳定后显示的是药品或样品的净质量值,记录该值;按"TAR"键后,移去称量样品及容器,此时显示负的累加值。这种称量法适用于称量不易吸潮、在空气中能稳定存在的粉末状或小颗粒样

品，便于调节其质量。比如某些基准试剂称量完后要在烧杯中溶解，就可用此法。

③ 递减称量法也叫减重称量，该称量法是分析化学中最常用的称量方法。在天平显示"0.0000 g"时，将盛有样品的称量瓶放入称量盘中央，等稳定后按"TAR"键，打开玻璃门取出称量瓶，倾倒出要称出质量的样品，将盛有剩余样品的称量瓶放入称量盘中央。此时，显示负值（如 −0.1253 g），该值对应的正值即为倾倒出样品的质量。记下称出样品的质量，清除称量盘上的物品，按"TAR"键，使天平显示为"0.0000 g"。这种称量法适用于在称量过程中易吸水、易氧化或与二氧化碳反应的样品，这些样品要盛装在称量瓶中才能进行称量。

如在短时间内再次使用，应将开关键置于关的位置（不可切断电源），使天平处于保温状态，可延长天平的使用寿命。长时间不用时应拔下电源插头，盖好防尘罩。

（3）称量条件和注意事项。

① 简单称量法和去皮称量法适用于对某些在空气中没有吸湿性、化学性质稳定的试样或试剂和干燥、洁净的玻璃器皿。

② 递减称量法适用于一般的颗粒状、粉状及液态样品。称量瓶和滴瓶都有磨口瓶塞，适合较易吸湿、氧化、挥发试样的称量。称量时用 1 cm 宽的纸条套住瓶身中部（如图 1-2-5 所示），左手捏紧纸条尾部将称量瓶放到天平称量盘的正中位置，待数据稳定后，按"TAR"键去皮，即显示"0.0000 g"，取出称量瓶，在承接样品的容器上方打开瓶盖并用瓶盖的下面轻敲瓶口的上沿，使样品缓缓流入容器（如图 1-2-6 所示）。估计倾出的样品接近需要量时，再边敲瓶口边将瓶身扶正，盖好瓶盖后方可离开容器的上方，再次放到天平称量盘中央，此时，显示一负值，该负值的相反数即为称出样品的质量。

图 1-2-5　移取称量瓶的操作示意图　　**图 1-2-6　将试样转移到接收容器的操作示意图**

如果一次倾出的样品量不到所需量，可再次倾倒样品，直到移出的样品质量满足要求为止。平行称取多份试样时，连续称量即可。

注意：在敲出样品的过程中，要保证样品没有损失，边敲边观察样品的转移量，切不可在还没盖上瓶盖时就让瓶身和瓶盖都离开容器上口，因为瓶口边沿处可能粘有样品，容易损失。如果称出的试样量大大超过需要量，则弃之重称。

3）电子分析天平常见故障处理

随着技术水平的提高和设备的更新，许多实验室都在使用称量速度快、精密度高、准确性好、操作方便的电子分析天平。但在使用过程中也常遇到一些问题。为此,介绍电子分析天平在使用过程中常见故障的处理办法。

(1)天平开机自检无法通过,出现下列故障代码。

① "EC1":CPU 损坏。

② "EC2":键盘错误。

③ "EC3":天平存储数据丢失。

④ "EC4":采样模块没有启动。

此现象大多是硬件故障,只能将天平送修。

(2)天平显示"L"。

可能是称量盘没放好、称量盘下面有异物粘连或气流罩与称量盘碰在一起。

检查称量盘是否放好或盘下是否有异物粘连,如有则拿走异物;轻轻转动称量盘或气流罩,查看是否有碰的现象,调整气流罩的位置。

(3)加载后天平显示"H"。

称量盘上加载物体过重,超出量程;曾用质量小于校准砝码值的物体校准过天平,导致处于正常量程内的质量显示超重。用正确的砝码重新进行校准并在量程范围内称重。

(4)开机显示"H"或"L",加载显示无变化。

天平所在环境温度超出允许的工作温度范围,将天平移置环境温度为(20 ± 5)℃的场所;或传感器损坏,需更换传感器。

(5)开始显示数据随称重正常变化,突然出现不再变化。

曾经使用质量大于校正砝码值的物体进行天平校准,从而出现大于某一个值后显示值不再增加,需重新校准天平。

(6)按下开关键后未出现任何显示。

电源没插上、保险丝熔断或按键卡死出错。插上电源,或将电源线拔掉,用小螺丝刀将天平电源插座处熔丝盒撬出,更换保险丝,或拧松按键固定螺丝调整按键位置。

(7)开机后仅在显示屏的左下角显示"0",不再有其他显示。

天平门玻璃未关好,天平称重环境不稳定,天平始终无法得到一个稳定的称量环境。关好门玻璃;轻轻地拿起称量盘,检查称量盘下是否有异物,特别注意是否有细小的异物;选择坚固、无震动的安装台面及室内气流较小的使用环境。

第三节 仪器分析实验用水的规格和制备

仪器分析实验室用于溶解、稀释和配制溶液的水,都必须先经过纯化。分析要求不同,对水质纯度的要求也不同。故应根据不同要求,采用不同纯化方法制得纯水。

一般实验室用的纯水有蒸馏水、二次蒸馏水、去离子水、无二氧化碳蒸馏水、无氨蒸馏水、无菌水等。

1. 仪器分析实验用水规格

仪器分析实验用水分为三个级别:一级水、二级水和三级水。三个级别水的要求见表 1-3-1。

表 1-3-1　仪器分析实验用水规格

项目	一级	二级	三级
pH 范围(298.15 K)			5.0~7.5
电导率(298.15 K)/(mS·m^{-1})	≤0.01	≤0.10	≤0.50
吸光度(254 nm,1 cm 光程)	≤0.001	≤0.01	
可溶性硅(以 SiO$_2$ 计)/(mg·L^{-1})	<0.01	<0.02	

一级水用于有严格要求的仪器分析实验,包括对颗粒有要求的实验,如高效液相色谱用水。一级水可用二级水经石英设备蒸馏或离子交换混合床处理后,再经 0.2 μm 微孔滤膜过滤来制取。

二级水用于无机痕量分析等实验,如原子吸收光谱分析用水。二级水可用多次蒸馏或离子交换等方法制取。

三级水用于一般化学分析实验。三级水可用蒸馏或离子交换等方法制取。

为保持实验室使用的蒸馏水纯净,蒸馏水瓶要随时加塞,专用虹吸管内外均应保持干净。蒸馏水瓶附近不要存放浓盐酸、浓氨水等易挥发试剂,以防污染。通常用洗瓶取蒸馏水。用洗瓶取水时,不要取出其塞子和玻璃管,也不要把蒸馏水瓶上的虹吸管插入洗瓶内。

通常普通蒸馏水保存在玻璃容器中,去离子水保存在聚乙烯塑料容器中。用于痕量分析的高纯水,如二次石英亚沸蒸馏水,则需要保存在石英或聚乙烯塑料容器中。

2. 各种纯度水的制备

(1) 蒸馏水:将自来水在蒸馏装置中加热汽化,然后将蒸汽冷凝即可得到蒸馏水。由于绝大部分无机盐都不挥发,因此蒸馏水较纯净,可达到三级水的标准,但不能完全除去水中溶解的气体杂质,适用于一般溶液的配制。

(2) 二次石英亚沸蒸馏水:为了获得比较纯净的蒸馏水,可进行重蒸馏,并在准备重蒸馏的蒸馏水中加入适当的试剂以抑制某些杂质的挥发。如加入甘露醇能抑制硼的挥发,加入碱性高锰酸钾可破坏有机物并防止二氧化碳蒸出。二次蒸馏水一般可达到二级水标准。第二次蒸馏通常采用石英亚沸蒸馏器,其特点是在液面上方加热,使液面始终处于亚沸状态,可使水蒸气带出的杂质减至最少。

(3) 去离子水:去离子水是使自来水或普通蒸馏水通过离子树脂交换柱后所得的水。制备时,一般将水一次通过阳离子树脂交换柱、阴离子树脂交换柱、阴阳离子树脂混合交换柱。这样得到的水纯度比蒸馏水纯度高,质量可达到二级或一级水标准,但对非电解质及胶体物质无效,同时会有微量的有机物从树脂溶出,因此,根据需要可将去离子水进行重蒸馏以得到高纯水。

3. 特殊用水的制备

(1) 无氨水:每升蒸馏水中加 2 mL 浓硫酸,再重蒸馏,即得无氨蒸馏水。

(2) 无二氧化碳蒸馏水:煮沸蒸馏水,直至煮去原体积的 1/4 或 1/5,隔离空气,冷却即得。此水应储存于连接碱石灰吸收管的瓶中。

(3) 无氯蒸馏水:将蒸馏水在硬质玻璃蒸馏器中先煮沸,再进行蒸馏,收集中间馏出部分。

(4) 无氧纯水:将普通纯水置于烧瓶中,煮沸 1 h 后,立即用装有玻璃导管(导管与盛有 100 $g \cdot L^{-1}$ 焦性没食子酸碱性溶液的洗瓶连接)的橡胶塞塞紧瓶口,放置冷却后即得无氧纯水。

第四节　仪器分析实验用化学试剂

1. 化学试剂种类

化学试剂是符合一定质量标准的纯度较高的各种单质和化合物,是仪器分析实验不可缺少的物质。化学试剂种类的选择和用量的多少直接关系到实验的成败、实验结果的正确与否,以及实验成本的高低。因此,必须了解试剂的分类标准,以便正确使用试剂。

化学试剂根据用途可分为一般化学试剂和特殊化学试剂。

根据国家标准(GB),一般化学试剂按其纯度和杂质含量的高低可分为四级,其规格及使用范围见表 1-4-1。

表 1-4-1　化学试剂等级及适用范围

级别	名称	英文名称	符号	标签颜色	适用范围
一级品	优级纯	guaranteed reagent	GR	绿色	纯度很高,适用于精密分析及科学研究工作
二级品	分析纯	analytical reagent	AR	红色	纯度仅次于一级品,主要用于定性、定量分析和一般科学研究
三级品	化学纯	chemical pure	CP	蓝色	纯度较二级品差,适用于一般的定性分析和无机、有机化学实验
四级品	实验试剂	laboratorial reagent	LR	棕黄	纯度较低,常用做实验的辅助试剂

此外,还有一些特殊用途的所谓高纯度试剂,如基准试剂、光谱纯试剂、色谱纯试

剂和超纯试剂等。

基准试剂的纯度相当于(或高于)一级品,是滴定分析中标定标准溶液的基准物质,也可直接用于配制标准溶液。

光谱纯试剂(符号 SP)中杂质的含量用光谱分析法已测不出或杂质含量低于光谱分析法的检测限。它主要用做光谱分析中的标准物质。

色谱纯试剂是指其纯度高,杂质含量用色谱分析法测不出或低于色谱分析法的检测限(即 10^{-10} g 以下,无杂质峰)。它主要用做色谱分析法的对照品物质或标准物质。

超纯试剂用于痕量分析和一些科学研究工作,这种试剂的生产、储存和使用都有一些特殊的要求。

仪器分析实验中用到的标准品、对照品是指用于鉴别、检查、含量测定的标准物质。标准品与对照品(不包括色谱用的内标物)均由国务院食品药品监督管理部门指定的单位制备、标定和供应。

2. 试剂的保管和使用

试剂保管不善或使用不当,极易变质和沾污,在仪器分析实验中往往是引起误差甚至造成失败的主要原因之一。因此,必须按一定的要求保管和使用试剂。

(1) 使用前,要认明标签;取用时,不可将瓶盖随意乱放,应将盖子倒放在干净的地方。取用固体试剂时,应用干净的骨匙,用毕立即洗净,晾干备用。取用液体试剂时,一般用量筒。倒试剂时,标签朝上,不要将试剂泼洒在外,多余试剂不应倒回试剂瓶内,取完试剂随手将瓶盖盖好,切不可"张冠李戴",以防沾污。

(2) 装盛试剂的试剂瓶都应贴上标签,写明试剂的名称、规格、日期等,不可在试剂瓶中装入与标签不符的试剂,以免造成差错。标签脱落的试剂,在未查明前不可使用。标签最好用碳素墨水书写,以保证字迹长久,标签四周要剪齐,并贴在试剂瓶的2/3 高度处,以使其整齐美观。

(3) 使用标准溶液前,应把试剂充分摇匀。

(4) 易腐蚀玻璃的试剂,如氟化物、苛性碱等,应保存在塑料瓶或涂有石蜡的玻璃瓶中。

(5) 易氧化的试剂(如氯化亚锡、低价铁盐)和易风化或潮解的试剂(如 $AlCl_3$、无水 Na_2CO_3、NaOH 等)应用石蜡密封瓶口。

(6) 易见光分解的试剂应用棕色瓶装,并保存在暗处。

(7) 易受热分解的试剂、低沸点的液体和易挥发的试剂,应保存在冰箱中。

(8) 为保证所用试剂不被污染,取出时所用小勺一定要擦干净,取出量要适宜。液体试剂要先倒入干净的量筒或烧杯中,倒入量要适宜;不准将吸量管、滴管伸进试剂瓶中吸取。取出的试剂如果没用完,不准倒回原试剂瓶。

(9) 从滴瓶取用少量液体试剂时,先提起滴管,使滴管口离开液面,用手指紧捏胶帽排出管内空气,然后将滴管插入试剂瓶中,放松手指吸入试剂,再提起滴管,垂直放在锥形瓶口或其他容器口上方将试剂逐滴加入。

（10）向锥形瓶中滴加试剂时，滴管只能接近锥形瓶口，不能远离或伸入锥形瓶内。远离时容易将试剂滴落到锥形瓶外部，伸入锥形瓶内则容易沾污滴管，而将其他物质带回滴瓶，使滴瓶内试剂受到污染。

（11）滴瓶上的滴管只能配套专用，不能随意串换。使用后应立即放回原瓶中，不可放在桌面或其他地方，以免沾污或拿错。

（12）用滴管吸取试液后，应始终保持胶帽朝上，不能平持或斜持，以防试剂流入胶帽中，腐蚀胶帽并沾污试剂。

（13）滴管用后，应将剩余试剂挤回滴瓶中。要特别注意的是不能捏着胶帽将滴管放回滴瓶，以免其中充满试剂。

3. 试剂的选用

选用化学试剂时，应以分析要求、分析方法、检测的灵敏度、对结果的准确度的要求等为依据，选取不同级别的试剂。

在分析中既要考虑被测物质使用试剂的纯度，也必须考虑基体成分（溶剂）的纯度。因为基体用量大，杂质带入量也大，对测试结果影响往往较大。

试剂的纯度愈高，其价格愈高。应根据实验要求，本着节约的原则，合理选用不同级别的试剂，不可盲目追求高纯度而造成浪费，也不能随意降低规格而影响测定结果的准确度。在能满足实验要求的前提下，尽量选用低价位的试剂。

第五节　仪器分析实验室安全防护

我国一贯重视安全与劳动保护工作。保护实验人员的安全和健康，防止环境污染，保证实验室工作安全而有效地进行是实验室管理工作的重要内容。

仪器分析实验室安全包括人身安全及仪器、设备等公共财产的安全。在仪器分析实验中，经常使用具腐蚀性、易燃、易爆或有毒的化学试剂，大量使用易损的玻璃仪器和某些精密分析仪器，使用煤气、水、电等。因此，在实验室安全方面，主要应预防化学药品中毒，操作过程中的烫伤、割伤、腐蚀等人身安全和燃气、高压气体、高压电源、易燃易爆化学品等可能产生的火灾、爆炸事故，以及自来水泄漏等事故。为确保实验的正常进行和人身安全，学生进入实验室后必须严格遵守实验室的安全规则，并了解安全急救措施。

1. 实验室的一般安全规则

（1）实验室内严禁饮食、吸烟，一切化学药品禁止入口。实验中应注意不用手摸脸、眼等部位。实验完毕后，须洗手。

（2）水、电、煤气使用完毕后，应立即关闭。离开实验室时，应仔细检查水、电、煤气、门、窗是否均已关好。

（3）避免浓酸、浓碱等具有强烈腐蚀性的试剂溅在皮肤和衣服上。使用浓 HNO_3、HCl、H_2SO_4、$HClO_4$、$NH_3 \cdot H_2O$ 时，均应在通风橱中操作，绝不允许直接加热。稀释浓硫酸时，应将浓硫酸慢慢地注入水中，绝不能将水倒入浓硫酸中。装过强腐蚀性、易爆或有毒药品的容器，应由操作者及时洗净。

（4）使用四氯化碳、乙醚、苯、丙酮、三氯甲烷等易挥发的、有毒或易燃的有机溶剂时，一定要远离火焰和其他热源。使用完后将试剂瓶塞严，放在阴凉处保存。低沸点有机溶剂不能直接在火焰上或其他热源上加热，而应在水浴上加热。用过的试剂应倒入回收瓶中，不要倒入水槽中。

（5）对于汞盐、砷化物、氰化物等剧毒物品，使用时应特别小心。氰化物不能接触酸，因作用时产生剧毒的 HCN，氰化物废液应倒入碱性亚铁盐溶液中，使其转化为亚铁氰化物盐类，然后作废液处理。严禁直接倒入下水道或废液缸中。硫化氢气体有毒，涉及有关硫化氢气体的操作时，一定在通风橱中进行。操作结束后，必须仔细洗手。

（6）热、浓的 $HClO_4$ 遇有机物易发生爆炸。如果试样为有机物，应先用浓硝酸加热，使之与有机物发生反应，有机物被破坏后，再加入 $HClO_4$。蒸发多余的 $HClO_4$ 时，切勿蒸干，避免发生爆炸。

（7）仪器分析实验室内应保持整齐、干净。要保持水槽清洁，不能将毛刷、抹布扔在水槽中。禁止将固体物、玻璃碎片及滤纸等扔入水槽，以免造成下水道堵塞。废弃物应放入实验室指定存放的地方。废酸、废碱等小心倒入废液缸，切勿倒入水槽内，以免腐蚀下水道。

（8）实验完毕，应将实验台面整理干净，关闭水、电、气、门、窗，征得指导教师同意后方可离开实验室。

2. 仪器分析实验室常见事故处理方法

在做仪器分析实验的时候，一时的疏忽就可能造成火灾、爆炸、中毒、机械性伤害、设备损坏等事故。下面就对仪器分析实验室中常见的实验事故及预防和处理措施进行介绍，以备不时之需。

1）火灾性事故

火灾性事故的发生具有普遍性，几乎所有的实验室都可能发生。酿成这类事故的直接原因如下：忘记关电源，致使设备或用电器具通电时间过长，温度过高，引起着火；供电线路老化、超负荷运行，导致线路发热，引起着火；对易燃易爆物品操作不慎或保管不当，使火源接触易燃物质，引起着火；乱扔烟头，接触易燃物质，引起着火。

（1）注意事项。

在使用苯、乙醇、乙醚、丙酮等易挥发、易燃烧的有机溶剂时，如操作不慎，易引起火灾事故。为了防止事故发生，必须随时注意以下几点：

① 操作和处理易燃、易爆溶剂时，应远离火源；对易爆炸固体的残渣，必须小心销毁（如用盐酸或硝酸分解金属炔化物）；不要把未熄灭的火柴梗乱丢；对于易发生自

燃的物质(如加氢反应用的催化剂雷尼镍)及沾有它们的滤纸,不能随意丢弃,以免引起火灾。

② 实验前应仔细检查仪器装置安装是否正确、稳妥与严密;操作要求正确、规范;常压操作时,切勿造成系统密闭,否则可能发生爆炸事故;对沸点低于 80 ℃的液体,一般蒸馏时应采用水浴加热,不能用火直接加热;实验操作中,应防止有机物蒸气泄漏出来,更不要用敞口装置加热。若要进行除去溶剂的操作,则必须在通风橱里进行。

③ 实验室里不允许存放大量易燃物。实验中一旦发生火灾,切不可惊慌失措,应保持镇静。首先立即切断室内一切火源和电源,然后根据具体情况正确地进行抢救和灭火。

(2) 常用处理方法。

① 在可燃液体着火时,应立即拿开着火区域内的一切可燃物质,关闭通风器,防止扩大燃烧面积。

② 酒精及其他可溶于水的液体着火时,可用水灭火。

③ 汽油、乙醚、甲苯等有机溶剂着火时,应用石棉布或干砂扑灭。绝对不能用水,否则反而会扩大燃烧面积。

④ 金属钾、钠或锂着火时,绝对不能用水、泡沫灭火器、二氧化碳、四氯化碳等灭火,可用干砂、石墨粉扑灭。

⑤ 电器设备导线等着火时,不能用水及泡沫灭火器,以免触电。应先切断电源,再用二氧化碳或四氯化碳灭火器灭火。

⑥ 衣服着火时,千万不要奔跑,应立即用石棉布或厚外衣盖熄,或者迅速脱下衣服,火势较大时,应卧地打滚以扑灭火焰。

⑦ 发现烘箱有异味或冒烟时,应迅速切断电源,使其慢慢降温,并准备好灭火器备用。千万不要急于打开烘箱门,以免突然供入空气助燃(爆),引起火灾。

⑧ 发生火灾时应注意保护现场。较大的着火事故应立即报警。若有伤势较重者,应立即送医院。

⑨ 熟悉实验室内灭火器材的位置和灭火器的使用方法。

另外发生火灾时要做到"三会":会报火警;会使用消防设施扑救初起火灾;会自救逃生。

(3) 手提式干粉灭火器的使用。

① 使用方法:先撕掉小铅块,拔出保险销;再用一手压下压把后提起灭火器;另一手握住喷嘴,将干粉射流喷向燃烧区火焰根部即可。

② 使用方法图解:见图 1-5-1。

2) 爆炸性事故

爆炸性事故多发生在具有易燃易爆物品和压力容器的实验室,酿成这类事故的直接原因如下:违反操作规程使用设备、压力容器(如高压气瓶)而导致爆炸;设备老

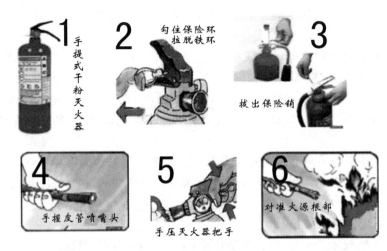

图 1-5-1　手提式干粉灭火器的使用方法

化,存在故障或缺陷,造成易燃易爆物品泄漏,遇火花而引起爆炸;对易燃易爆物品处理不当,导致燃烧爆炸,如三硝基甲苯、苦味酸、硝酸铵、叠氮化物等受到高热摩擦、撞击、震动等外来因素的作用或与其他反应性物质接触,就会发生剧烈的化学反应,产生大量的气体和高热,引起爆炸;强氧化剂与还原性物质混存,引起燃烧和爆炸;由火灾事故引起仪器设备、药品等的爆炸。

常见预防方法:①某些化合物容易爆炸,如有机化合物中的过氧化物、芳香族多硝基化合物和硝酸酯、干燥的重氮盐、叠氮化物、重金属的炔化物等,均是易爆物品,在使用和操作时应特别注意。蒸馏含过氧化物的乙醚时,有爆炸的危险,事先必须除去过氧化物。可加入硫酸亚铁的酸性溶液除去。芳香族多硝基化合物不宜在烘箱内干燥。乙醇和浓硝酸混合在一起,会引起极强烈的爆炸。②仪器安装不正确或操作错误,有时会引起爆炸。如果在常压下进行蒸馏或加热回流,仪器必须与大气相通。在蒸馏时要注意,不要将物料蒸干。在减压操作时,不能使用不耐外压的玻璃仪器(例如平底烧瓶和锥形瓶等)。③氢气、乙炔、环氧乙烷等气体与空气混合达到一定比例时,会生成爆炸性混合物,遇明火即会爆炸。因此,使用上述物质时必须严禁明火。对于放热量很大的合成反应,要小心地慢慢滴加物料,并注意冷却,同时要防止因滴液漏斗的活塞漏液而造成事故。

3) 毒害性事故

毒害性事故多发生在具有化学药品和剧毒物质的实验室和具有毒气排放的实验室。酿成这类事故的直接原因如下:将食物带进有毒物的实验室,造成误食中毒,例如,南京某大学一工作人员盛夏时误将冰箱中的含苯胺的中间产品当酸梅汤喝了,引起中毒,原因就是该冰箱中曾存放过供工作人员饮用的酸梅汤;设备设施老化,存在故障或缺陷,造成有毒物质泄漏或有毒气体排放不畅,酿成中毒事故;管理不善、操作不慎或违规操作,实验后有毒物质处理不当,造成有毒物品散落流失,引起人员中毒、环境污染;废水排放管路受阻或失修改道,造成有毒废水未经处理而流出,引起环境污染。

常见预防和处理方法:①处理具有刺激性、恶臭和有毒的化学药品时必须在通风橱内进行。如 H_2S、NO_2、Cl_2、Br_2、CO、SO_2、SO_3、HCl、HF、浓硝酸、发烟硫酸、浓盐酸、乙酰氯等,必须在通风橱中进行。通风橱开启后,不要把头伸入橱内,并保持实验室通风良好。②实验中应避免手直接接触化学药品,尤其严禁手直接接触剧毒品。沾在皮肤上的有机物应当立即用大量清水和肥皂洗去,切莫用有机溶剂洗,否则只会增加化学药品渗入皮肤的速度。③溅落在桌面或地面的有机物应及时除去。如不慎损坏水银温度计,撒落在地上的水银应尽量收集起来,并用硫黄粉盖在撒落的地方。④所用剧毒物质由技术负责人负责保管、适量发给使用人员并要回收剩余部分。装有毒物质的实验器皿要贴标签注明,用后及时清洗,经常使用有毒物质进行实验的操作台及水槽要注明,实验后的有毒残渣必须按照实验室规定进行处理,不准乱丢。⑤掌握基本的中毒救助技能。进行有毒物质实验中若出现咽喉灼痛、嘴唇脱色或发绀、胃部痉挛或恶心呕吐、心悸头晕等症状,则可能系中毒所致。视中毒原因施以下述急救后,立即送医院治疗,不得延误。

固体或液体毒物中毒:有毒物质尚在嘴里的立即吐掉,用大量水漱口。误食碱者,先饮大量水再喝些牛奶。误食酸者,先喝水,再服 $Mg(OH)_2$ 乳剂,最后饮些牛奶。不要用催吐药,也不要服用碳酸盐或碳酸氢盐。重金属盐中毒者,喝一杯含有几克 $MgSO_4$ 的水溶液,立即就医。不要服催吐药,以免引起危险或使病情复杂化。砷和汞化物中毒者,必须紧急就医。

吸入气体或蒸气中毒者:立即转移至室外,解开衣领和纽扣,呼吸新鲜空气。对休克者应施以人工呼吸,但不要用口对口法。立即送医院急救。

4)机电伤人性事故

机电伤人性事故多发生在有高速旋转或冲击运动的实验、要带电作业的实验和一些有高温产生的实验。事故表现和直接原因如下:操作不当或缺少防护,造成挤压、甩脱和碰撞伤人;违反操作规程或因设备设施老化而存在故障和缺陷,造成漏电触电和电弧火花伤人;使用不当造成高温气体、液体对人的伤害。

(1)预防和处理。

① 使用电器时,禁止触摸导电部位。应防止人体与电器导电部分直接接触及石棉网金属丝与电炉电阻丝接触;不能用湿的手或手握湿的物体接触电插头;电热套内严禁滴入水等溶剂,以防止电器短路。

② 应先关开关,再拔电源插头。为了防止触电,装置和设备的金属外壳等应连接地线,实验后应先关仪器开关,再将连接电源的插头拔下。检查电器设备是否漏电应该用试电笔,凡是漏电的仪器,一律不能使用。

(2)发生触电时急救方法。

关闭电源;用干木棍使导线与被害者分开;使被害者和土地分离,急救时急救者必须做好防止触电的安全措施,手或脚必须绝缘。必要时进行人工呼吸并送医院救治。

5) 设备损坏性事故

设备损坏性事故多发生在用电加热的实验。事故表现和直接原因如下:线路故障或雷击造成突然停电,致使被加热的介质不能按要求恢复原来状态造成设备损坏。

检查仪器设备,重新设置仪器设备实验条件,开启仪器重新加热。

6) 其他事故的急救知识

(1) 玻璃割伤。

一般轻伤应及时挤出污血,并用消过毒的镊子取出玻璃碎片,用蒸馏水洗净伤口,涂上碘酒,再用创可贴或绷带包扎;大伤口应立即用绷带扎紧伤口上部,使伤口停止流血,急送医院就诊。

(2) 烫伤。

被火焰、蒸气、红热的玻璃、铁器等烫伤时,应立即将伤口处用大量水冲洗或浸泡,从而迅速降温避免烧伤。若起水泡则不宜挑破,应用纱布包扎后送医院治疗。对轻微烫伤,可在伤处涂些鱼肝油或烫伤油膏或万花油后包扎。若皮肤起泡(二级灼伤),不要弄破水泡,防止感染;若伤处皮肤呈棕色或黑色(三级灼伤),应用干燥而无菌的消毒纱布轻轻包扎好,急送医院治疗。

(3) 被酸、碱、苯酚或溴液灼伤。

皮肤被酸灼伤时要立即用大量流动清水冲洗(皮肤被浓硫酸沾污时切忌先用水冲洗,以免硫酸水合时强烈放热而加重伤势,应先用干抹布吸去浓硫酸,然后用清水冲洗),彻底冲洗后可用 2%～5% 的碳酸氢钠溶液或肥皂水进行中和,最后用水冲洗,涂上药品凡士林。

被碱液灼伤时要立即用大量流动清水冲洗,再用 2% 乙酸或 3% 硼酸溶液冲洗,最后再用水冲洗,涂上药品凡士林。

皮肤被溴或苯酚灼伤时立即用大量有机溶剂(如酒精或汽油)洗去溴或苯酚,最后在受伤处涂抹甘油。由于酚用水冲淡(1:1或2:1)时,瞬间可使皮肤损伤加重而增加酚吸收,故不可先用水冲洗污染面。

受上述灼伤后,若创面起水泡,均不宜把水泡挑破。重伤者经初步处理后,急送医务室。

(4) 酸液、碱液或其他异物溅入眼中。

酸液溅入眼中,立即用大量水冲洗,再用 1% 碳酸氢钠溶液冲洗。若为碱液,立即用大量水冲洗,再用 1% 硼酸溶液冲洗。洗眼时要保持眼皮张开,可由他人帮助翻开眼睑,持续冲洗 15 min。重伤者经初步处理后立即送医院治疗。若有木屑、尘粒等异物,可由他人翻开眼睑,用消毒棉签轻轻取出异物,或任其流泪,待异物排出后,再滴入几滴鱼肝油。若玻璃屑进入眼睛内,这是比较危险的。这时要尽量保持平静,绝不可用手揉擦,也不要让别人翻眼睑,尽量不要转动眼球,可任其流泪,有时碎屑会随泪水流出。用纱布轻轻包住眼睛后,立即将伤者急送医院处理。

(5) 水银由呼吸道进入人体。

水银容易由呼吸道进入人体,也可以经皮肤直接吸收而引起积累性中毒。严重中毒的征象是口中有金属气味,呼出气体也有金属气味;流唾液,牙床及嘴唇上有硫化汞的黑色;淋巴结及唾液腺肿大。不慎中毒时,应送医院急救。急性中毒时,通常用碳粉或呕吐剂彻底洗胃,或者食入蛋白(如 1 L 牛奶加 3 个鸡蛋的蛋清)或蓖麻油解毒并使之呕吐。

(6) 吸入刺激性或有毒气体。

吸入 Cl_2 或 HCl 气体时,可吸入少量乙醇和乙醚的混合蒸气使之解毒;吸入 H_2S 或 CO 气体而感到不适时,应立即到室外呼吸新鲜空气。应注意 Cl_2 或 Br_2 中毒时不可进行人工呼吸,CO 中毒时不可使用兴奋剂。

(7) 毒物进入口内。

把 5~10 mL 5% $CuSO_4$ 溶液加到一杯温水中,内服后,把手指伸入咽喉部,促使呕吐,吐出毒物,然后立即送医务室。

3. 仪器分析实验室有毒废物或废液处理

1) 一切不溶固体或浓酸、浓碱废液

严禁倒入水池中,以防堵塞和腐蚀水管。对于浓酸废液,先用陶瓷或塑料桶收集,然后用过量的碳酸钠或氢氧化钙的水溶液中和,或用废碱中和,然后用大量水冲稀排放。对于浓碱废水,用酸中和,然后用大量水冲稀排放。

2) 氰化物废液

氰化物与酸会产生极毒的氰化氢气体,瞬间可使人死亡,将含氰化物的废液倒入废酸缸中是极其危险的。故处理氰化物废液时,应先加入氢氧化钠使其 pH 达 10 以上,再加入过量的 3% 高锰酸钾溶液,使 CN^- 被氧化分解。当 CN^- 含量过高时,加过量的次氯酸钙和氢氧化钠溶液进行破坏。另外一种处理氰化物废液的方法是:将含氰化物的废液倒入 30% $FeSO_4$ 溶液中,再加入 10% Na_2CO_3 溶液混合,使其变为无毒的亚铁氰化物再弃之。

3) 含汞、砷、锑、铋等离子的废液

加酸控制废液的 $[H^+]$ 为 0.3 mol·L^{-1},再加硫化钠,使这些离子以硫化物形式沉淀,以废渣的形式处理。同时注意防止含砷盐的溶液与活泼金属或初生态氢接触,以免产生砷化氢气体引起中毒。

第六节　仪器分析实验数据记录和处理

在仪器分析实验过程中,应正确记录测量的各种数据,科学地处理所得数据并正确报告实验结果,在实验课的学习中对此应予以足够重视。

1. 实验数据的记录

(1) 实验数据的记录应有专门的、预先编有页码的实验记录本;记录实验数据时,本着实事求是和严谨的科学态度,对各种测量数据及有关现象,认真并及时准确地记录下来。切忌夹杂主观因素随意拼凑或伪造数据。绝不能将数据记录在单片纸或记在书上、手掌上等。

(2) 实验开始之前,应首先记录实验名称、实验日期、实验室气候条件(包括温度、湿度和天气状况等)、仪器型号、测试条件及同组人员姓名等。

(3) 实验过程中测量数据时,应根据所用仪器的精密度正确处理有效数字的位数。用万分之一分析天平称量时,要求记录至 0.000 1 g;移液管及吸量管的读数应记录至 0.01 mL;用分光光度计测量溶液的吸光度时,如吸光度在 0.6 以下,读数记录至 0.001,大于 0.6 时,读数记录至 0.01。

(4) 实验过程中的每一个数据都是测量结果,重复测量时,即使数据完全相同,也应认真记录下来。

(5) 记录过程中,对文字记录,应整齐清洁;对数据记录,应采用一定表格形式,当发现数据算错、测错或读错需要改动时,可将该数据用双斜线划去,在其上方书写正确的数字,并由更改人在数据旁签字。

(6) 实验完毕后,将完整实验数据记录交给实验指导教师检查并签字。

2. 实验数据的处理和结果表达

实验数据的处理是将测量的数据经科学的数学运算,推断出某量值的真值或导出某些具有规律性结论的整个过程。通常包括实验数据的表达、数据的统计学处理和结果表达。

1) 实验数据的表达

可用列表法、图解法和数学方程式表示法显示实验数据间的相互关系、变化趋势等相关信息,清楚地反映出各变量之间的定量关系,以便进一步分析实验现象,得出规律性结论。

(1) 列表法:列表法是将有关数据及计算按一定形式列成表格,具有简单明了、便于比较等优点。实验的原始数据一般用列表法记录。

(2) 图解法:图解法是将实验数据各变量之间的变化规律绘制成图,能够把变量间的变化趋势,如极大、极小、转折点、周期性以及变化速率等重要特性直观地显示出来,便于进行分析研究。该法现在主要通过计算机相关处理软件进行绘图。

(3) 数学方程式表示法:仪器分析实验数据的自变量与因变量之间多呈线性关系,或是经过适当变换后,使之呈现线性关系,通过计算机相关处理软件处理后便得到相应的数学方程式(也叫回归方程)。许多分析方法利用这一特性由数学方程式计算出待测组分的含量。

2）数据的统计学处理

在仪器分析实验中涉及的统计学处理主要有可疑值的取舍、平均值、标准偏差和相对标准偏差等，有关计算方法参阅相关教材内容。对于分析结果，当含量大于 1%且小于 10%时，用 3 位有效数字表示；当含量大于 10%时，则用 4 位有效数字表示。

3）结果表达和方法评价

根据测量仪器的精密度和计算过程的误差传递规律，正确地表达分析结果，必要时还要表达其置信区间。对于方法正确性，要从精密度和准确度两个方面进行评价。精密度可以用重复性实验进行评价，即在一个相当短的时间内，用选用的方法对同一份样品进行多次（一般最多 20 次）重复测定，要求其变异系数（相对标准偏差）小于5%；准确度可用回收实验进行评价，即将被测物的标准溶液加入待测试样中作为回收样品，原待测试样中加入等量的无被测物的溶剂作为基础样品，然后同时用选用方法对两试样进行测定，通过以下公式计算出回收率：

$$回收率 = \frac{回收浓度}{加入浓度} \times 100\%$$

要求回收率为 95%～105%。

3. 实验报告的书写

实验完毕，应用专门的实验报告本及时而认真地写出实验报告。仪器分析实验报告一般包括以下内容。

（1）实验编号和实验名称。

（2）实验目的。

（3）实验原理。简要地用文字或化学反应式说明，对特殊仪器的实验装置，应画出流程式实验装置图。

（4）主要试剂和仪器。列出实验中所用的主要试剂和仪器。

（5）实验步骤。简明扼要地写出。

（6）实验数据及处理。应用文字、表格、图形将数据表示出来。根据实验要求及计算公式计算出分析结果并进行有关数据和误差处理。

（7）问题讨论。对实验教材上思考题和实验中观察到的现象、产生误差的原因等进行讨论和分析，以提高自己分析问题和解决问题的能力。

第七节　仪器分析样品采集和保存

分析工作中不可能把待分析对象全部进行测定，一般是通过对全部样品中一部分有代表性物质的分析测定，来推断被分析对象总体的性质。分析对象的全体称为总体（population），它是一类属性完全相同的物质。构成总体的每一个单位称为个体。从总体中抽出部分个体，作为总体的代表性物质进行分析，这部分个体的集合体称为样品（sample）。从总体中抽取样品的操作过程称为采样（sampling）。

1. 样品采集的原则

采集样品的原则可概括为代表性、典型性和适时性。

(1) 代表性:采集的样品必须能充分代表被分析总体的性质。如仓库中粮食样品的采集,需按不同方向、不同高度采集,即按三层(上、中、下)五点(四周及中心)法分别采集,将其混合均匀后再按四分法进行缩分,得到分析所需的样品。植物油、鲜乳、酱油、饮料等液体样品,应充分混匀后再进行采集。

(2) 典型性:对有些样品的采集,应根据检测目的,采集能充分说明此目的的典型样品。例如对掺假食品的检测,应仔细挑选可疑部分作为样品,而不能随机采样。

(3) 适时性:某些样品的采集要有严格的时间概念。如发生食物中毒时,应立即赴现场采集引起食物中毒的可疑样品。对于污染源的监测,应根据检测目的,选择不同时间采集样品。

采集样品时要避免样品的污染和被测组分的损失,因此要选择合适的采样器具和采样方法。采样时要详细记录采样时间、地点、位置、温度和气压等。采样量应能满足检测项目对样品量的需要,至少采集两份样品,其中一份作为保存样品,以备复检或仲裁之用。

2. 各类样品的采集方法

样品的采集方法与样品的种类、分析项目、被测组分浓度等因素有关。仪器分析实验涉及的样品种类主要有气体样品、液体样品、一般固体样品、食品和生物材料等几种。

1) 气体样品的采集

(1) 常压下,取样一般用吸气装置,如吸筒、抽气泵,使盛气瓶产生真空,自由吸入气体试样。

(2) 若气体压力高于常压,取样时可用球胆、盛气瓶直接盛取试样。

(3) 若气体压力低于常压,取样时先将取样器抽成真空,再用取样管接通进行取样。

2) 液体样品的采集

(1) 对于装在大容器中的液体,采用搅拌器搅拌或用无油污、水等杂质的空气深入容器底部充分搅拌,然后用内径约 1 cm、长 80~100 cm 的玻璃管,在容器的各个不同深度和不同部位取样,经混匀后供分析。

(2) 对于密封式容器的液体,先放出前面一部分弃去,再接取供分析用的试样。

(3) 对于一批中分几个小容器分装的液体,先分别将各容器中试样混匀,然后按该产品规定取样量,从各容器中取近等量试样于一个试样瓶中,混匀供分析。

(4) 对于水管中的液体,应先放去管内静水,取一根橡皮管,其一端套在水管上,另一端插入取样瓶底部,待瓶中装满水后,让其溢出瓶口少许即可。

（5）对于河、池等水源，应在尽可能背阴的地方，离水面以下 0.5 m 深度，离岸 1～2 m 处取样。

3）一般固体样品的采集

（1）粉状或松散样品的采集，如精矿、石英砂、化工产品等，其组成较均匀，可用探料钻插入包内钻取。

（2）对于金属锭块或制件，一般可用钻、刨、切削、击碎等方法，按锭块或制件的采样规定采取试样。

（3）大块物料，如矿石、焦炭、块煤等，不但组分不均匀，而且大小相差很大，所以采样时应以适当的间距，从各个不同部分采取小样，原始样品一般按全部物料的万分之三至千分之一采集小样。

4）食品样品的采集

食品检测项目主要有食品的营养成分、功效成分、鲜度、添加剂及污染物等。可按随机抽样、系统抽样和指定代表性样品的方法取样。随机抽样时，总体中每份样品被抽取的概率都相同，如检验食品的合格率，分析食品中某种营养素的含量是否符合国家卫生标准。系统抽样适用于性质随空间、时间变化规律已知的样品采集，如分析生产流程对食品营养成分的破坏或污染情况。指定代表性样品适用于掺假食品、变质食品的检验，应选择可疑部分取样。

5）生物材料样品的采集

生物材料指人或动物的体液、排泄物、分泌物及脏器等，包括血液、尿液、毛发、指甲、唾液、呼出气、组织和粪便等。

（1）血：包括全血、血浆和血清，可反映机体近期的情况，成分比较稳定，取样污染少，但取样量和取样次数受限制。可采集手指血、耳垂血或静脉血。根据被测物在血液中的分布，分别选取全血、血浆和血清进行分析。

（2）尿：由于大多数毒物及其代谢物经肾脏排出，同时尿液的收集也比较方便，因此尿液作为生物材料在临床和卫生检验中应用较广。但尿液受饮食、运动和用药的影响较大，还容易带入干扰物质，所以测定结果须加以校正或综合分析。

尿液可根据检测目的采集 24 h 混合尿、晨尿及某一时间的一次尿。全尿能代表一天的平均水平，结果比较稳定，但收集比较麻烦，且容易受污染。实践表明，晨尿和全日尿的许多项目测定结果之间无显著性差异，因此常用晨尿代替全日尿。采样容器为聚乙烯瓶或用硝酸溶液浸泡过的玻璃瓶。

（3）毛发：毛发作为生物材料样品的优点如下：毛发是许多重金属元素的蓄积库，含量比较固定；毛发可以记录外部环境对机体的影响，头发每月生长 1～1.5 cm，它能反映机体在近期或过去不同阶段物质吸收和代谢的情况；头发易于采集，便于长期保存。但毛发易受环境污染，所以毛发样品的洗涤非常重要，既要洗去外源性污染物，又要保证内源性被测成分不损失。采样应取枕部距头皮 2 cm 左右的发段，取样量 1～2 g。

（4）唾液：唾液作为生物材料样品，具有采样方便、无损伤、可反复测定的优点。唾液分为混合唾液和腮腺唾液。前者易采集，应用较多；后者需用专用取样器，样品成分较稳定，受污染的机会少。

（5）组织：组织主要包括尸检或手术后采集的肝、肾、肺等脏器。尸体组织最好在死后24～48 h之内取样，并要防止所用器械带来的污染。采集的样品应尽快分析，否则须将样品冷冻保存。

3. 试样的保存

采集的样品保存时间越短，分析结果越可靠。能够在现场进行测定的项目，应在现场完成分析，以免在样品的运送过程中，由于挥发、分解和被污染等原因造成待测组分损失。若样品必须保存，则应根据样品的物理性质、化学性质和分析要求，采取合适的方法保存样品。采用低温，冷冻，真空，冷冻真空干燥，加稳定剂、防腐剂或保存剂，通过化学反应使不稳定成分转化为稳定成分等措施，可延长保存期。普通玻璃瓶、棕色玻璃瓶、石英试剂瓶、聚乙烯瓶、袋或桶等常用于保存样品。

第八节　仪器分析样品前处理技术

现代科学技术的迅猛发展推动了现代分析仪器的发展。分析仪器灵敏度的提高及分析对象基体的复杂化，对样品前处理提出了更高的要求。目前，现代分析方法中样品前处理技术的发展趋势是速度快、批量大、自动化程度高、成本低、劳动强度低、试剂消耗少、利于人员健康和环境保护、方法准确可靠，这也是评价样品前处理方法的准则。

样品前处理指样品的制备和对样品进行适当分解和溶解及对待测组分进行提取、净化、浓缩的过程，使被测组分转变成可测定的形式以进行定量、定性分析检测。若选择的前处理手段不当，常常使某些组分损失、干扰组分的影响不能完全除去或引入杂质。样品前处理的目的是消除基体干扰，提高方法的准确度、精密度、选择性和灵敏度。因此，样品前处理是分析检测过程的关键环节，只要检测仪器稳定可靠，检测结果的重复性和准确性就主要取决于样品前处理。方法的灵敏度也与样品前处理过程有着重要的关系。一种新的检测方法，其分析速度往往取决于样品前处理的复杂程度。

测定各类样品中的金属元素，一般需首先破坏样品中的有机物质。选用何种方法，在某种程度上取决于分析元素和被测样品的基体性质。本节主要介绍几种常用的前处理方法。

1. 干灰化法

1）高温干灰化法

一般将灰化温度高于100 ℃的方法称为高温干灰化法。高温干灰化法对于破坏生化、环境和食品等样品中的有机基体是行之有效的。样品一般先经100～105 ℃干燥,除去水分及挥发性物质。灰化温度及时间是需要选择的,一般灰化温度为450～600 ℃。通常将盛有样品的坩埚(一般可采用铂金坩埚、陶瓷坩埚等)放入马弗炉内进行灰化灼烧,冒烟直到所有有机物燃烧完全,只留下不挥发的无机残留物。这种残留物主要是金属氧化物以及非挥发性硫酸盐、磷酸盐和硅酸盐等。这种技术最主要的缺点是可以转变成挥发性形式的成分会很快地部分或全部损失。灰化温度不宜过低,温度低则灰化不完全,残存的小碳粒易吸附金属元素,很难用稀酸溶解,造成结果偏低;灰化温度过高,则损失严重。高温干灰化法一般适用于金属氧化物,因为大多数非金属甚至某些金属常会氧化成挥发性产物,如 As、Sb、Ge、Ti 和 Hg 等易造成损失。

食品样品分析中多采用高温干灰化法,一般控制在 450～550 ℃进行干灰化,灰化温度若高于 550 ℃会引起样品的损失。食品样品中铅和铬的分析,灰化温度一般在 450～550 ℃范围内。但对于含氯的样品,由于可能形成挥发性氯化铅,需采取措施防止铅的损失。对于鸡蛋、罐头肉、牛奶、牛肉等多种食品中铅的分析,这种高温干灰化破坏有机物的方法是可行的。

高温干灰化法的优点是能灰化大量样品,方法简单,无试剂污染,空白值低。但低沸点的元素常有损失,其损失程度取决于灰化温度和时间,还取决于元素在样品中的存在形式。

2) 低温干灰化法

为了克服高温干灰化法因挥发、滞留和吸附而损失痕量金属等问题,常采用低温干灰化法。用电激发的氧分解生物样品的低温灰化器,灰化温度低于 100 ℃,每小时可破坏 1 g 有机物质。这种低温干灰化法已用于原子吸收测定动物组织中的铍、镉和碲等易挥发元素。低温等离子体灰化方法可避免污染和挥发损失以及湿法灰化中的某些不安全性。将盛有试样的石英皿放入等离子体灰化器的氧化室中,用等离子体破坏样品的有机部分,而无机成分不挥发。低温灰化的速度与等离子体的流速、时间、功率和样品体积有关。目前,氧等离子体灰化器已用于糖和面粉等样品的前处理。

2. 湿式消解法

湿式消解法属于氧化分解法。用液体或液体与固体混合物作氧化剂,在一定温度下分解样品中的有机质,此过程称为湿式消解。湿式消解法与干灰化法不同。干灰化法是靠升高温度或增强氧的氧化能力来分解样品有机质,而湿式消解法则是依靠氧化剂的氧化能力来分解样品,温度并不是主要因素。湿式消解法常用的氧化剂有 HNO_3、H_2SO_4、$HClO_4$、H_2O_2 和 $KMnO_4$ 等。湿式消解法又分为以下几种方法。

1) 稀酸消解法

对于不溶于水的无机试样,可用稀的无机酸溶液处理。几乎所有具有负标准电极电位的金属均可溶于非氧化性酸,但也有一些金属例外,如 Cd、Co、Pb 和 Ni 与盐酸反应速度过慢甚至钝化。许多金属氧化物、碳酸盐、硫化物等也可溶于稀酸介质中。为加速溶解,必要时可加热。

2) 浓酸消解法

为了溶解具有正标准电极电位的金属,可以采用热的浓酸,如 HNO_3、H_2SO_4、H_3PO_4 等。样品与酸可以在烧杯中加热沸腾,或加热回流,或共沸至干。为了增强处理效果,还可采用钢弹技术,即将样品与酸一起加入内衬铂或聚四氟乙烯层的小钢弹中,然后密封,加热至酸的沸点以上。这种技术既可保持高温,又可维持一定压力,挥发性组分又不会损失。热浓酸溶解技术还适用于合金、某些金属氧化物、硫化物、磷酸盐以及硅酸盐等。若酸的氧化能力足够强,且加热时间足够长,有机和生物样品就完全被氧化,各种元素以简单的无机离子形式存在于酸溶液中。

3) 混合酸消解法

混合酸消解法是破坏生物、食品和饮料中有机体的有效方法之一。通常使用的是氧化性酸的混合液。混合酸往往兼有多种特性,如氧化性、还原性和配位性,其溶解能力更强。

常用的混合酸是 HNO_3-$HClO_4$,一般是将样品与 $HClO_4$ 共热至发烟,然后加入 HNO_3 使样品完全氧化。可用于乳类食品(其中的 Pb)、油(其中的 Cd、Cr)、鱼(其中的 Cu)和各种谷物食品(其中的 Cd、Pb、Mn、Zn)等样品的灰化,对于毛发样品的消解也有良好的效果。

HNO_3-H_2SO_4 混合酸消解样品时,先用 HNO_3 氧化样品至只留下少许难以氧化的物质,待冷却后,再加入 H_2SO_4,共热至发烟,样品完全氧化。HNO_3-H_2SO_4 适用于鱼(其中的 Cd)、面粉(其中的 Cd、Pb)、米酒(其中的 Al)、牛奶(其中的 Pb)及蔬菜和饮料(其中的 Cd)等样品的灰化处理。HNO_3-H_2SO_4-$HClO_4$ 可用来灰化处理多种样品,如鱼、鸡蛋、奶制品、面粉、人发、胡萝卜、苹果、粮食等。

HF-HNO_3(或 H_2SO_4)、HCl-HNO_3 混合酸在消解样品时,HF、HCl 能提供阴离子,而另一种酸具有氧化能力,可促进样品的消解。

湿式消解法中使用较为广泛的混合酸还有 HNO_3-H_2O_2、HNO_3-H_2SO_4-H_2O_2。这些混合酸在测定面粉中的 Al,鱼中的 Cu、Zn 和茶叶中的 Cd 时的样品处理中,都取得满意效果。

4) 酸浸提法

酸浸提法是以酸从样品中提取金属元素的方法,是处理样品的基本方法之一。用盐酸可以提取多种样品中的微量元素。如在 0.5 g 均匀食物或粪便中加入 $1\ mol \cdot L^{-1}$ 的盐酸 6 mL,放置 24 h,即可定量提取样品中的 Zn。这种简易的提取法还可用来提取其他金属元素。如血浆在 $2\ mol \cdot L^{-1}$ 的 HCl 介质中于 60 ℃加热 1 h,其中的 Mn 可被定量提取;全血及牛肝中的 Cd、Pb、Cu、Mn、Zn 可用 1% HNO_3 溶液定量提取;用三氯乙酸可从血清蛋白中提取出 Fe 和其他金属元素。实验结果表明,以酸浸提法处理样品的分析结果与使用混合酸 HNO_3-H_2SO_4-$HClO_4$ 加热消解所得结果相一致。

5）微波溶样

微波是指波长为 0.1 mm～1 m 的电磁辐射。微波溶样是利用样品与酸吸收微波能量,并将其转化为热能而完成的。能量的转化过程也就是样品与酸被加热的过程。这种加热过程引起酸与样品间较大的热对流,搅动并消除已溶解的不活泼样品表层,促使酸与样品更有效地接触,因而加速样品的分解。

在微波溶样的过程中,样品与酸(必要时还有助剂)存放在聚四氟乙烯压力罐中,罐体不吸收微波,微波穿透罐壁作用于样品及酸液。快速变化的磁场诱导样品分子极化,样品极化分子以极快速度的排列产生张力,使得样品表面被不断破坏,样品表层分子迅速破裂,不断产生新的分子表层。

通常压力罐内的最高温度和压力可达 200 ℃和 1.38 MPa。在这样的高温高压环境下,样品的表面分子与产生的氧发生作用,达到反复氧化的目的,使样品迅速溶解;同时,氧化性酸及氧化剂的氧化电位也显著增大,使得样品更容易被氧化分解。因此,微波对样品与酸液之间的反应有很强的诱发和激活作用,能使反应在很短时间内达到相当剧烈的程度。这是其他溶样方法所不具备的。

为了提高样品的溶解效率,以正交实验优化实验参数,如采用单一酸还是混合酸、微波功率、溶样时间及压力、样品量和样品的粒度、溶解样品的容器材料及体系的敞开或密封等。

微波溶样技术常用的消解液有 HNO_3-H_2O_2、HNO_3-$HClO_4$、HNO_3-HCl-$HClO_4$、HNO_3-$HClO_4$-HF、HNO_3-HCl、HNO_3-H_2SO_4 等。也有用碱液代替酸液的报道,如用 $LiOH$-H_2O_2 消解不同的矿物及金属氧化物的混合物样品,测定其中的 Mo、W、Th、Cd 和 V 等元素。

微波溶样技术具有溶样时间短、试剂用量少、回收率高、污染小、样品溶解完全等优点。因此,在分析领域中的应用越来越广泛,现已用于生物材料、地质、植物、食品、环境以及金属等样品的溶解。

3. 熔融分解法

某些样品用酸不能分解或分解不完全,常采用熔融分解法。熔融分解法将试样和熔剂在坩埚中混匀,于 500～900 ℃的高温下进行熔融分解。利用熔融分解试样一般是进行复分解反应,通常也是可逆反应,因此必须加入过量的熔剂,以利于反应的进行。

采用熔融分解法,只要熔剂及处理方法选择适当,任何岩石和矿样均可完全分解,这是熔融分解法的最大优点。但是,由于熔融分解法的操作温度较高,有时高达1 200 ℃以上,且必须在一定的容器中进行,这样除由熔剂带进大量金属离子外,还会带进一些容器材料,给以后的分析测定带来影响,甚至使某些测定不能进行。因此,在选择试样分解方法时,应尽可能地采用溶解的方法。对一些试样也可以先用酸溶解分解,剩下的残渣再用熔融分解法处理。

熔融分解法按所用熔剂的性质可分为酸熔和碱熔两类。酸熔采用的酸性熔剂为钾（钠）的酸性硫酸盐、焦硫酸盐及酸性氟化物等，碱熔采用的碱性熔剂为碱金属的碳酸盐、硼酸盐、氢氧化物及过氧化物等。

分解样品的容器必须进行选择，以防止容器组分进入试液，给后面的分析带来误差，也可防止容器的损坏。对于酸熔，一般使用玻璃容器。当用氢氟酸时，应采用聚四氟乙烯坩埚，但处理样品温度不能超过 250 ℃；若温度更高，则需使用铂坩埚。对于碳酸盐、硫酸盐、氟化物以及硼酸盐等样品，则应使用铂金坩埚；对于氧化物、氢氧化物以及过氧化物，宜用石墨坩埚和刚玉坩埚。

在样品分解过程中产生的误差可能来自以下几个方面：①试剂的纯度；②由于反应体系的敞开和加热而造成的挥发性组分的损失；③由于分解样品的容器选择不当而引入的杂质；④由于分解条件不当而造成的损失。例如用 H_3PO_4 溶解时，加热时间过长而析出微溶的焦磷酸盐，同时也会腐蚀玻璃容器。

4. 生物材料和粮食样品的预处理示例

对生物材料和粮食样品中微量无机成分的测定，通常采用原子吸收光谱法、等离子体原子发射光谱法和等离子体质谱法。血液、尿液一般采用混合酸（如 HNO_3-H_2O_2、HNO_3-$HClO_4$）反复处理直至样品溶液呈淡黄色。粮食样品经破碎过筛后称量，将样品放入马弗炉内进行灰化灼烧，冒烟直到所有有机物燃烧完全，只留下不挥发的无机残留物，呈灰白色，再用 HNO_3 或盐酸溶解灰分，被测元素转入溶液之中。常用方法为高温干灰化法，温度控制在 450～650 ℃。

例如，石墨炉原子吸收光谱法测定粮食样品中铅和镉时，样品处理方法如下。

准确称取 2.0～5.0 g 于 105 ℃ 烘干的试样，置于坩埚中，在高温炉内用小火炭化至无烟后，冷却。小心滴加几滴 HNO_3，使残渣湿润，然后用小火蒸干，再移入高温炉中于 600 ℃ 灰化 2 h，冷却，取出。如灰化不完全，再按上述操作滴加 HNO_3，使残渣湿润，小火蒸干，移入高温炉中，于 600 ℃ 继续灰化直至样品全部变成白色残渣，冷却后取出。残渣先加少量二次石英亚沸蒸馏水润湿，再加入 1 mol·L^{-1} HNO_3 溶液 2 mL，转移至 25 mL 容量瓶中，坩埚用二次蒸馏水少量多次冲洗，洗液并入容量瓶中，定容。同时做试剂空白。所用的试剂为优级纯。

5. 岩石、土壤试样的预处理示例

测定岩石、土壤中微量元素时，试样的预处理方法可根据待测元素的种类选择上述分解方法。

称取 0.200 0 g 样品，置于聚四氟乙烯坩埚中，用少量蒸馏水将样品润湿，准确加入内标元素钯，其浓度为 10.0 $\mu g \cdot mL^{-1}$。再加入 1.0 mL $HClO_4$、4.0 mL HCl、2.0 mL HNO_3、6.0 mL HF 溶液，盖上坩埚盖，放在电热板上，温度控制在 120 ℃ 回流 1 h，放置过夜。第二天取下坩埚盖，并将盖上的溶液用蒸馏水冲洗干净，在 180 ℃ 的条件下加热蒸干。取下冷却后，加入 1.0 mL $HClO_4$ 和 10 mL 蒸馏水，继续加热蒸

干。将样品取下放入瓷盘中,冷却后加入 1+1 王水 5.0 mL,加热。待样品完全溶解后,取下冷却,用蒸馏水定容到 10 mL 容量瓶中,摇匀待测。其测定可以用原子吸收光谱法以及电感耦合等离子体原子发射光谱法。采用多道电感耦合等离子体直读光谱仪,一次进样,可以同时测定 Si、Al、Fe、Mg、Ca、Na、K、Ti、Mn 及 P 等几十种元素,分析速度快,且精密度高。

第二章　紫外-可见分光光度分析法

第一节　紫外-可见分光光度分析法概述

紫外-可见分光光度分析法(ultraviolet and visible spectrophotometry,UV-Vis)是基于物质分子对紫外光(200~400 nm)或可见光(400~780 nm)的吸收现象对物质进行定性、定量分析的方法,又称紫外-可见吸收光谱法(ultraviolet and visible absorption spectrometry)。

紫外-可见分光光度分析法是仪器分析中应用最为广泛的分析方法之一,它具有如下特点。

(1) 灵敏度高。常用于测定试样中 0.001%~1% 的微量成分,甚至可测定低至 10^{-7}~10^{-6} 的痕量成分。

(2) 准确度较高。测定的相对误差为 2%~5%,采用精密的分光光度计测量,相对误差可减少至 1%~2%。

(3) 适用范围广。几乎所有的无机离子和许多有机化合物都可以直接或间接地用分光光度分析法测定。

(4) 操作简便、快速,仪器不昂贵,所以应用广泛。

物质所吸收光的波长(λ)与其强度(简称吸光度 A)可以用仪器测定。以吸光度(A)为纵坐标,以波长(λ)为横坐标作图,可得到紫外-可见光区的吸收曲线。在吸收曲线上的峰称为吸收峰,其对应的波长称为最大吸收波长,用 λ_{max} 表示。

具有不同分子结构的物质,在紫外-可见光区内,可有其特异的分子吸收光谱,即吸收曲线的形状和物质的特性有关,故可作为物质定性的依据,而根据物质吸收曲线的特性,选择适宜的波长(λ_{max}),测量其吸光度,则可对物质进行定量分析。

紫外-可见分光光度分析法的定量基础是光的吸收定律,即朗伯-比尔(Lambert-Beer)定律。它说明某物质对单色光的吸收程度(吸光度)与该物质的浓度及液层厚度之间的关系,是吸收光谱法的基本定律。

当一束强度为 I_0 的平行单色光射入某种吸光溶液时,由于部分光线被溶液吸收,透过的光线强度为 I_t,则 I_t/I_0 称为透光率(T),常用百分数表示。实际工作中物质对入射光的吸收程度通常用吸光度(A)来表示。吸光度是透光率的负对数,即

$$A=-\lg \frac{I_t}{I_0}=-\lg T=Kcl$$

式中：A——吸光度；

　　K——吸光系数，常用摩尔吸光系数（用符号 ε 表示，单位为 $L \cdot mol^{-1} \cdot cm^{-1}$）；

　　l——液层厚度，cm；

　　c——被测物质的浓度（常用物质的量浓度）。

　　吸光系数仅与入射光波长、被测物质性质、所用试剂和温度等因素有关，在一定条件下是被测物质的特征性常数。

　　在紫外-可见分光光度分析法测定中，通常都是将光径（液层厚度）固定，根据吸光度的大小来确定物质的浓度的高低，即吸光度（A）与溶液浓度（c）成正比例关系。

第二节　紫外-可见分光光度分析法实验项目

实验 2-1　邻二氮菲分光光度法测定微量 Fe^{2+} 实验条件的选择及试样中铁离子总浓度的分析（综合性实验）

【目的要求】

（1）了解分光光度计的结构、性能及使用方法。

（2）掌握分光光度法实验条件的选择方法。

（3）学习绘制吸收曲线和利用标准曲线进行定量的方法。

【基本原理与技能】

　　在光度分析法中，通常将无色的被测物质与显色剂发生显色反应，进而对被测物质的性质和含量进行测定。邻二氮菲就是测定铁的一种很好的显色剂，在 pH＝2～9 时，它与二价铁生成稳定的橘红色配合物 $[Fe(phen)_3]^{2+}$。

　　此配合物非常稳定，其稳定常数的对数即 $\lg K=21.3$（20 ℃），配合物的溶液在 510 nm 附近有最大吸收峰，摩尔吸光系数 $\varepsilon=1.1\times10^4 \ L \cdot mol^{-1} \cdot cm^{-1}$，利用上述反应可以测量试样中微量铁。显色反应适宜的 pH 范围很宽（2～9）。酸度过高（pH＜2）时，反应速率较慢，耗时长；若酸度过低（pH＞9），Fe^{2+} 将水解。通常选用 pH 为 5.0～6.0 的乙酸-乙酸钠缓冲溶液，可使显色反应进行完全。

显色反应的完全程度和吸光度测量条件都影响到测定结果的准确性。显色反应的完全程度取决于介质的酸度、显色剂的用量、反应的温度和时间等因素。通过实验，可以确定最佳的反应条件和测定条件。为此，可改变其中一个因素（如介质的pH），暂时固定其他因素，显色后测量相应溶液的吸光度，通过吸光度-pH 曲线确定显色反应的适宜酸度范围。其他条件也可用这种方法确定。

Fe^{2+} 在 pH＝2～9 的溶液中，可被空气中的氧或溶剂、试液中其他氧化剂氧化成 Fe^{3+}，而 Fe^{2+} 和 Fe^{3+} 都可以与邻二氮菲发生显色反应，显示不同的颜色。所以用邻二氮菲法测定 Fe^{2+}，显色前需加入盐酸羟胺或抗坏血酸将 Fe^{3+} 全部还原为 Fe^{2+}，反应如下：

$$2Fe^{3+}＋2NH_2OH \cdot HCl \Longrightarrow 2Fe^{2+}＋N_2＋2H_2O＋4H^+＋2Cl^-$$

利用分光光度法进行定量测定时，需绘制有关物质在不同波长下的吸光度曲线，即吸收曲线，确定物质的最大吸收波长。

定量时通常采用标准曲线法，即先配制一系列不同浓度的标准溶液，在选定的波长处测得相应的吸光度，以浓度为横坐标，吸光度为纵坐标绘制标准曲线（或称工作曲线）。另取待测试样，在相同的条件下显色和测定吸光度，由测得的吸光度从标准曲线上求得被测物质的含量。

邻二氮菲与 Fe^{2+} 反应的选择性很高，相当于含铁量 5 倍的 Co^{2+}、Cu^{2+}，20 倍量的 Cr^{3+}、Mn^{2+}、PO_4^{3-}、$V(V)$，甚至 40 倍量的 Al^{3+}、Ca^{2+}、Mg^{2+}、SiO_3^{2-}、Sn^{2+} 和 Zn^{2+} 都不干扰测定。

由于邻二氮菲与 Fe^{2+} 的反应选择性高，显色反应生成的有色配合物稳定，测定结果的重现性好，因此在我国的国家标准中，测定钢铁，锡、铅焊料，铅锭等冶金产品和硫酸、碳酸钠、氧化铝等化工产品的铁含量，都采用邻二氮菲显色的分光光度法。

技能目标是能通过实验确定分析铁离子的最佳实验条件，并在该实验条件下能准确测定溶液中铁离子的浓度。

【仪器与试剂】

1. 仪器

紫外-可见分光光度计或其他型号的分光光度计、石英或玻璃比色皿、洗瓶、容量瓶（50 mL）、吸量管（2 mL、5 mL、10 mL）、移液管（25 mL）。

2. 试剂

0.0100 mg·mL^{-1}（0.1791 mmol·L^{-1}）铁标准溶液、10 g·L^{-1}盐酸羟胺溶液、1 g·L^{-1}邻二氮菲溶液、HAc-NaAc 缓冲溶液（pH＝4.6）、0.1 mol·L^{-1}NaOH 溶液、0.1 mol·L^{-1}盐酸、待测铁试样。

【操作步骤】

1. 酸度影响条件的选择

在 12 只 50 mL 容量瓶中，用吸量管各加入 0.0100 mg・mL^{-1} 铁标准溶液 2.00 mL、10 g・L^{-1} 盐酸羟胺溶液 2.50 mL 和 1 g・L^{-1} 邻二氮菲溶液 5.00 mL，然后按表 2-2-1 所示的加入量分别加入 0.1 mol・L^{-1} 盐酸或 0.1 mol・L^{-1} NaOH 溶液，再用蒸馏水稀释到刻度，摇匀，放置 10 min 后，在 510 nm 波长处测定各溶液的吸光度。测定时用 1 cm 比色皿，以蒸馏水作参比。并用广范 pH 试纸粗略测定所配制各溶液的 pH，再用精密 pH 试纸准确测定各溶液的 pH。

表 2-2-1　盐酸或 NaOH 溶液加入量

编号	1	2	3	4	5	6	7	8	9	10	11	12
V_{HCl}/mL	2.00	1.00	0.50	0								
V_{NaOH}/mL				0	0.50	1.00	2.00	5.00	10.00	15.00	20.00	25.00

2. 显色剂用量影响条件的选择

用吸量管分别移取 2.00 mL 0.0100 mg・mL^{-1} 铁标准溶液于 8 只 50 mL 容量瓶中，然后各加入 2.50 mL 10 g・L^{-1} 盐酸羟胺溶液、5.00 mL HAc-NaAc 缓冲溶液，分别加入 0.50 mL、1.00 mL、1.50 mL、3.00 mL、5.00 mL、8.00 mL、9.00 mL 和 10.00 mL 1 g・L^{-1} 邻二氮菲溶液，用蒸馏水分别稀释至刻度，摇匀，放置 10 min，以蒸馏水为参比溶液，在 510 nm 波长处测量各溶液的吸光度。

3. 显色反应时间影响及有色溶液的稳定性条件选择

取出上述加入 5.00 mL 邻二氮菲显色剂的有色溶液，记下容量瓶稀释至刻度后的时刻($t=0$)，立即以不含 Fe^{2+}，但其余试剂用量完全相同的试剂空白作参比，在 510 nm 波长处测量溶液的吸光度。然后依次测量放置 5 min、10 min、30 min、60 min、90 min、120 min 和 150 min 时溶液的吸光度。

4. 绘制 Fe^{2+}-phen 吸收曲线

用吸量管吸取 0.0100 mg・mL^{-1} 的铁标准溶液 0 mL、0.20 mL、0.40 mL，分别注入三只 50 mL 容量瓶中，各加入 1.00 mL 10 g・L^{-1} 盐酸羟胺溶液，摇匀，再各加入 5.00 mL HAc-NaAc 缓冲溶液和 2.00 mL 1 g・L^{-1} 邻二氮菲溶液，用蒸馏水稀释至刻度，摇匀，放置 10 min。用 1 cm 比色皿，以试剂空白溶液为参比溶液，用紫外-可见分光光度计在 420～560 nm 波长区间测定溶液的吸光度随波长的变化情况。一般间隔 10～20 nm 测一次吸光度，在 510 nm 附近可以每间隔 5～10 nm，甚至 5 nm 测定一次。

5. 绘制标准曲线

用吸量管分别吸取 $0.0100\ \text{mg} \cdot \text{mL}^{-1}$ 的铁标准溶液 0 mL、0.20 mL、0.40 mL、0.60 mL、0.80 mL、1.00 mL、1.20 mL、1.40 mL 于 8 只 50 mL 容量瓶中，依次各加入 $1.00\ \text{mL}\ 10\ \text{g} \cdot \text{L}^{-1}$ 盐酸羟胺溶液、5.00 mL HAc-NaAc 缓冲溶液、$2.00\ \text{mL}$ $1\ \text{g} \cdot \text{L}^{-1}$ 邻二氮菲溶液，用蒸馏水稀释至刻度，摇匀，放置 10 min。用 1 cm 比色皿，以试剂空白溶液为参比溶液，在上述步骤所得到的最大吸收波长下，分别测量各溶液的吸光度。以质量浓度为横坐标，吸光度为纵坐标，采用 Excel 或 Origin 方法绘制标准曲线，从而得到相应的回归方程及相关系数。

6. 待测溶液中铁含量的测定

用吸量管移取 5.00 mL 待测液于 50 mL 容量瓶中。加入 1.00 mL 盐酸羟胺溶液、5.00 mL HAc-NaAc 缓冲溶液、2.00 mL 邻二氮菲溶液，用蒸馏水稀释至标线，摇匀，放置 10 min。用 1 cm 比色皿，以试剂空白溶液为参比溶液，在本实验步骤 4 所得到的最大吸收波长下，测量配制所得 50.00 mL 待测溶液的吸光度，由标准曲线回归方程计算此时待测溶液中微量铁的浓度 $\rho_{\text{Fe}^{2+}}$（$\mu\text{g} \cdot \text{mL}^{-1}$）。

$$\rho_{\text{原待测溶液中Fe}^{2+}}(\mu\text{g} \cdot \text{mL}^{-1}) = \frac{50 \times \rho_{\text{Fe}^{2+}}}{5.00}$$

【数据记录及处理】

(1) 将测量结果填入以下表格中。

① 酸度影响(见表 2-2-2)。

表 2-2-2　酸度影响

编号	1	2	3	4	5	6	7	8	9	10	11	12
pH												
吸光度												

② 显色剂用量的影响(见表 2-2-3)。

表 2-2-3　显色剂用量的影响

编号	1	2	3	4	5	6	7	8
$V_{\text{显}}$/mL								
吸光度								

③ 显色反应时间的影响及有色溶液的稳定性(见表 2-2-4)。

表 2-2-4　显色反应时间的影响

t/min	0	5	10	30	60	90	120	150
吸光度								

④ 吸收曲线(见表 2-2-5)。

表 2-2-5　吸收曲线

波长 λ/nm		420 440 460…490 495 500 501 502…510 511 512 513 514…560
吸光度	0.20 mL	
	0.40 mL	

⑤ 标准曲线及待测试样的测定数据(见表 2-2-6)。

表 2-2-6　标准曲线测定数据

$V_{\text{Fe}^{2+}}/\text{mL}$	0	0.20	0.40	0.60	0.80	1.00	1.20	1.40
$\rho_{\text{Fe}^{2+}}/(\mu\text{g} \cdot \text{mL}^{-1})$								
吸光度								

⑥ 待测试样 $A=$ _____；待测试样 $\rho_{\text{Fe}^{2+}}(\mu\text{g} \cdot \text{mL}^{-1})=$ _____；

$\rho_{\text{原待测溶液中Fe}^{2+}}(\mu\text{g} \cdot \text{mL}^{-1})=$ _____。

(2) 根据上列五组数据分别绘制曲线：

① 绘制吸光度-pH 曲线(吸光度为纵坐标)；

② 绘制吸光度-显色剂用量曲线(吸光度为纵坐标)；

③ 绘制吸光度-反应时间曲线(吸光度为纵坐标)；

④ 以 λ 为横坐标,吸光度为纵坐标,绘制 Fe^{2+}-phen 吸收曲线；

⑤ 以质量浓度 $\rho_{\text{Fe}^{2+}}(\mu\text{g} \cdot \text{mL}^{-1})$ 为横坐标,吸光度为纵坐标,绘制标准曲线。

(3) 从所得曲线上确定显色反应适宜的 pH 范围、显色剂用量范围和显色时间范围；根据吸收曲线确定最大吸收波长 $\lambda_{\max}$,一般选用 $\lambda_{\max}$ 作为分光光度法的测量波长。

【注意事项】

加试剂时,铁标准溶液加入后要先加还原剂盐酸羟胺,然后加显色剂等。如果先加显色剂,则显色剂与 Fe^{2+}、Fe^{3+} 分别生成稳定配合物,影响测定结果。

【思考与讨论】

(1) 用邻二氮菲法测定铁时,在加入显色剂之前为什么要加盐酸羟胺? 其作用是什么?

（2）在从吸光度-反应时间曲线确定适宜的显色时间范围时，主要考虑哪些因素？如果时间选择过短或过长，对测定有何影响？

（3）吸收曲线与标准曲线各有何实用意义？

（4）分光光度法测定物质时，为什么要选择参比溶液？本实验以何种溶液作参比？

实验 2-2　双波长分光光度法测定水中硝酸盐含量(综合性实验)

【目的要求】

（1）掌握双波长分光光度法测定硝酸盐含量的基本方法。

（2）熟悉双波长分光光度法的基本原理。

（3）了解紫外-可见分光光度计的结构。

【基本原理与技能】

当干扰组分与被测组分的吸收光谱重叠时，或试样溶液背景吸收较大时，可采用双波长分光光度法进行测定。

双波长分光光度法包括双波长等吸收测定法、双波长等吸收点法和双波长系数倍率法。当干扰组分的吸收光谱有吸收峰时，常用双波长等吸收测定法或双波长系数倍率法。在干扰组分亚硝酸盐存在下，双波长等吸收测定法测定硝酸盐的原理如图 2-2-1 所示。

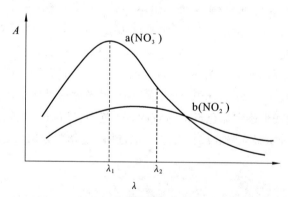

图 2-2-1　双波长等吸收测定法测量原理图

图 2-2-1 中 a、b 分别是 NO_3^- 和 NO_2^- 的吸收光谱；λ_1 和 λ_2 分别为测定波长和参比波长，其合理选择是方法的关键。

测定波长和参比波长的选择原则如下：①被测组分在 λ_1 和 λ_2 处的吸光度差值应足够大，以获得较高的测定灵敏度；②干扰组分在 λ_1 和 λ_2 处的吸光度值相等，且 λ_1 和 λ_2 相距较近,以较好地抵消背景吸收;③λ_1和λ_2应尽可能避免在吸收曲线的陡坡处。

若混合物中被测组分NO_3^-和干扰组分NO_2^-在两个波长λ_1和λ_2处测得的吸光度分别为A_1^a、A_1^b、A_2^a、A_2^b,混合物在λ_1和λ_2处的总吸光度分别为A_1和A_2,背景吸收分别为A_{1s}和A_{2s}。根据吸光度的加和性原则有

$$A_1 = A_1^a + A_1^b + A_{1s}$$
$$A_2 = A_2^a + A_2^b + A_{2s}$$

令
$$\Delta A = A_1 - A_2$$

则有
$$\Delta A = (A_1^a + A_1^b + A_{1s}) - (A_2^a + A_2^b + A_{2s})$$

因
$$A_1^b = A_2^b, \quad A_{1s} \approx A_{2s}$$

所以近似有
$$\Delta A = A_1^a - A_2^a = (\varepsilon_1^a - \varepsilon_2^a)c_a L = K' c_a$$

上式表明,被测组分在两波长处的吸光度差值与其浓度成正比,而干扰组分和背景吸收的影响完全被扣除。这是双波长等吸收测定法的定量分析依据。

技能目标是能正确使用双波长分光光度法测量水溶液中硝酸盐含量。

【仪器与试剂】

1. 仪器

紫外-可见分光光度计、比色皿(1 cm)、电子分析天平、容量瓶(100 mL、250 mL)、比色管或容量瓶(50 mL)、吸量管、小烧杯。

2. 试剂

(1) 硝酸钠标准储备液(1.000 g · L^{-1}):将硝酸钠置于105～110 ℃干燥1 h后,准确称取0.250 0 g于烧杯中,加水溶解后移入250 mL容量瓶中,稀释至刻度后摇匀。

(2) 硝酸钠标准应用液(50.00 mg · L^{-1}):准确吸取5.00 mL硝酸钠标准储备液于100 mL容量瓶中,用水稀释至刻度,摇匀。

(3) 亚硝酸钠标准储备液(250.0 mg · L^{-1}):将亚硝酸钠置于干燥器中放置24 h后,准确称取0.125 0 g于烧杯中,用水溶解后移入500 mL容量瓶中,并稀释至刻度,摇匀。

(4) 亚硝酸钠标准应用液(5.00 mg · L^{-1}):准确吸取2.00 mL亚硝酸钠标准储备液于100 mL容量瓶中,用水稀释至刻度,摇匀。

硝酸钠、亚硝酸钠均为分析纯(AR),实验用水为蒸馏水。

【操作步骤】

1. 绘制吸收曲线

以蒸馏水为参比溶液,在190～230 nm波长范围内,分别测定50.00 mg · L^{-1}硝酸钠标准溶液和5.00 mg · L^{-1}亚硝酸钠标准溶液的吸光度(波长间隔为2 nm)。分别绘制硝酸钠和亚硝酸钠的吸收曲线。

2. 确定测定波长和参比波长

根据硝酸钠和亚硝酸钠的吸收曲线以及波长的选择原则，确定测定波长 λ_1 和参比波长 λ_2。

3. 标准曲线的绘制

分别取硝酸钠标准应用液 0 mL、1.00 mL、2.00 mL、3.00 mL、4.00 mL、5.00 mL 于 6 只 50 mL 比色管（或容量瓶）中，用蒸馏水稀释至刻度，摇匀。以蒸馏水为参比溶液，在 λ_1 和 λ_2 波长处测定上述各溶液的吸光度，以两波长处的吸光度差值 ΔA（$\Delta A = A_1 - A_2$）为纵坐标，硝酸钠的浓度为横坐标，绘制标准曲线，得到标准曲线回归方程和相关系数。

4. 待测试样溶液中硝酸盐的测定

向指导教师领取待测试样溶液（$V_{领取待测试样}$）于 50 mL 比色管（或容量瓶）中，用蒸馏水样稀释至标线后备用。以蒸馏水为参比溶液，在 λ_1 和 λ_2 波长处测定上述备用待测溶液的吸光度。计算待测溶液吸光度差值 ΔA，将此差值代入回归方程，计算待测试样中硝酸盐的浓度。

5. 精密度和准确度实验

按待测试样溶液中亚硝酸盐的测定方法，另取 2～3 份待测试样溶液进行分析，每份平行测定 6 次，计算标准偏差和相对标准偏差。在上述待测试样溶液中，加入一定量的硝酸钠标准溶液，按上述方法平行测定 6 次，计算样品加标回收率。

【数据记录及处理】

（1）绘制吸收曲线，确定测定波长 λ_1 及参比波长 λ_2。

利用表 2-2-7 中的数据，在同一张坐标纸上，分别绘制硝酸钠和亚硝酸钠的吸收曲线。根据波长的选择原则，确定测定波长 λ_1 和参比波长 λ_2。

表 2-2-7　硝酸钠和亚硝酸钠标准溶液的吸收光谱数据

λ/nm	A^a	A^b	λ/nm	A^a	A^b
190			208		
192			210		
194			212		
196			214		
198			216		
200			218		
202			220		
204			222		
206			224		

（2）标准曲线绘制及样品测定。

根据表 2-2-8 中的数据，以吸光度差值 ΔA 为纵坐标，硝酸钠标准溶液浓度为横坐标，绘制标准曲线，求出直线回归方程和相关系数。

表 2-2-8　系列标准溶液浓度及测定数据

硝酸钠标准应用液体积/mL	0	0.50	1.00	1.50	2.00	2.50
硝酸钠标准溶液浓度/(mg·L^{-1})	0	1.00	2.00	3.00	4.00	5.00
$A_1(\lambda_1)$						
$A_2(\lambda_2)$						
$\Delta A = A_1 - A_2$						

根据试样溶液的吸光度差值 ΔA，通过回归方程计算硝酸盐的质量浓度 $\rho_{硝酸盐}$（mg·L^{-1}），按下式计算水中硝酸钠的质量浓度：

$$\rho_{原试样中硝酸盐}(\mathrm{mg\cdot L^{-1}}) = \frac{50\rho_{硝酸盐}}{V_{领取待测试样}}$$

（3）精密度与准确度实验数据（见表 2-2-9 和表 2-2-10）。

表 2-2-9　精密度实验数据

样品	平行测定值/(mg·L^{-1})				平均值/(mg·L^{-1})	SD/(mg·L^{-1})	RSD/(%)
1							
2							
3							

表 2-2-10　准确度实验数据

样品	平均值/(mg·L^{-1})	加标量/(mg·L^{-1})	平行测定值/(mg·L^{-1})			回收率/(%)
1						
2						
3						

【注意事项】

（1）配制亚硝酸钠标准储备液时，需加入少量氢氧化钠。

（2）亚硝酸钠不能放在烘箱中干燥。

（3）样品应及时测定。

【思考与讨论】

(1) 用双波长分光光度法测定时,最好使用哪种类型的分光光度计?

(2) 用双波长分光光度法测定的优点是什么?

实验 2-3　分光光度法测定食品中亚硝酸盐含量(综合性实验)

【目的要求】

(1) 掌握分光光度法测定食品中亚硝酸盐含量的原理和实验方法。

(2) 熟悉分光光度计的使用方法。

(3) 了解食品样品的前处理方法。

【基本原理与技能】

亚硝酸盐是肉制品生产中最常用的发色剂,也是致癌物质亚硝胺的前体,因此必须对食品中亚硝酸盐的含量进行严格检测。食品样品经沉淀蛋白质、除去脂肪后,在弱酸性条件下,亚硝酸盐与对氨基苯磺酸发生重氮化反应生成重氮盐,然后与N-1-萘基乙二胺偶合生成紫红色偶氮化合物。在 550 nm 波长下测定吸光度,用标准曲线法定量。

技能目标是能利用分光光度法准确测定食品中亚硝酸盐的含量。

【仪器与试剂】

1. 仪器

分光光度计、电子分析天平、小型样品粉碎机、均浆机、比色管(25 mL)、容量瓶(100 mL、200 mL、500 mL)、滤纸、水浴锅、吸量管。

2. 试剂

(1) 氨-氯化铵缓冲溶液(pH＝10):称取 20 g 氯化铵,用水溶解,加 100 mL 浓氨水,用水稀释至 1 000 mL。

(2) 0.42 mol·L^{-1}硫酸锌溶液:称取 120 g 硫酸锌($ZnSO_4 \cdot 7H_2O$),用水溶解,并稀释至 1 000 mL。

(3) 0.5 mol·L^{-1}氢氧化钠溶液、0.5 mol·L^{-1}盐酸。

(4) 对氨基苯磺酸溶液:称取 10 g 对氨基苯磺酸,溶于 700 mL 水和 300 mL 冰乙酸中,置于棕色瓶中混匀,室温保存。

(5) 1 g·L^{-1}N-1-萘基乙二胺溶液:称取 0.1 g N-1-萘基乙二胺,加 60% 乙酸溶解并稀释至 100 mL,混匀后,置于棕色瓶中,在冰箱中保存,1 周内使用。

（6）显色剂：临用前将 N-1-萘基乙二胺溶液（1 g・L^{-1}）和对氨基苯磺酸溶液等体积混合。

（7）亚硝酸钠标准储备液（500 $\mu g・mL^{-1}$）：准确称取 250.0 mg 于硅胶干燥器中干燥 24 h 的亚硝酸钠，加蒸馏水溶解，移入 500 mL 容量瓶中，加 100 mL 氨-氯化铵缓冲溶液，用蒸馏水稀释至刻度，摇匀，在 4 ℃ 避光保存。

（8）亚硝酸钠标准应用液（5.0 $\mu g・mL^{-1}$）：临用前，吸取亚硝酸钠标准储备液 1.00 mL，置于 100 mL 容量瓶中，加蒸馏水稀释至刻度。

（9）1.0 mol・L^{-1} 硫酸锌溶液、蒸馏水、活性炭、60％乙酸。

（10）待测样品（熟肉、粮食、蔬菜）。

所用试剂均为分析纯。

【操作步骤】

1. 样品处理

（1）熟肉制品：称取约 10 g 经绞碎混匀的样品，置于均浆机中，加 150 mL 水和 25 mL 0.5 mol・L^{-1} 氢氧化钠溶液，均浆，用 0.5 mol・L^{-1} 盐酸或 0.5 mol・L^{-1} 氢氧化钠溶液调试液酸度至 pH＝8，定量转移至 500 mL 容量瓶中，用水多次冲洗均浆机，洗液并入容量瓶中。加 10 mL 硫酸锌溶液，摇匀，此时应产生白色沉淀。置60 ℃ 水浴中加热 10 min，取出后冷至室温，加蒸馏水稀释至刻度，摇匀。放置 0.5 h，备用。测量时取上层清液。

（2）粮食（面粉、大米等）：将混匀样品用小型粉碎机粉碎，称取约 5.0 g，按照上述方法进行样品处理。

（3）蔬菜：将蔬菜洗净，晾去表面水分，取可食部分，剪碎，用粉碎机粉碎均浆，准确称取浆样 25 g，按照上述方法进行样品处理。为除去色素，在加入硫酸锌溶液后，加 2 g 活性炭粉。

2. 测定

（1）标准曲线的绘制：准确吸取 0 mL、0.50 mL、1.00 mL、1.50 mL、2.00 mL、2.50 mL、3.00 mL亚硝酸钠标准应用液，分别置于 25 mL 比色管中，各加入4.50 mL 氨-氯化铵缓冲溶液、2.50 mL60％乙酸后，立即加入 5.00 mL 显色剂，加蒸馏水稀释至刻度，混匀。在暗处静置 15 min，用 1 cm 比色皿，于550 nm波长处，以试剂空白为参比，测定吸光度。以吸光度为纵坐标，亚硝酸钠的质量浓度为横坐标，绘制标准曲线，得到回归方程和相关系数。

（2）样品测定：准确吸取 10.00 mL 制得的样品上层清液于 25 mL 比色管中，加入 4.50 mL 氨-氯化铵缓冲溶液、2.50 mL 60％乙酸后，立即加入 5.00 mL 显色剂，加蒸馏水稀释至刻度，混匀。在暗处静置 15 min，用 1 cm 比色皿，于 550 nm 波长处，以试剂空白为参比，测定吸光度。

【数据记录及处理】

1. 标准曲线的测定数据

将标准曲线的测定数据填入表 2-2-11 中。

表 2-2-11　标准曲线的测定数据

V_{NaNO_2}/mL	0	0.50	1.00	1.50	2.00	2.50	3.00
ρ_{NaNO_2}/(μg·mL^{-1})							
吸光度							

2. 结果处理

以质量浓度为横坐标，吸光度为纵坐标，绘制标准曲线。根据样品溶液的吸光度，由回归方程计算该样品溶液中亚硝酸钠的质量浓度 ρ_{NaNO_2}（μg·mL^{-1}），并按下式计算原样品中亚硝酸盐含量（以亚硝酸钠计）：

$$w = \frac{25\rho_{NaNO_2}}{m} \times \frac{500}{10}$$

式中：w——样品中亚硝酸盐含量，mg·kg^{-1}；

m——样品质量，g；

ρ_{NaNO_2}——测定用样品溶液中亚硝酸钠的质量浓度，μg·mL^{-1}；

500——样品处理液总体积，mL；

10——测定用样品处理液体积，mL。

【注意事项】

（1）采集的样品最好当天及时测定，如果不能及时测定，必须密闭、避光和低温保存。

（2）试样制备尽量在避光条件下迅速操作。

（3）样品处理时加热是为了进一步除去脂肪、沉淀蛋白质。若加热时间过短，蛋白质沉淀剂不能充分与样品反应；若加热时间过长，又易使亚硝酸盐分解生成氧化氮和硝酸，使测得结果偏低。因此，应按照实验步骤严格控制加热时间。

（4）处理蔬菜样品时，滤液中的色素应用活性炭或 Al(OH)$_3$ 乳液脱色。

（5）亚硝酸钠吸湿性强，在空气中易被氧化成硝酸钠，因此亚硝酸钠应在硅胶干燥器中干燥 24 h 或经（115±5）℃真空干燥至恒重。标准液配制过程中适当加入氨-氯化铵缓冲溶液，保持弱碱性环境，以免形成亚硝酸挥发。

（6）配好的标准液于 4 ℃冰箱中密闭保存。

【思考与讨论】

（1）为什么要及时测定试样中亚硝酸盐含量？如不能及时测定,为什么必须密闭、避光和低温保存？

（2）配制亚硝酸盐标准溶液时应注意什么？

（3）本实验测定时,为什么用试剂空白作参比？

实验 2-4　紫外差值光谱法鉴定废水中微量苯酚的含量（综合性选做实验）

【目的要求】

（1）掌握紫外差值光谱法测定微量苯酚的原理和实验技术。

（2）学会紫外差值吸收光谱的绘制。

（3）熟悉双光束紫外-可见分光光度计的使用方法。

【基本原理与技能】

苯酚是一种重要的化工原料,也是一种可致癌的有机污染物。苯酚在 $270\sim295$ nm 波长处有特征吸收峰,其吸光度与苯酚的含量成正比,应用朗伯-比尔定律可直接定量测定水中总酚的含量。

含有苯环和共轭双键的有机化合物在紫外区有特征吸收。苯有三个吸收带,它们都是由 $\pi \rightarrow \pi^*$ 跃迁引起的。E_1 带 $\lambda_{max}=180$ nm,E_2 带 $\lambda_{max}=204$ nm,两者都属于强吸收带。B 带出现在 $230\sim270$ nm 处,其中 $\lambda_{max}=254$ nm。当溶剂不同或苯环上有取代基时,苯的三个吸收带的位置及强度都将发生显著的变化。

苯酚在溶液中存在下列电离平衡：

$$\lambda_{max} \quad 194\text{ nm}、210\text{ nm}、272\text{ nm} \qquad \lambda_{max} \quad 207\text{ nm}、235\text{ nm}、288\text{ nm}$$

因此,苯酚的紫外-可见吸收光谱与溶液的 pH 有关。

苯酚溶于中性溶液时,其吸收光谱在 $\lambda_{max}=272$ nm 处有一个吸收峰。当溶于碱性溶液时,其吸收光谱在 $\lambda_{max}=288$ nm 处有一个吸收峰,这是因为苯酚分子中 OH 基团含有 2 对孤对电子,与苯环上 π 电子形成 n→π 共轭。苯酚在碱性介质中能形成苯酚阴离子,氧原子上孤对电子增加到 3 对,使 n→π 共轭作用进一步加强,从而导致吸收带红移,同时吸收强度也有所加强。所谓差值光谱,就是指两种吸收光谱相减而得到的光谱曲线。

　　本实验使用双光束分光光度计,因此只要把苯酚的碱性溶液放在样品光路上,而把苯酚的中性溶液放在参比光路上,就可直接绘出差值光谱。用差值光谱进行定量分析,可消除试样中某些杂质光谱的干扰,简化分析程序。

　　在苯酚的差值光谱上,有一个吸收峰的波长为 288 nm,且强度大,因此选择该波长进行测量。在该波长下,溶液的吸光度随苯酚浓度的变化有良好的线性关系,遵循朗伯-比尔定律,即 $\Delta A = \Delta \varepsilon c l$,可用此式对微量苯酚进行定量分析。

　　技能目标是能使用紫外差值光谱法准确分析食品废水中苯酚的含量。

【仪器与试剂】

　　1. 仪器

　　紫外-可见分光光度计(双光束,带扫描功能),配 1 cm 石英比色皿一套;容量瓶(25 mL);容量瓶(100 mL);移液管(10 mL);吸量管(5 mL)。

　　2. 试剂

　　(1) 0.1 mol·L^{-1}氢氧化钾溶液。

　　(2) 100 mg·L^{-1}苯酚标准溶液:准确称取 0.0100 g 苯酚于 250 mL 烧杯中,加入 20 mL 去离子水使之溶解,混合均匀,移入 100 mL 容量瓶,用去离子水稀释至刻度,摇匀。

　　(3) 苯酚的碱性系列标准溶液:取 5 只 25 mL 容量瓶,分别加入 0.50 mL、1.00 mL、1.50 mL、2.00 mL、2.50 mL 苯酚标准溶液,再在每只容量瓶中加入 10.00 mL 氢氧化钾溶液,最后用去离子水稀释至刻度,摇匀,作为碱性系列标准溶液备用。

　　(4) 苯酚的中性系列标准溶液:取 5 只 25 mL 容量瓶,分别加入 0.50 mL、1.00 mL、1.50 mL、2.00 mL、2.50 mL 苯酚标准溶液,最后用去离子水稀释至刻度,摇匀,作为中性系列标准溶液备用。

　　(5) 待测样品溶液(也可用苯酚标准溶液模拟)。

【操作步骤】

　　(1) 确认仪器供电正常,样品室内无样品。

　　(2) 打开电脑进入 Windows 系统,打开仪器主开关。

　　(3) 点击进入工作站,等待仪器自检。

　　(4) 仪器自检完成后,可正常使用。在工作站主显示窗口下,以装有蒸馏水的 1 cm石英比色皿作为空白参比,扫描基线。

　　(5) 基线校准正常后,可进行测试。

　　① 扫描吸收曲线:设置仪器参数,以装有蒸馏水的 1 cm 石英比色皿作为空白参比,取上述碱性系列标准溶液中用 1.50 mL 苯酚标准溶液制备的溶液,用 1 cm 石英比色皿,在 220～340 nm 波长范围内扫描,获得苯酚碱性溶液吸收曲线,读取最大吸收波长数据,记作 λ$_{碱性}$。按照相同方法,取上述中性系列标准溶液中用 1.50 mL 苯

酚标准溶液制备的溶液,用 1 cm 石英比色皿,在 220～340 nm 波长范围内扫描,获得苯酚中性溶液吸收曲线,读取最大吸收波长数据,记作 $\lambda_{中性}$。

② 绘制差值光谱曲线:以 ΔA($\Delta A = A_{碱性} - A_{中性}$)为纵坐标,波长为横坐标,绘制差值光谱图,根据苯酚的差值光谱图确定测量波长,即确定峰值对应的准确波长位置。

（6）绘制标准曲线。

进入定量测定页面,设置参数。在已确定的差值光谱峰值波长下,测定时取浓度相同的碱性和中性两种苯酚标准溶液（只是稀释剂不同）,分别注入两个相同的 1 cm 石英比色皿中,把盛碱性溶液的比色皿放在仪器的样品光路中,把盛中性溶液的比色皿放在仪器的参比光路中,测定吸光度差值 ΔA。按照由浓度低到高的顺序依次将两种系列标准溶液的吸光度差值 ΔA 测完。以吸光度差值 ΔA 为纵坐标,对应的标准溶液浓度为横坐标,绘制标准曲线,得到回归方程和相关系数。

（7）测定待测样品溶液吸光度差值 ΔA。

取体积相同的待测苯酚样品溶液($V_{废水}$),分别注入两只 25 mL 容量瓶中,其中一只容量瓶中加入 10.00 mL 氢氧化钾溶液,最后用去离子水稀释至刻度,摇匀,作为碱性待测溶液;另一只容量瓶中用去离子水稀释至刻度,摇匀,作为中性待测溶液。将两种待测溶液分别注入两个相同的 1 cm 石英比色皿中,把盛碱性待测溶液的比色皿放在仪器的样品光路中,把盛中性待测溶液的比色皿放在仪器的参比光路中,测定待测溶液吸光度差值 ΔA。根据回归方程计算待测苯酚溶液的浓度（ mg·L^{-1}）。

【数据记录及处理】

1. 苯酚碱性标准溶液和苯酚中性标准溶液的吸收光谱数据

将有关数据填入表 2-2-12 中。

表 2-2-12　苯酚碱性标准溶液和苯酚中性标准溶液的吸收光谱数据

λ/nm	$A_{碱性}$	$A_{中性}$	ΔA	λ/nm	$A_{碱性}$	$A_{中性}$	ΔA
220				280			
230				284			
240				288			
250				290			
260				300			
265				310			
270				320			
272				330			
276				340			

2. 绘制差值光谱曲线

以 ΔA 为纵坐标,对应波长为横坐标,绘制差值光谱曲线,确定峰值对应波长,该波长即为差值光谱法测量波长。

3. 标准曲线绘制及待测溶液的测定

根据表 2-2-13 中数据,以吸光度差值 ΔA 为纵坐标,苯酚标准溶液质量浓度为横坐标,绘制标准曲线,求出回归方程和相关系数。

表 2-2-13　系列标准溶液浓度及测定数据

苯酚标准应用液体积/mL	0.50	1.00	1.50	2.00	2.50
苯酚标准溶液浓度/$(mg \cdot L^{-1})$	2.00	4.00	6.00	8.00	10.00
吸光度 $A_{碱性}$					
吸光度 $A_{中性}$					
ΔA					

根据待测试样溶液的吸光度差值 ΔA,通过回归方程计算待测溶液中苯酚的质量浓度 $\rho_{苯酚}$ $(mg \cdot L^{-1})$,按下式计算原废水中苯酚的浓度:

$$\rho_{原废水苯酚}(mg \cdot L^{-1}) = \frac{25\rho_{苯酚}}{V_{废水}}$$

【注意事项】

(1) 每次测定前,应对比色皿的透光度一致性进行实验。

(2) 在仪器扫描或者自检的过程中,不要按动任何键,不要打开样品室盖子。不测定时,应打开暗箱以保护光电管。

(3) 在满足分析要求时,灵敏度应尽量选用低挡(如有则选)。

(4) 比色皿使用前应用被测物淋洗 3 次,以保持被测物浓度不变。对于易挥发的试样,应在比色皿上盖上玻璃片或者盖子。

(5) 比色皿中所装溶液高度以 3/4~4/5 高度为宜。测试时,比色皿外壁必须干燥、洁净,尤其是透光面。装液后先用滤纸轻轻吸去比色皿外部的液体,再用擦镜纸小心擦拭透光面,直到洁净、透明。取放比色皿时,手指捏住毛面,以免损伤透光面。用毕后,立即取出,洗涤干净,倒立晾干。

(6) 一般参比溶液的比色皿放在第一格,待测溶液放在后面。

(7) 实验完毕,及时把比色皿洗净、晾干,放回比色皿盒中。

【思考与讨论】

(1) 为什么紫外-可见光谱定量分析一般在最大吸收波长下测定?

(2) 为获得准确数据,在使用分光光度计时,应该注意哪些操作?

(3) 本实验采取差值光谱法测定苯酚有哪些优点?

实验 2-5 紫外-可见分光光度法测定饮料中苯甲酸含量(综合性选做实验)

【目的要求】

(1) 了解苯甲酸的紫外吸收特征。

(2) 学习用标准曲线法对苯甲酸进行定量分析的方法。

(3) 掌握紫外-可见分光光度计的使用方法。

【基本原理与技能】

苯甲酸及其钠盐、钾盐是食品卫生标准中允许使用的主要防腐剂。苯甲酸具有芳香结构,在 228 nm 波长处有 E 吸收带,该吸收带为强吸收带,在 272 nm 处有 B 吸收带,该吸收带为弱吸收带,E 带和 B 带均为芳香族化合物的特征吸收带,因此可根据这一紫外吸收光谱特征对苯甲酸进行定性鉴定。

用紫外-可见分光光度法对物质进行定量测定,须借助朗伯-比尔定律,其数学表达式为

$$A = \varepsilon c l$$

式中:A——吸光度;

ε——摩尔吸光系数(在一定条件下是被测物质的特征性常数),$L \cdot mol^{-1} \cdot cm^{-1}$;

l——液层厚度,cm;

c——被测物质的浓度,$mol \cdot L^{-1}$。

上式说明只要选择适宜的入射光,并保持波长一定,测定溶液的吸光度,就能求得溶液的浓度或物质的含量。本实验采用标准曲线法,在最大吸收波长(λ_{max})处,测定一系列不同浓度(c)的苯甲酸标准溶液的吸光度(A),然后以 c 为横坐标,以 A 为纵坐标绘制标准曲线,在完全相同的条件下测定样品溶液的 A 值,并从标准曲线上求得样品溶液的浓度。

饮料中防腐剂用量很少,而且其中可能还含有一些干扰性组分,因此一般需要预先将防腐剂与其他成分分离,并经提纯浓缩后进行测定。常用的分离防腐剂的方法有蒸馏法和溶剂萃取法等。本实验采用溶剂萃取法,用乙醚将苯甲酸从饮料中提取出来,再经碱性水溶液处理和乙醚提取,以达到分离、提纯的目的。

技能目标是能用紫外-可见分光光度法准确测定饮料中苯甲酸含量。

【仪器与试剂】

1. 仪器

紫外-可见分光光度计、电子分析天平、容量瓶(25 mL 和 100 mL)、吸量管

(1 mL、2 mL 和 5 mL)、分液漏斗(150 mL、250 mL)、量筒(50 mL)。

2. 试剂

苯甲酸(AR)、乙醚($C_2H_5OC_2H_5$)、NaCl、盐酸(0.05 mol·L^{-1}、0.1 mol·L^{-1}、2 mol·L^{-1})、1%NaHCO$_3$溶液、待测饮料。

【操作步骤】

1. 饮料中苯甲酸的分离

称取 2.0 g 样品,用 40 mL 蒸馏水稀释,移入 150 mL 分液漏斗中,加入适量 NaCl 颗粒,待溶解后滴加 0.1 mol·L^{-1}盐酸,使溶液的 pH＜4。依次用 30 mL、20 mL 和 20 mL 乙醚分 3 次萃取样品溶液,合并乙醚萃取液并弃去水相。用两份 30 mL 0.05 mol·L^{-1}盐酸洗涤乙醚萃取液,弃去水相。然后用三份 20 mL 1% NaHCO$_3$溶液依次萃取乙醚溶液,合并 NaHCO$_3$溶液,用 2 mol·L^{-1}盐酸酸化 NaHCO$_3$溶液并多加 1 mL 盐酸,将该溶液移入 250 mL 分液漏斗中。依次用 25 mL、25 mL 和 20 mL 乙醚分 3 次萃取已酸化的 NaHCO$_3$溶液,合并乙醚溶液并移入 100 mL 容量瓶中,用乙醚定容后,吸取 2.50 mL 于 25 mL 容量瓶中,定容后供紫外吸收光谱测定。

如果样品中无干扰组分,则无须分离,可直接测定。以雪碧为例,可直接吸取 0.50 mL 移入 25 mL 容量瓶中,用蒸馏水稀释定容后供紫外吸收光谱测定。

2. 饮料中苯甲酸的定性鉴定

取经提纯稀释后的乙醚萃取液,用 1 cm 石英比色皿,以乙醚为参比,在 210～310 nm 波长范围作紫外吸收光谱,根据其最大吸收波长、吸收强度以及与苯甲酸标准谱图的对照来定性鉴定。

3. 饮料中苯甲酸的定量测定

(1) 配制苯甲酸标准溶液:准确称取 0.10 g(准确至 0.1 mg)苯甲酸,用乙醚溶解,移入 25 mL 容量瓶中,用乙醚定容。吸取 1 mL 该溶液至 25 mL 容量瓶,用乙醚定容此溶液含苯甲酸 0.16 mg·mL^{-1},将其作为储备液。吸取 5 mL 储备液于 25 mL 容量瓶中,定容后成为浓度为 32 μg·mL^{-1}的苯甲酸标准溶液。分别吸取该标准液 0.50 mL、1.00 mL、1.50 mL、2.00 mL 和 2.50 mL 于 5 个 25 mL 容量瓶中,用乙醚定容。

(2)用 1 cm 石英比色皿,以乙醚为参比,以苯甲酸 E 吸收带最大吸收波长为入射光波长,分别测定上述 5 个标准溶液的吸光度,将数据记录在表 2-2-14 中(表中 ρ 为质量浓度)。

(3)用步骤 2 中定性鉴定后的样品的乙醚萃取液,按上述与测定标准溶液同样的方法测定其吸光度,记录数据 $A=$ _____。

表 2-2-14　标准溶液浓度与吸光度

编号	1	2	3	4	5
$\rho/(\mu g \cdot mL^{-1})$					
$A(\lambda_{max} = \underline{\quad\quad} nm)$					

【数据记录及处理】

（1）以各标准溶液 ρ 为横坐标，以相应的 A 为纵坐标，绘制标准曲线。

（2）根据饮料样品的乙醚萃取液从标准曲线上求得的质量浓度，计算出饮料中苯甲酸的含量。

【注意事项】

紫外-可见分光光度法为微、痕量分析技术，待测物浓度大于 $0.01\ mol \cdot L^{-1}$ 时会偏离朗伯-比尔定律，此方法不适用。

【思考与讨论】

（1）能否用苯甲酸的 B 吸收带进行定量分析？此时标准溶液的浓度范围应是多少？

（2）萃取过程中经常出现乳化或不易分层的现象，应采取什么方法加以解决？

实验 2-6　分光光度法同时测定钢中铬和锰的含量（综合性实验）

【目的要求】

（1）掌握单一溶质溶液吸光系数的测定方法。

（2）学会利用吸光度加和原理，通过解联立方程定量测定吸收曲线重叠的二元混合物。

（3）熟练使用带波长扫描功能的紫外-可见分光光度计。

【基本原理与技能】

在多组分体系中，如果各种吸光物质之间不相互作用，这时体系的总吸光度等于各组分吸光度之和，即吸光度具有加和性。图 2-2-2 是在 H_2SO_4 溶液中 $Cr_2O_7^{2-}$ 和 MnO_4^- 的吸收曲线，表明它们的吸收光谱互相重叠，在进行测定时，两组分彼此相互干扰。可根据吸光度加和性原理，在 $Cr_2O_7^{2-}$ 和 MnO_4^- 最大吸收波长（440 nm 和 525 nm）处分别测量混合溶液的总吸光度 A_1^{Cr+Mn} 及 A_2^{Cr+Mn}。根据下列方程式求出 $Cr_2O_7^{2-}$ 和 MnO_4^- 含量。

$$A_1^{Cr+Mn}=A_1^{Cr}+A_1^{Mn}=\varepsilon_1^{Cr}c_{Cr}+\varepsilon_1^{Mn}c_{Mn}$$

$$A_2^{Cr+Mn}=A_2^{Cr}+A_2^{Mn}=\varepsilon_2^{Cr}c_{Cr}+\varepsilon_2^{Mn}c_{Mn}$$

式中:ε_1^{Cr}、ε_2^{Cr}、ε_1^{Mn}、ε_2^{Mn} 分别代表组分 $Cr_2O_7^{2-}$ 和 MnO_4^- 在 440 nm 和 525 nm 波长处的摩尔吸光系数。

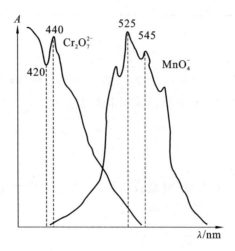

图 2-2-2　吸收光谱

本实验测定铬和锰的混合物,先分别配制铬和锰的系列标准溶液,测定铬和锰的吸收曲线,得到它们的最佳吸收波长(铬的文献值为 440 nm,锰的文献值为 525 nm);在铬和锰的最佳吸收波长下分别测量它们系列标准溶液的吸光度,确定它们的标准曲线,四条标准曲线的斜率即为铬和锰在 440 nm 和 525 nm 处的吸光系数(ε_1^{Cr},ε_2^{Cr},ε_1^{Mn},ε_2^{Mn})。

通过上述吸收曲线可知,由于在铬化合物的 440 nm 波长处,锰化合物的吸光度很小,实际测量时在该波长条件下,造成锰化合物系列标准溶液的吸光度差别很小,由此无法准确绘制该波长条件下的标准曲线,进而无法确定该波长时锰化合物的吸光系数。同样在锰化合物的 525 nm 波长处,铬化合物的吸光度也很小,实际测量时在该波长条件下,造成铬化合物系列标准溶液的吸光度差别很小,由此无法准确绘制该波长条件下的标准曲线,进而无法确定该波长时铬化合物的吸光系数。所以在测量时,根据吸收曲线特点,为了减小测量误差,提高测量数据的准确性,本实验选择的测量波长分别是 420 nm 和 545 nm。在 420 nm 波长处锰化合物的吸光度趋近零,此时虽然测量的是混合物的吸光度,但实际上是铬化合物的吸光度,可以按照单一成分确定铬化合物的浓度。同样在 545 nm 波长处铬化合物的吸光度趋近零,此时虽然测量的是混合物的吸光度,但实际上是锰化合物的吸光度,可以按照单一成分确定锰化合物的浓度。

铬和锰都是钢中常见的有益元素,尤其在合金中应用比较广泛。铬和锰在钢中除了以金属状态存在于固体和液体之外,还以碳化物(CrC_2、Cr_3C_2、Mn_3C)、硅化物(Cr_3Si、$MnSi$、$FeMnSi$)、硫化物(MnS)、氧化物(CrO_2、MnO_2)、氮化物(CrN、Cr_2N)

等形式存在。试样经酸溶解后，生成 Cr^{3+} 和 Mn^{2+}，加入磷酸以掩蔽 Fe^{3+} 的干扰。在酸性条件下，用硝酸银作催化剂，加入过量氧化剂（过硫酸铵），将其中 Cr^{3+} 和 Mn^{2+} 分别氧化为 $Cr_2O_7^{2-}$ 和 MnO_4^-。

技能目标是能用分光光度法同时测定钢中铬和锰的含量。

【仪器与试剂】

1. 仪器

紫外-可见分光光度计（或带波长扫描功能的光度计）、比色皿、棕色容量瓶（50 mL、100 mL、250 mL、500 mL）、量筒（10 mL、50 mL）、锥形瓶（250 mL）、电子分析天平、水浴锅、移液管（25 mL）。

2. 试剂

（1）H_2SO_4-H_3PO_4 混合酸：150 mL 浓 H_2SO_4（1.84 g·mL^{-1}）、150 mL 浓 H_3PO_4（1.70 g·mL^{-1}）和 700 mL 水（分析专用纯水或蒸馏水）相混合。

（2）0.5 mol·L^{-1} 硝酸银溶液。

（3）150 g·L^{-1} 过硫酸铵（$(NH_4)_2S_2O_4$）溶液。

（4）铬（Cr(Ⅵ)）标准溶液（1.0 mg·mL^{-1}）：准确称取 1.4145 g $K_2Cr_2O_7$（分析纯，已于105 ℃干燥 1 h），溶于适量 H_2SO_4-H_3PO_4 混合酸中，定量转移至 500 mL 棕色容量瓶中，用 H_2SO_4-H_3PO_4 混合酸稀释至刻度，摇匀。

（5）锰（Mn(Ⅱ)）标准溶液（0.5 mg·mL^{-1}）：准确称取 0.687 3 g 分析纯 $MnSO_4$（400～500 ℃灼烧过），溶于适量 H_2SO_4-H_3PO_4 混合酸中，定量转移至 500 mL 棕色容量瓶中，用 H_2SO_4-H_3PO_4 混合酸稀释至刻度，摇匀。

（6）0.25 mol·L^{-1} H_2SO_4 溶液。

（7）浓 HNO_3。

【操作步骤】

1. $Cr_2O_7^{2-}$ 测量溶液和 MnO_4^- 测量溶液的制备

（1）移取 5.00 mL 铬（Cr(Ⅵ)）标准溶液，置于 100 mL 容量瓶中，加入 2.50 mL 浓 H_2SO_4 和 2.50 mL 浓 H_3PO_4，用蒸馏水稀释至刻度，摇匀，制得浓度为 0.050 mg·mL^{-1} 的 $Cr_2O_7^{2-}$ 测量溶液。

（2）移取 0.50 mL 锰（Mn(Ⅱ)）标准溶液，置于 250 mL 锥形瓶中，加入 2.50 mL 浓 H_2SO_4 和2.50 mL 浓 H_3PO_4，再加入 4 滴 0.5 mol·L^{-1} $AgNO_3$ 溶液，加 40 mL 蒸馏水和 2 mL 150 g·L^{-1} $(NH_4)_2S_2O_4$ 溶液，沸水浴中加热，保持微沸 5 min，待溶液颜色稳定后，冷却，移至 100 mL 容量瓶中，用蒸馏水稀释至刻度，摇匀，制得浓度为0.054 mg·mL^{-1} 的 MnO_4^- 测量溶液。

2. $Cr_2O_7^{2-}$ 和 MnO_4^- 溶液吸收曲线的测量

用 1 cm 比色皿，以 H_2SO_4-H_3PO_4 混合酸为参比，在 400～580 nm 范围内分别测量步骤 1 中制得的 $Cr_2O_7^{2-}$ 测量溶液和 MnO_4^- 测量溶液的吸收曲线。找出 $Cr_2O_7^{2-}$ 溶液和 MnO_4^- 溶液各自的最大吸收波长，并与文献值进行比较。

3. $Cr_2O_7^{2-}$ 系列标准溶液和 MnO_4^- 系列标准溶液的制备和测量

(1) $Cr_2O_7^{2-}$ 系列标准溶液的制备和测量。

分别吸取 $0.050\ mg \cdot mL^{-1}$ $Cr_2O_7^{2-}$ 测量溶液 1.00 mL、2.00 mL、3.00 mL、4.00 mL、5.00 mL、6.00 mL 于 6 只 50 mL 棕色容量瓶中，用 $0.25\ mol \cdot L^{-1}$ H_2SO_4 溶液稀释至刻度，摇匀。用 1 cm 比色皿，以 $0.25\ mol \cdot L^{-1}$ H_2SO_4 溶液为参比，在 420 nm 波长处测量 $Cr_2O_7^{2-}$ 系列标准溶液的吸光度，进而绘制标准曲线，由曲线的斜率确定 $Cr_2O_7^{2-}$ 溶液的吸光系数（ε_{420}^{Cr}）。

(2) MnO_4^- 系列标准溶液的制备和测量。

分别吸取 $0.054\ mg \cdot mL^{-1}$ MnO_4^- 测量溶液 1.00 mL、2.00 mL、3.00 mL、4.00 mL、5.00 mL、6.00 mL 于 6 只 50 mL 棕色容量瓶中，用 $0.25\ mol \cdot L^{-1}$ H_2SO_4 溶液稀释至刻度，摇匀。用 1 cm 比色皿，以 $0.25\ mol \cdot L^{-1}$ H_2SO_4 溶液为参比，在 545 nm 波长处测量 MnO_4^- 系列标准溶液的吸光度，进而绘制标准曲线，由曲线的斜率确定 MnO_4^- 溶液的吸光系数（ε_{545}^{Mn}）。

4. 试样溶液中 Cr^{3+} 和 Mn^{2+} 的测量

(1) 称取试样约 0.5 g，置于 250 mL 锥形瓶中，加 40 mL H_2SO_4-H_3PO_4 混合酸，加热溶解后，滴加浓 HNO_3 破坏碳化物（如仍有碳化物存在，则将溶液蒸发至冒烟，小心滴加浓 HNO_3 使之全部分解），煮沸，驱尽氮氧化物，取下冷却，加蒸馏水稀释至溶液体积为 50 mL，若有沉淀，应加热溶解，冷却后，移至 100 mL 棕色容量瓶中，加蒸馏水稀释至刻度，摇匀。

(2) 用移液管移取 25.00 mL 上述制得的试样溶液，置于 250 mL 锥形瓶中，加入 2.50 mL 浓 H_2SO_4 和 2.50 mL 浓 H_3PO_4，再加入 4 滴 $0.5\ mol \cdot L^{-1}$ $AgNO_3$ 溶液，加 50 mL 水、2 mL $150\ g \cdot L^{-1}$ $(NH_4)_2S_2O_8$ 溶液，沸水浴中加热，保持微沸 5 min，待溶液颜色稳定后，冷却，移至 100 mL 棕色容量瓶中，用蒸馏水稀释至刻度，摇匀。另取一份溶液按相同方法处理但不加氧化剂，作为空白溶液。

(3) 用 1 cm 比色皿，以 $0.25\ mol \cdot L^{-1}$ H_2SO_4 溶液为参比，在 420 nm 和 545 nm 处分别测量试样溶液的吸光度，即 A_{420}^{Cr+Mn}、A_{545}^{Cr+Mn}。

【数据记录及处理】

1. 吸收曲线测量数据

将吸收曲线测量数据填写在表 2-2-15 中。

表 2-2-15　吸收曲线测量数据

	λ/nm	400	420	440	460	480	500	520	540	550	560
A	$Cr_2O_7^{2-}$ 测量溶液										
	MnO_4^- 测量溶液										

2．标准曲线测量数据

将标准曲线测量数据填写在表 2-2-16 和表 2-2-17 中。

表 2-2-16　$Cr_2O_7^-$ 标准曲线测定数据

V/mL	1.00	2.00	3.00	4.00	5.00	6.00
$\rho_{Cr_2O_7^-}/(mg \cdot mL^{-1})$						
A						

表 2-2-17　MnO_4^- 标准曲线测定数据

V/mL	1.00	2.00	3.00	4.00	5.00	6.00
$\rho_{MnO_4^-}/(mg \cdot mL^{-1})$						
A						

3．待测试样测量数据

$A(420\ nm) = $ _____；$A(545\ nm) = $ _____；待测试样 $\rho_{Cr_2O_7^-} = $ _____
mg · mL^{-1}；$\rho_{MnO_4^-} = $ _____ mg · mL^{-1}。

4．根据上列数据分别绘制曲线

（1）以 λ 为横坐标，吸光度为纵坐标，绘制吸收曲线。

（2）以质量浓度 $\rho(mg \cdot mL^{-1})$ 为横坐标，吸光度为纵坐标，绘制标准曲线。

【注意事项】

（1）高碳高铬等合金钢试样，当以硝酸氧化尚有碳化铬存在时，应将试样继续加热至冒三氧化硫的烟，再数次滴加浓硝酸破坏碳化物并赶尽氮氧化物。

（2）对于测铬的参比波长，要在实验前进行精密确证。

【思考与讨论】

（1）样品处理中加 H_2SO_4-H_3PO_4 混合酸溶解样品，其中磷酸的主要作用是什么？

（2）根据吸收曲线，本实验可以选择测定波长为 420 nm 和 500 nm 吗？为什么？

实验 2-7　　分光光度法测定溴百里酚蓝的 pK$_a$（综合性实验）

【目的要求】

（1）学习分光光度法测定酸碱指示剂 pK$_a$ 的原理和方法。

（2）掌握分光光度计和酸度计的使用方法，学会通过作图求 pK$_a$ 的方法。

【基本原理与技能】

酸碱指示剂一般是有机弱酸或弱碱，若其酸型和碱型具有不同的颜色，便可利用分光光度法来测定其电离常数。

溴百里酚蓝是一元弱酸，可用 HIn 表示，在溶液中按照下式电离：

$$HIn（酸型）\rightleftharpoons H^+ + In^-（碱型）$$

$$K_a = \frac{[H^+][In^-]}{[HIn]}$$

即

$$pK_a = pH + \lg\frac{[HIn]}{[In^-]}$$

由上式可知，在一定的 pH 下，只要知道[HIn]与[In$^-$]的比值，就可计算 pK$_a$。

当溶液中同时存在 HIn 和 In$^-$ 时，根据吸光度的加和性原理，其吸光度 A 为

$$A = \varepsilon_{HIn}[HIn] + \varepsilon_{In^-}[In^-]$$

即

$$A = \varepsilon_{HIn}\frac{[H^+]c}{K_a + [H^+]} + \varepsilon_{In^-}\frac{K_a c}{K_a + [H^+]}$$

其中 c 为溴百里酚蓝的分析浓度，c＝[HIn]＋[In$^-$]，作 HIn 或者 In$^-$ 的吸收曲线，选其最大吸收波长作为测定波长。

在高酸度下，可近似认为溶液中溴百里酚蓝只以 HIn（酸型）存在，在选定的波长下测定其吸光度，则有

$$A_{HIn} = \varepsilon_{HIn}[HIn] \approx \varepsilon_{HIn}c$$

同理，在低酸度下，可认为溶液中溴百里酚蓝主要以 In$^-$（碱型）存在，在选定的波长下测定其吸光度，则有

$$A_{In^-} = \varepsilon_{In^-}[In^-] \approx \varepsilon_{In^-}c$$

综合以上各式，得

$$pK_a = pH + \lg\frac{A - A_{In^-}}{A_{HIn} - A}$$

将 $\lg\dfrac{A - A_{In^-}}{A_{HIn} - A}$ 对 pH 作图，直线与 pH 轴交点处的 pH 值即为 pK$_a$ 值。

技能目标是能用分光光度法准确测定溴百里酚蓝的 pK$_a$。

【仪器与试剂】

1. 仪器

紫外-可见分光光度计，配比色皿；容量瓶（50 mL）；吸量管（2 mL、5 mL、10 mL）；酸度计；pH 复合电极；塑料小烧杯。

2. 试剂

（1）0.2 mol・L^{-1} NaH_2PO_4 溶液、0.2 mol・L^{-1} K_2HPO_4 溶液、3 mol・L^{-1} NaOH 溶液。

（2）溴百里酚蓝溶液（0.1%）：称取 0.1 g 溴百里酚蓝，溶解于 100 mL 20% 的乙醇中。

（3）pH 标准缓冲溶液。

【操作步骤】

1. 溶液的配制

准备洁净的 50 mL 容量瓶 7 只，每只容量瓶中均用吸量管准确移取溴百里酚蓝溶液 2.00 mL，再按表 2-2-18 中的体积用吸量管移取磷酸盐溶液加入各容量瓶中，并在 7 号容量瓶中加 2 滴 NaOH 溶液（3 mol・L^{-1}），用蒸馏水稀释至刻度，摇匀。

2. 溶液 pH 的测量

用酸度计准确测定每份溶液的 pH，并记录于表 2-2-18 中。

表 2-2-18　溶液配制及测定记录

瓶号	1	2	3	4	5	6	7
$V_{NaH_2PO_4}$/mL	5.00	5.00	10.00	5.00	1.00	1.00	0
$V_{K_2HPO_4}$/mL	0	1.00	5.00	10.00	5.00	10.00	5.00
pH							
$A(\lambda=\underline{\quad}nm)$							

3. 测量波长的选择

（1）在 350～530 nm 波长范围内以蒸馏水作参比，用 1 cm 比色皿，测定 1 号溶液的吸光度，记录在表 2-2-19 中。以波长和对应的吸光度绘制吸收曲线，该曲线为 HIn 的吸收曲线（文献值 $\lambda_{HIn}=390$ nm）。

表 2-2-19　HIn 的吸收曲线

λ/nm	350	370	390	410	430	450	470	490	510	530
A(1 号瓶)										

（2）在 350～530 nm 波长范围内以蒸馏水作参比，用 1 cm 比色皿，用上述同样方法测定 7 号溶液的吸光度，记录在表 2-2-20 中。以波长和对应的吸光度绘制吸收曲线，该曲线为 In^- 的吸收曲线（文献值 $\lambda_{In^-} = 430$ nm）。

表 2-2-20 In^- 的吸收曲线

λ/nm	350	370	390	410	430	450	470	490	510	530
A(7 号瓶)										

（3）利用上述曲线，选择 HIn 或 In^- 最大吸收波长作为测定波长，把该波长数值填写在表 2-2-18 中第一列最下面括号里，本实验推荐将 430 nm 作为测量波长（为什么？）。

4. 测定

在本实验选定的测定波长（推荐使用 430 nm）下，以蒸馏水作参比溶液校正仪器吸光度使其等于零。用 1 cm 比色皿，分别测量 1～7 号溶液的吸光度 A 值，并填入表 2-2-18 中对应的编号最下面一行空白处。

【数据记录及处理】

（1）按公式 $pK_a = pH + \lg \dfrac{A - A_{In^-}}{A_{HIn} - A}$ 计算 2～6 号溶液的 $\lg \dfrac{A - A_{In^-}}{A_{HIn} - A}$ 值（其中 1 号溶液的 A 值即为 A_{HIn}，7 号溶液的 A 值即为 A_{In^-}），相应数据填写在表 2-2-21 中。

表 2-2-21 pH 与 $\lg \dfrac{A - A_{In^-}}{A_{HIn} - A}$ 值

瓶 号	2	3	4	5	6
$\lg \dfrac{A - A_{In^-}}{A_{HIn} - A}$					
pH					

（2）以 $\lg \dfrac{A - A_{In^-}}{A_{HIn} - A}$ 为横坐标，以 pH 为纵坐标作图，所得直线在 pH 轴上的截距，即为溴百里酚蓝的 pK_a 值。

（3）将测定的 pK_a 值与标准值（$pK_a = 7.30$）比较。

【注意事项】

使用酸度计测定溶液 pH 时，应先用与待测溶液 pH 相近的标准缓冲溶液校正仪器。

【思考与讨论】

测定的 pK_a 值与标准值有多大的误差？分析误差的主要来源。

实验 2-8 双波长消去法测定复方制剂安痛定中安替比林含量（综合性实验）

【目的要求】

(1) 掌握双波长消去法测定安替比林含量的基本方法。

(2) 熟悉双波长分光光度法的基本原理。

(3) 了解紫外-可见分光光度计的结构和使用方法。

【基本原理和技能】

经典双光束分光光度法中，入射光是同一波长的单色光，分别通过吸收池和参比池，得到的信号是相对于参比溶液（吸光度为零）的吸光度。吸收池位置、吸收池常数，以及待测溶液和参比溶液之间混浊度、溶液组成等因素的差别可能引起较大误差。双波长分光光度法克服了经典单波长分光光度法的缺点。在双波长分光光度法中，从光源发射出来的光线分别经过两个单色器后，得到两束具有不同波长的单色光，利用斩光器使这两束单色光交替通过同一待测溶液，得到的信号是待测溶液对两种单色光的吸光度差值。该法可测定混浊溶液，也可测定吸收光谱重叠的混合组分。

安痛定注射液的主要成分为氨基比林、安替比林和巴比妥。安替比林检测的紫外分光光度定量方法有双波长消去法、系数倍率法、最小二乘法和卡尔曼滤波分光光度法等。本实验采用双波长消去法测定安替比林组分含量。

用 0.1 mol/L 盐酸作溶剂制备的安痛定溶液，每 2 mL 含氨基比林 0.100 g、巴比妥 0.018 g、安替比林 0.040 g，其对应的吸收光谱如图 2-2-3 所示。

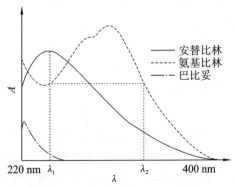

图 2-2-3 安痛定三组分紫外吸收光谱

技能目标是能用双波长消去分光光度法准确测定安痛定注射液中安替比林的含量。

【仪器与试剂】

1. 仪器

紫外-可见分光光度计,配石英比色皿(1 cm);电子分析天平;容量瓶(100 mL、2 000 mL);吸量管(1.0 mL)。

2. 试剂

安替比林(优级纯)、氨基比林(优级纯)、巴比妥(优级纯)、盐酸(分析纯)、安痛定注射液。

【操作步骤】

1. 配制溶液

分别取安替比林纯品、氨基比林纯品、巴比妥纯品,准确称量。用 $0.1\ mol \cdot L^{-1}$ 盐酸作溶剂准确配制 100 mL 浓度均为 $0.015\ mg \cdot mL^{-1}$ 的安替比林溶液、氨基比林溶液和巴比妥溶液。

2. 紫外-可见分光光度计自检

接通电源,打开分光光度计电源开关,仪器预热 20 min 左右,然后进行自检;联机自检结束后,仪器进入测试状态。

3. 绘制吸收曲线

(1) 以 $0.1\ mol \cdot L^{-1}$ 盐酸为参比溶液,选用 1 cm 石英比色皿,在 $220 \sim 400$ nm 波长范围内按照表 2-2-22 的要求,分别测定 $0.015\ mg \cdot mL^{-1}$ 安替比林溶液的吸光度,绘制吸收曲线,确定安替比林的最佳吸收波长。

(2) 以 $0.1\ mol \cdot L^{-1}$ 盐酸为参比溶液,选用 1 cm 石英比色皿,在 $220 \sim 400$ nm 波长范围内按照表 2-2-23 的要求,分别测定 $0.015\ mg \cdot mL^{-1}$ 氨基比林溶液的吸光度,绘制吸收曲线,确定氨基比林的最佳吸收波长。

(3) 以 $0.1\ mol \cdot L^{-1}$ 盐酸为参比溶液,选用 1 cm 石英比色皿,在 $220 \sim 400$ nm 波长范围内按照表 2-2-24 的要求,分别测定 $0.015\ mg \cdot mL^{-1}$ 巴比妥溶液的吸光度,绘制吸收曲线,确定巴比妥的最佳吸收波长。

4. 确定测定双波长

根据安替比林和氨基比林的吸收曲线以及波长的选择原则,确定安替比林的两个测定波长 λ_1 和 λ_2。λ_1 和 λ_2 对于氨基比林是等吸收对应的波长。同时根据巴比妥吸收曲线可知,在 λ_1 和 λ_2 两波长下其吸光度近似为零,所以干扰组分只有氨基比林。利用双波长消去法可以消去氨基比林对安替比林测定的影响。

5. 安替比林 $\Delta\varepsilon$ 测量

以 $0.1\ mol \cdot L^{-1}$ 盐酸为参比溶液,选用 1 cm 石英比色皿,分别在 λ_1 和 λ_2 两波长下测定 $0.015\ mg \cdot mL^{-1}$ 安替比林溶液吸光度(A_1 和 A_2),求出吸光度差值 ΔA($\Delta A = A_1 - A_2$),根据公式 $\Delta A = \Delta\varepsilon \cdot c$ 知,$\Delta\varepsilon = \Delta A/c$,计算出 $\Delta\varepsilon$ 值。

6. 安痛定注射液中安替比林浓度的测定

准确吸取 1.00 mL 注射液于 2 000 mL 容量瓶中,用 $0.1\ mol \cdot L^{-1}$ 盐酸稀释至标线后备用。选用 1 cm 石英比色皿,以 $0.1\ mol \cdot L^{-1}$ 盐酸为参比溶液,在 λ_1 和 λ_2 波长处测定上述制备好的注射液的吸光度。计算注射液吸光度差值 ΔA,并进一步确定注射液中安替比林的浓度。

【数据记录及处理】

1. 吸收曲线测量数据(表 2-2-22、表 2-2-23、表 2-2-24)

表 2-2-22　安替比林吸收曲线数据

λ/nm	220	230	240	250	260	270	280	290	300	310	320	330	340	350	360	370	400
A																	

表 2-2-23　氨基比林吸收曲线数据

λ/nm	220	230	240	250	260	270	280	290	300	310	320	330	340	350	360	370	400
A																	

表 2-2-24　巴比妥吸收曲线数据

λ/nm	220	230	240	250	260	270	280	290	300	310	320	330	340	350	360	370	400
A																	

2. 双波长

$\lambda_1 =$ ＿＿＿＿＿＿＿ nm,$\lambda_2 =$ ＿＿＿＿＿＿＿ nm。

3. $0.015\ mg \cdot mL^{-1}$($0.0797\ mmol \cdot L^{-1}$)安替比林溶液吸光度(表 2-2-25)

表 2-2-25　安替比林吸光度测定数据

$A_1(\lambda_1)$	
$A_2(\lambda_2)$	
$\Delta\varepsilon = (A_1 - A_2)/c$	

4. 安痛定注射液中安替比林浓度

$\rho=$ ＿＿＿＿＿＿＿＿＿ mg · mL^{-1}。

【注意事项】

(1) 待测试样溶液浓度除已有注明外,其吸光度以 0.3～0.7 为宜。

(2) 使用石英比色皿时,手指应拿毛面两侧。盛装溶液以容积的 4/5 为度。测量挥发性溶液时应加盖。透光面要用擦镜纸由上到下擦拭干净后再放入池架进行测量。比色池使用完后要用蒸馏水冲洗干净、晾干,防尘保存。

(3) 选用仪器的狭缝宽度应小于待测样品吸收带的半宽度,否则测得的吸光度值会偏低。对于大部分待测样品,以使用 2 nm 狭缝宽度为好。

【思考与讨论】

(1) 如何根据吸收曲线选择适当测量波长?

(2) 为什么选用狭缝宽度过大会使吸光度测量值偏低?

实验 2-9　导数光谱法测定降压药中氢氯噻嗪含量(综合性实验)

【目的要求】

(1) 掌握导数光谱法消除干扰后直接测定复方制剂中某一组分含量的原理。

(2) 熟悉紫外-可见分光光度计用导数光谱法测定药物含量的基本操作步骤。

【基本原理与技能】

如果把一个紫外吸收光谱看成波长的函数,则 $A=cf(\lambda)$,对其求导数就可以得到导数光谱,并且可以得到一阶、二阶、三阶、多阶导数光谱。根据朗伯-比尔定律 $A=\varepsilon cl$,其一阶导数值 $\dfrac{\mathrm{d}A}{\mathrm{d}\lambda}=\dfrac{\mathrm{d}\varepsilon}{\mathrm{d}\lambda}cl$,同理,二阶、三阶和多阶导数值也与浓度成正比。可见在任意波长处,导数光谱的数值与浓度成正比。因此,光谱导数值可作为定量信息。

当被测物中有干扰吸收的组分存在时,如干扰吸收随波长(λ)也呈线性吸收(表示为 $b\lambda$),则混合物的吸收(如图 2-2-4 所示)可写成 $A_{混}=\varepsilon_{测} c_{测} l+a+b\lambda$,求一阶导数后得 $\dfrac{\mathrm{d}A}{\mathrm{d}\lambda}=\dfrac{\mathrm{d}\varepsilon}{\mathrm{d}\lambda}cl+b$(一阶导数光谱曲线如图 2-2-5 所示),式中 b 为固定的常数值,平行于横轴,可见干扰组分的吸收求导后则被消除。当用振幅 D 作为定量信息时,D 只与被测组分浓度成正比。

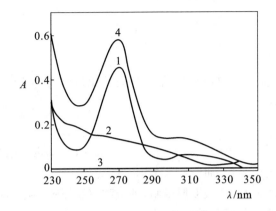

图 2-2-4　降压药中各成分的吸收光谱

1—氢氯噻嗪；2—硫酸双肼酞嗪；3—盐酸可乐定及辅料；4—混合物

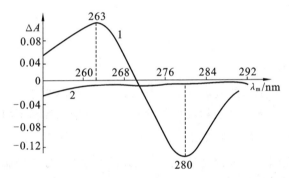

图 2-2-5　氢氯噻嗪和硫酸双肼酞嗪一阶导数光谱

1—氢氯噻嗪；2—硫酸双肼酞嗪

常用降压药片是由氢氯噻嗪、硫酸双肼酞嗪及盐酸可乐定组成的复方制剂。由于每片盐酸可乐定含量与氢氯噻嗪相差约 330 倍，与硫酸双肼酞嗪相差约 460 倍，因此用导数光谱法测定氢氯噻嗪时，盐酸可乐定及赋形剂在 260～280 nm 区间几乎无吸收，可以忽略其影响。硫酸双肼酞嗪在 260～280 nm 区间吸收近似一直线，而氢氯噻嗪吸收近似为二次曲线，所以可以采用一阶导数光谱法消除硫酸双肼酞嗪的干扰，不经分离直接测定氢氯噻嗪含量。

导数光谱法定量数据的测量：导数值与待测物的浓度成正比，因而可以通过测量导数值进行样品的定量测定。导数曲线的测量方法可分为几何法和代数法，常用几何法中的峰谷法和峰零法。

在实际测定中，由于仪器的性能与精度所限，导数值与浓度之间的比值不能像吸光系数那样求出一个能通用的常数，所以用导数光谱法定量时需用标准曲线法或标准对比法。

技能目标是能用导数光谱法测定降压药中氢氯噻嗪含量。

【仪器与试剂】

1. 仪器

紫外-可见分光光度计（带导数功能），配石英比色皿；容量瓶（100 mL、200 mL）；电子分析天平；研钵。

2. 试剂

（1）pH 为 6.9 的缓冲溶液：取 50 mL 0.1 mg·L^{-1}磷酸二氢钾溶液与 25.9 mL 0.1 mg·L^{-1}氢氧化钠溶液，加蒸馏水至 100 mL。

（2）氢氯噻嗪对照品、硫酸双肼酞嗪（即硫酸双肼屈嗪）对照品。

（3）0.1 mol·L^{-1}氢氧化钠溶液。

以上所用试剂均为分析纯，水为二次蒸馏水。

（4）降压药片。

【操作步骤】

1. 配制标准储备液

取 120 ℃干燥至恒重的氢氯噻嗪约 25 mg，精密称量，置于 100 mL 容量瓶中，加 40 mL 0.1 mol·L^{-1}氢氧化钠溶液使其溶解后，加蒸馏水稀释至刻度，摇匀。

2. 绘制零阶及一阶导数吸收光谱

精密量取氢氯噻嗪标准储备液 3.00 mL，置于 100 mL 容量瓶中，加 pH 为 6.9 的缓冲溶液至刻度，摇匀。

取硫酸双肼酞嗪约 12 mg，精密称量，置于 100 mL 容量瓶中，加蒸馏水溶解后，用蒸馏水稀释至刻度，摇匀。精密量取 5.00 mL，置于 50 mL 容量瓶中，加 pH 为 6.9 的缓冲溶液至刻度，摇匀。

取上述两种制备好的标准溶液在 230～350 nm 波长范围内扫描，得零阶吸收光谱（吸收曲线）；以 4 nm 为间隔，测定一阶导数光谱。

3. 绘制氢氯噻嗪一阶导数标准曲线

分别量取氢氯噻嗪标准储备液 2.50 mL、3.00 mL、3.50 mL、4.00 mL、4.50 mL、5.00 mL，分置于 100 mL 容量瓶中，用 pH 为 6.9 的缓冲溶液稀释至刻度，摇匀。在带有导数功能的紫外-可见分光光度计上，以 pH 为 6.9 的缓冲溶液为空白，测得上述系列标准溶液在 262 nm 和 280 nm 波长附近有极大值（峰）和极小值（谷），以极大值和极小值之间的距离（峰和谷之间振幅 D）为纵坐标，以系列标准溶液浓度（μg·mL^{-1}）为横坐标，作标准曲线，得到该曲线回归方程。

4. 测定降压药片中氢氯噻嗪浓度

取降压药片 20 片，精密称量，研细，置于 200 mL 容量瓶中，加入 20 mL 0.1 mol·L^{-1}氢氧化钠溶液,振摇 10 min,用蒸馏水稀释至刻度,摇匀。过滤,精密量取滤液 10.00 mL,置于 100 mL 容量瓶中,用 pH 为 6.9 的缓冲溶液稀释至刻度,摇匀。测定 262 nm 和 280 nm 波长处的振幅 D,代入回归方程求得测量状态时氢氯噻嗪的浓度 $C(\mu g \cdot mL^{-1})$。

【数据记录及处理】

每片降压药片中氢氯噻嗪含量按下式计算:

$$w_{氢氯噻嗪}(\mu g/片) = \frac{C \times \dfrac{100 \times 200}{10}}{20}$$

【注意事项】

(1) 测量前应进行紫外-可见分光光度计波长检定及校正,以保证测量准确性。

(2) 在有导数功能的紫外-可见分光光度计上可直接读出 $\dfrac{dA}{d\lambda}$ 值,在没有导数功能的紫外-可见分光光度计上需要在 250～290 nm 间以 4 nm 为间隔,算出一系列 ΔA 值,以 ΔA-λ 作出一阶导数光谱图。

(3) 导数光谱的条件确定后,在测定过程中不能随意变动。

【思考与讨论】

(1) 导数光谱的定量方法有哪几种?

(2) 导数曲线的测量方法有哪几种? 常用什么方法?

实验 2-10　有机化合物紫外吸收光谱及溶剂效应的影响(综合性选做实验)

【目的要求】

(1) 学习紫外吸收光谱的绘制方法。

(2) 了解取代基的共轭效应和诱导效应对吸收波长的影响,了解溶剂的性质对吸收波长的影响。

(3) 熟悉有机化合物结构与紫外吸收光谱之间的关系。

【基本原理与技能】

苯的紫外吸收光谱在 203 nm 波长处有一强吸收带,在 256 nm 波长处有一中等强度吸收带,它们都是苯环中双键 $\pi \rightarrow \pi^*$ 电子跃迁所产生的,常称该两吸收带为 E 带和 B 带,这是芳香族化合物的特征吸收带。

　　如果苯环上存在取代基,取代基的共轭效应和诱导效应将对苯的两吸收带产生影响。一般取代基的存在能使吸收带波长产生红移,红移的大小取决于取代基的结构、性质及取代的位置。

　　当苯环上有发色基团取代基时,由于共轭效应,$\pi \to \pi^*$ 跃迁吸收带将产生较大的红移,苯环的 E_2 吸收带将移到高于 210 nm 区域,习惯上将此吸收带称为 E_2 吸收带。而 B 吸收带波长将移到高于 260 nm 区域。随着吸收带红移,吸收强度也将增强。如果苯环上有助色基团取代基,由于助色基团杂原子中未成键的 n 电子与环上 π 电子形成 π-p 共轭,也能使 $\pi \to \pi^*$ 跃迁的 E_2、B 吸收带产生红移。

　　取代基中如含有带 n 电子的杂原子,则还将出现 $n \to \pi^*$ 跃迁的 R 吸收带,但 R 吸收带波长一般出现在 300 nm 以上区域,强度很弱。

　　取代基对芳烃吸收带的影响与取代基结构、个数和位置有关。研究取代基对芳烃吸收带的影响规律,对确定有机化合物结构具有重要的作用。

　　溶剂的极性对有机物的紫外吸收光谱有一定影响,在气态或非极性溶剂中,苯及其许多同系物的 B 带有精细结构,这是振动跃迁在基态电子跃迁上叠加的结果,当溶剂由非极性改变为极性时,B 带的精细结构消失,吸收带变平滑。显然,这是由于未成键电子对的溶剂化作用使 $\pi \to \pi^*$ 跃迁能量减小,$n \to \pi^*$ 跃迁能量增大。

　　技能目标是能正确分析取代基和溶剂效应对紫外吸收光谱的影响。

【仪器与试剂】

　　1. 仪器

　　紫外-可见分光光度计(带扫描功能),配带盖石英比色皿(1 cm);电子分析天平;微量移液器;容量瓶(100 mL);比色管(10 mL)。

　　2. 试剂

　　(1) 苯、苯酚、苯甲醛、苯甲酸、硝基苯、苯丙烯酸(肉桂酸)和乙醇,以上试剂均为分析纯。

　　(2) 异亚丙基丙酮、甲醇、氯仿和正己烷,以上试剂均为分析纯。

　　(3) 0.1 mol·L^{-1}盐酸和 0.1 mol·L^{-1}氢氧化钠溶液。

　　(4) 去离子水或蒸馏水。

　　(5) 含杂质的乙醇待分析溶液。

【操作步骤】

　　1. 仪器调节

　　根据仪器说明书按操作要求进行调节,待仪器状态正常后即可测定各溶液的紫外吸收光谱。

2. 溶液配制

(1) 0.1 mg·mL^{-1}苯、苯甲醛、苯甲酸、硝基苯、苯丙烯酸的乙醇溶液:取 5 只 100 mL 容量瓶,各注入 10 μL 苯、苯甲醛、苯甲酸、硝基苯、苯丙烯酸,用乙醇稀释至刻度,摇匀。

(2) 0.1 mg·mL^{-1}异亚丙基丙酮的水、甲醇、氯仿和正己烷溶液:取 4 只 100 mL 容量瓶,各注入 10 μL 异亚丙基丙酮,分别用水、甲醇、氯仿和正己烷溶液稀释至刻度,摇匀。

(3) 0.1 mg·mL^{-1}苯酚的水溶液:取 2 只 100 mL 容量瓶,各注入 10 μL 苯酚,用水溶液稀释至刻度,摇匀。

3. 取代基对紫外吸收光谱的影响

用 1 cm 石英比色皿,以乙醇为参比,选择狭缝宽度为 0.5 nm,在 210～350 nm 范围分别扫描 0.1 mg·mL^{-1}苯、苯甲醛、苯甲酸、硝基苯、苯丙烯酸的乙醇溶液的紫外吸收光谱。观察紫外吸收光谱中吸收峰的变化,找出各自的 λ$_{max}$,分析苯的取代物与苯两者的 E 带或 B 带吸收峰各红移了多少纳米。

4. 溶剂性质对紫外吸收光谱的影响

(1) 用 1 cm 石英比色皿,以相应的溶剂为参比,选择狭缝宽度为 0.5 nm,在 210～350 nm 范围分别扫描 0.1 mg·mL^{-1}异亚丙基丙酮的水、甲醇、氯仿和正己烷溶液的紫外吸收光谱。比较溶剂对紫外吸收光谱的影响。

(2) 在两个 10 mL 具塞比色管中,各加入苯酚的水溶液 0.50 mL,分别用 0.1 mol·L^{-1}盐酸和 0.1 mol·L^{-1}氢氧化钠溶液稀释至刻度,摇匀。用石英比色皿,以蒸馏水作参比,从 210 nm 到 350 nm 进行波长扫描,绘制紫外吸收光谱。比较紫外吸收光谱 λ$_{max}$的变化。

5. 乙醇中杂质苯检查

以纯乙醇为参比溶液,在 200～300 nm 波长范围内扫描乙醇试样的紫外吸收光谱。

【数据记录及处理】

(1) 根据相应的数据绘制各自条件下的紫外吸收光谱。

(2) 分别确定苯、苯甲醛、苯甲酸、硝基苯、苯丙烯酸的 E$_2$ 吸收带和 B 吸收带的波长,比较不同发色基团对芳烃吸收带的影响。

(3) 从异亚丙基丙酮的四张紫外吸收光谱中,确定其 K 带和 R 带最大吸收波长,并说明在不同极性溶剂中异亚丙基丙酮吸收峰波长移动的情况。

【注意事项】

(1) 本实验所用试剂均经提纯处理。

(2) 石英比色皿每换一种溶液或溶剂必须清洗干净,并用被测溶液或参比液洗 3 次。实验结束,石英比色皿内部用去离子水冲洗,然后用少量乙醇或丙酮脱水处理,常温放置干燥。

(3) 使用仪器前应先了解仪器结构、功能和操作规程。在仪器自检过程中和扫描过程中不得打开样品室。对于易挥发试样,应在比色皿上盖上盖再测量。

【思考与讨论】

(1) 苯环上连接生色基团或助色基团会引起取代苯化合物的最大吸收波长蓝移还是红移? 试说明原因。

(2) 若试样溶液浓度过大或过小,对测量有何影响? 应如何调整?

(3) 为什么溶剂极性增大,$n \rightarrow \pi^*$ 跃迁产生的吸收带发生蓝移,而 $\pi \rightarrow \pi^*$ 跃迁产生的吸收带则发生红移?

实验 2-11　共轭结构化合物发色基团的鉴别(基础性实验)

【目的要求】

(1) 通过测定具有共轭结构的有机化合物紫外吸收光谱,鉴别化合物中发色基团及其化合物的类型。

(2) 熟悉利用紫外吸收光谱确定共轭双烯类化合物,α、β-不饱和羰基化合物及芳香化合物分子骨架的方法。

(3) 掌握有机化合物结构与紫外吸收光谱之间的内在联系。

【基本原理与技能】

紫外吸收光谱鉴定有机化合物的主要依据是化合物中发色基团对紫外光的吸收特性和助色基团的助色效应,因此,可以用来确定化合物中发色基团的种类、数目及位置,从而进一步区分饱和与不饱和化合物,鉴别共轭双键化合物及芳香化合物分子骨架。

有机化合物紫外吸收光谱的 λ_{max}、A 及吸收曲线的形状与发色基团的结构,发色基团间、发色基团与助色基团间的共轭程度和发色基团在分子中的相对位置有密切关系。

共轭双烯化合物:其 $\pi \rightarrow \pi^*$ 跃迁的 K 吸收带出现在 $210 \sim 250$ nm 区域,若分子

中存在多个双键共轭,其吸收带 λ 将随共轭双键数增加而红移到 $250\sim300$ nm 区域。

α、β-不饱和羰基化合物:存在烯双键与羰基共轭,在波长 $210\sim250$ nm 区域出现 K 吸收带,同时在高于 300 nm 区域可观察到 $n{\rightarrow}\pi^*$ 跃迁的 R 吸收带。

芳香化合物:存在芳环结构,其紫外吸收光谱将出现中等强度的 B 吸收带,其波长、形状与取代基结构有关。若分子中存在发色基团与苯环的共轭结构,则芳环的 K、R 吸收带将产生红移。若取代基中含有杂原子,则在高于 300 nm 波长区域还可观察到 R 吸收带。

上述具有共轭结构化合物的紫外吸收波长还可按 Woodward-Fieser 规则进行确定。

技能目标是能根据吸收波长、吸收强度对化合物中发色基团作出鉴别。

【仪器与试剂】

1. 仪器

紫外-可见分光光度计(带扫描功能)、电子分析天平、容量瓶、微量移液器。

2. 试剂

山梨酸、维生素 A、苯乙酮、乙醇(均为分析纯)。

【操作步骤】

1. 溶液配制

称取一定量的山梨酸、维生素 A、苯乙酮,用乙醇作溶剂,配制成浓度为 10^{-3} mg・L^{-1} 的溶液。

2. 光谱扫描

用 1 cm 石英比色皿,以乙醇为参比,测定山梨酸、维生素 A、苯乙酮的乙醇溶液,在紫外-可见分光光度计上扫描出上述化合物的紫外吸收光谱。

【数据记录及处理】

(1)记录各化合物吸收峰对应的波长和吸光度值。

(2)确定上述三种物质的紫外吸收光谱中吸收带的电子跃迁类型、吸收波长,判断发色基团的共轭双键数。

(3)将实验测定的各化合物吸收波长与按吸收波长计算方法求得的波长进行比较。

【注意事项】

(1)各化合物结构如下:

苯乙酮

$CH_3CH=CHCH=CHCOOH$

山梨酸

维生素A

（2）本实验应选用石英比色皿，玻璃比色皿只在可见光区测定时使用。

【思考与讨论】

（1）写出上述三种化合物紫外吸收光谱吸收峰波长与对应的电子跃迁类型。

（2）根据实验结果，分析化合物结构与紫外吸收光谱的关系。

第三章　分子荧光分析法与化学发光分析法

第一节　分子荧光分析法与化学发光分析法概述

一、分子荧光分析法

　　自然界存在这样一类物质,当吸收了外界能量后,能发出不同波长和不同强度的光,一旦外界能源消失,则这种光也随之消失,这种光称为荧光(fluorescence)。外界提供能量的方式有多种,如光照、加热、化学反应及生物代谢等。通过光照激发产生的荧光称为光致荧光。根据激发光或吸收光的波长不同,荧光可分为 X 射线荧光、紫外-可见荧光和红外荧光等。根据发射荧光的粒子不同,荧光又可分为分子荧光和原子荧光。本章主要研究的是分子荧光分析法(molecular fluorescence spectrophotometry)。

　　由于不同的物质其组成与结构不同,所吸收光的波长(λ_{ex})和发射光的波长(λ_{em})也不同,利用这两个特性参数可以进行物质的定性鉴别。在 λ_{ex} 和 λ_{em} 一定的条件下,如果物质的浓度不同,它所发射的荧光强度(I_F)就不同,两者之间的定量关系可用下式表示:

$$I_F = KC$$

式中:I_F——能发荧光物质的荧光强度;

　　　C——能发荧光物质的浓度;

　　　K——一定条件下的常数。

　　当激发光强度、波长、所用溶剂及温度等条件固定时,物质在一定浓度范围内,其发射荧光强度与溶液中该物质的浓度成正比,测量物质的荧光强度可对其进行定量分析。荧光分析法就是利用物质的荧光特征和强度,对物质进行定性和定量分析的方法。

　　荧光分析法的特点是灵敏度高、选择性好、样品用量少和操作简便。它的灵敏度通常比分光光度法高 2～3 个数量级。高浓度的溶液的荧光会有"自熄灭"作用,另外,在液面附近溶液会吸收激发光,使荧光强度下降,导致荧光强度与浓度不成正比,故荧光分析法应在低浓度溶液中进行。荧光分析测定最佳浓度范围为 10^{-5}～100 $\mu g \cdot mL^{-1}$。当浓度较高时,即吸光度 A 大于 0.05 时,荧光强度同浓度的线性关系将向浓度轴偏移。

　　分子荧光分析法在卫生检验、环境及食品分析、药物分析、生化和临床检验等方面有着广泛的应用。

二、化学发光分析法

　　化学发光是指某些物质在进行化学反应时，由于吸收了反应时产生的化学能，反应产物分子由基态激发至激发态，受激分子由激发态再回到基态时，发出一定波长光的过程。生物发光是指生物体发光或生物体提取物在实验室中发光的现象，是由细胞合成的化学物质，在一种特殊酶的作用下，将化学能转化为光能。

　　根据化学发光的强度测定物质含量的分析方法称为化学发光分析法。化学发光不是由外界光、热或电激发物质而产生的光辐射。化学发光分析法不需要光源及单色器，仪器设备简单，没有散射光和杂散光引起的背景值，具有线性范围宽、分析速度快的优点。

　　化学发光反应的基本条件如下：①反应必须释放出足够高的能量，才能引起发光体的电子激发。如在可见、紫外光区产生化学发光，则要求化学反应提供 $160\sim420\ kJ\cdot mol^{-1}$ 的能量，许多氧化还原反应所提供的能量与此相当，因此大多数化学发光反应为氧化还原反应。②要有有利的化学反应历程，使化学反应的能量至少能被一种物质所接收并生成激发态产物。③要观察到化学发光，激发态分子必须能释放出光子或者能够转移它的能量给另一个分子，而使该分子激发，然后以辐射光子的形式返回基态，而不是以热的形式消耗能量。

　　在适宜条件下，t 时刻化学发光反应的发光强度 I_C（单位时间发射的光子数）与被测物质的浓度 c 成正比，即 $I_C = Kc$。

第二节　分子荧光分析法与化学发光分析法实验项目

实验 3-1　分子荧光分析法测定维生素 B_2 片剂或尿液试样中维生素 B_2 含量（综合性实验）

【目的要求】

　　(1) 掌握分子荧光分析法的基本原理及方法。

　　(2) 熟悉标准曲线法和标准加入曲线法的应用。

　　(3) 了解荧光光谱仪的使用方法。

【基本原理与技能】

维生素 B_2 又称核黄素、维他命 B_2。它是人体必需的 13 种维生素之一。作为维生素 B 族的成员之一,维生素 B_2 是机体中许多酶系统的重要辅基的成分,参与物质和能量代谢。

水溶性维生素(包括 B 族维生素中的 B_1、B_2、PP、B_6、叶酸、B_{12}、泛酸、生物素等,以及维生素 C)在体内没有非功能性的单纯的储存形式,故储存量很少。当机体饱和后,摄入的维生素从尿液中排出;反之,若组织中的维生素耗竭,则摄入的维生素将被组织大量取用,从尿液中排出量减少。

多维葡萄糖中含有维生素 B_1、B_2、C、D_2 及葡萄糖,其中维生素 C 和葡萄糖在水溶液中不发荧光,维生素 B_1 本身无荧光,在碱性溶液中用铁氰化钾氧化后才产生荧光,维生素 D_2 用二氯乙酸处理后才有荧光,它们都不干扰维生素 B_2 的测定。

核黄素为荧光化合物,其结构如图 3-2-1 所示。

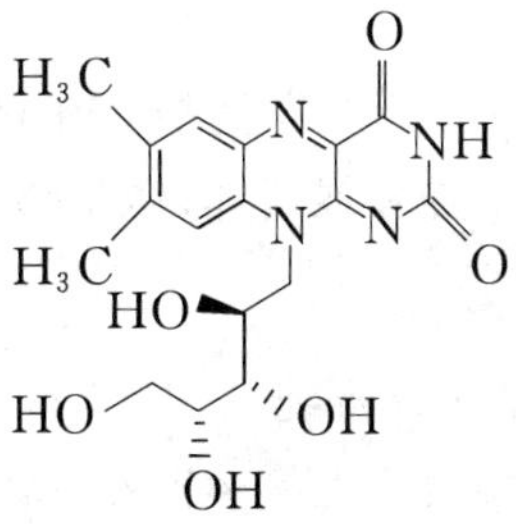

图3-2-1 核黄素分子结构

由于其母核上 N(1)和 N(5)间具有共轭双键,增加了整个分子的共轭程度,因此它是一种具有强烈荧光特性的化合物。其水溶液在 pH 为 6～7 时荧光最强,其最大激发光波长 λ_{ex} 为 430～440 nm,最大发射光波长 λ_{em} 为 520～530 nm,当 pH>11 时,经光照维生素 B_2 会分解,转化为另一物质——光黄素,光黄素也能发荧光,光黄素的荧光比核黄素的荧光强得多,故测维生素 B_2 的荧光时溶液要控制在酸性范围内,且在避光条件下进行。

在其他条件恒定时,低浓度的维生素 B_2 的荧光强度 I_F 与溶液浓度 C 呈线性关系,即

$$I_F = KC$$

保证维生素 B_2 溶液的稳定性是获得好的线性测量关系至关重要的条件,外界因素对其稳定性影响特别明显,溶液中溶解氧、强光照射、温度、共存物等都会使其荧光强度减弱。

(1)标准曲线法:标准曲线法适合于待测试样组成比较简单、基体没有干扰且分

析条件比较稳定好控制时。片剂中维生素 B_2 的含量可用此法进行准确测定。

(2) 标准加入法:每一种物质都有自己特异的激发光波长和发射光波长,所以荧光法具有更高的选择性,在某种物质最大的激发光波长和发射光波长下,测量具有最高的灵敏度。因此,确定一种物质的激发光波长和发射光波长是本实验的关键。

标准加入法又称直线外推法,可以消除测定时的基体干扰,适用于基体组成比较复杂的试样的定量分析。方法是取相同体积试样数份,除一份外,其余分别加入不同含量的待测元素的标准溶液,并稀释至相同体积,在相同条件下测定吸光度值。以加入的待测元素的量为横坐标,相应的吸光度值为纵坐标作图,可得到一直线,将直线反向延长与横坐标相交,交点所对应的待测元素含量的绝对值即为试样中待测元素的含量。

技能目标是能用标准加入法准确测定尿液中维生素 B_2 含量。

【仪器与试剂】

1. 仪器

荧光光谱仪,配石英比色皿;棕色容量瓶(50 mL、1000 mL);吸量管(1 mL、5 mL、10 mL);电子分析天平;小烧杯或研钵;微量移液器。

2. 试剂

维生素 B_2(分析纯)、冰乙酸(分析纯)、保险粉(连二亚硫酸钠,$Na_2S_2O_4$,分析纯)、维生素 B_2 片剂或多维葡萄糖粉、无氧蒸馏水、待测尿液。

【操作步骤】

1. 标准曲线法测定维生素 B_2 片剂或多维葡萄糖粉中维生素 B_2 含量

1) 配制 10%(体积分数)乙酸溶液

用量筒按体积比 10:90 量取冰乙酸和无氧蒸馏水,充分混合。

2) 配制 $10\ \mu g \cdot mL^{-1}$ 维生素 B_2 标准溶液

准确称取 10.0 mg 维生素 B_2(分析纯),用热无氧蒸馏水溶解后,转入 1 000 mL 棕色容量瓶中,冷却后用无氧蒸馏水定容,摇匀,置于暗处冰箱内保存。

3) 设定仪器条件

接通荧光光谱仪电源开关(在仪器右侧),启动计算机并确保联机成功,在工作站上设定仪器相应测量条件(λ_{ex}、λ_{em}、狭缝宽度、扫描速度、标准溶液个数及浓度、测量次数、样品个数等。其中 λ_{ex} 和 λ_{em} 要通过实验确定其数值,本实验在激发光谱和发射光谱扫描中可以确定具体数值)。

4) 制备维生素 B_2 系列标准溶液

取 6 只 50 mL 棕色容量瓶,编号,并用无氧蒸馏水洗涤干净,按表 3-2-1 要求在对应的容量瓶中分别加入 10 μg · mL^{-1}维生素 B$_2$标准溶液、2.00 mL10%乙酸溶液,最后用无氧蒸馏水定容,摇匀后避光放置。

表 3-2-1　系列标准溶液配制

编号	1(空白液)	2	3	4	5	6
维生素 B$_2$标准溶液体积/mL	0.00	0.50	1.00	1.50	2.00	2.50
10%乙酸溶液体积/mL	2.00	2.00	2.00	2.00	2.00	2.00

5) 制备维生素 B$_2$片剂或多维葡萄糖粉待测溶液

准确称取 0.15～0.20 g 已研细的维生素 B$_2$或多维葡萄糖粉,然后转移到干净的小烧杯中,在小烧杯中加入少量(20 mL 左右)无氧蒸馏水、2.00 mL 10%乙酸溶液,搅拌使其溶解,把小烧杯内物质(包括溶液和不溶物)一并转移至 50 mL 棕色容量瓶中,再用无氧蒸馏水稀释至标线,摇匀后避光静置。

6) 激发光谱和发射光谱扫描

(1) 打开荧光光谱仪主机电源,启动计算机,完成仪器初始化。

(2) 确定最大激发波长 λ_{ex}:取浓度中等的溶液(常选用编号处于中间的溶液,3号或 4 号均可)放入样品池,设发射光波长为 535 nm,激发光波长范围为 300～600 nm,进行激发光谱扫描,选择荧光强度最大时的激发光波长为本实验的测定波长。

(3) 确定最大发射光波长 λ_{em}:取浓度中等的溶液放入样品池,设激发光波长为 λ_{ex},发射光波长范围为 450～600 nm,进行发射光谱扫描,选择荧光强度最大时的发射光波长为本实验的测定波长。

7) 仪器调零(校正)

以 1 号容量瓶溶液为空白,用该溶液洗涤比色皿,然后装入该溶液,所盛溶液液面不能低于比色皿高度的 1/2 处,也不能超过比色皿高度的 2/3 处。打开仪器暗箱盖,放入比色皿,用鼠标点击左侧"空白"按键,提示放入空白溶液,在弹出的界面点击"确认"即可。再在用鼠标点击左侧"调零"按键,即完成仪器的调零操作。校正完仪器后暗箱里面的比色皿不要拿出,因为该溶液也是所配制标准溶液中的一份,只不过其浓度为零,进行标准曲线法定量时,需要按下面步骤测量其荧光强度。

8) 测量系列标准溶液荧光强度

(1) 按照编号由小到大的顺序,逐一装入所配制的标准溶液,分别测其荧光强度。开始时暗箱里面放置的是 1 号容量瓶溶液,此时把鼠标移动到左侧最上面标有"测量"或"标样测量"按键,点击该按键就会对 1 号容量瓶的溶液进行荧光强度的平行测量,相应的荧光强度会自动记录在工作站上所呈现表格中。

(2) 1 号容量瓶中溶液平行测量完后,打开暗箱盖,取出比色皿并倒出里面的溶液,用 2 号容量瓶的标准溶液洗涤比色皿 2 次,装入 2 号容量瓶的标准溶液,把比色皿放入暗箱中并盖好暗箱盖,用类似的方法点击"测量"或"标样测量"按键,完成 2 号容量瓶标准溶液的平行测量。按照相同的方法把其余的标准溶液的荧光强度测量完。

9)测量维生素 B_2 片剂或多维葡萄糖粉待测溶液荧光强度

用微量移液器移取所制备待测溶液的上清液于比色皿中;打开暗箱盖,把比色皿放入暗箱中并盖好暗箱盖;在相同条件下,用鼠标点击左侧"测量"或"样品测量"按键,完成待测溶液荧光强度平行测量。

2. 标准加入曲线法测尿液中维生素 B_2 含量

1)样品采集

实验前口服维生素 B_2 5 mg,收集 4 h 尿液总量,记录尿液总体积 V(mL),备用。

2)配制系列标准溶液

取 7 只 50 mL 棕色容量瓶,按表 3-2-2 进行编号,并按要求加入相应量的未知浓度的待测尿样和维生素 B_2 标准溶液(10 μg·mL^{-1}),每只容量瓶中加入 5.00 mL 10%乙酸溶液,用不含氧的蒸馏水稀释定容,混匀,避光保存并尽快测定。

表 3-2-2　系列标准溶液配制

编号	1	2	3	4	5	6	7
待测尿样体积/mL	1.0	1.0	1.0	1.0	1.0	1.0	1.0
维生素 B_2 标准溶液体积/mL	0	0.25	0.50	1.00	1.50	2.00	3.00

3)测定荧光强度

(1)开机。

打开主机电源,启动计算机,完成仪器初始化。

(2)确定最大激发光波长 λ_{ex}。

取中等浓度的维生素 B_2 标准溶液(常选用 4 号溶液)放入样品池,设发射光波长为 535 nm,激发光波长范围为 300~600 nm,进行激发光谱扫描,选择荧光强度最大时的激发光波长为本实验的测定波长。

(3)确定最大发射光波长 λ_{em}。

取中等浓度的维生素 B_2 标准溶液放入样品池,设激发光波长为 λ_{ex},发射光波长范围为 450~600 nm,进行发射光谱扫描,选择荧光强度最大时的发射光波长为本实验的测定波长。

(4)测量待测尿液试样本底值。

准确移取 1.00 mL 未知浓度的待测尿样,加入 50 mL 棕色容量瓶中,用药匙取 3~5 mg 保险粉加入上述容量瓶中,轻轻摇动至完全溶解,再向容量瓶中加入 10%

乙酸溶液 5.00 mL,用无氧蒸馏水稀释定容,混匀。将溶液倒入样品池中。在激发光波长和发射光波长分别为 λ_{ex} 和 λ_{em} 的条件下,测量该溶液的荧光强度,其值即为本底值 I_{Fb}。

(5) 测定系列标准溶液的荧光强度。

在激发光波长和发射光波长分别为 λ_{ex} 和 λ_{em} 的条件下,依次测量 1~7 号棕色容量瓶中溶液的荧光强度,记为 $I_{F1} \sim I_{F7}$。

(6) 绘制标准加入工作曲线。

以扣除本底值后的荧光强度为纵坐标,以维生素 B_2 标准溶液加入的质量浓度为横坐标,绘制标准加入工作曲线,得到相应的回归方程和相关系数。

(7) 关机。

关闭计算机,关主机电源。

【数据记录及处理】

1. 标准曲线法系列标准溶液荧光强度

将标准曲线法系列标准溶液的荧光强度测定数据填写在表 3-2-3 中。

表 3-2-3　荧光强度

编号	1(空白液)	2	3	4	5	6
维生素 B_2 标准溶液体积/mL	0	0.50	1.00	1.50	2.00	2.50
维生素 B_2 标准溶液浓度/($\mu g \cdot mL^{-1}$)	0	0.10	0.20	0.30	0.40	0.50
荧光强度						

2. 标准加入曲线法系列标准溶液的荧光强度

将标准加入曲线法系列标准溶液的荧光强度测定数据填写在表 3-2-4 中。

表 3-2-4　系列标准溶液的荧光强度

编号	1	2	3	4	5	6	7
维生素 B_2 标准溶液加入质量浓度/($\mu g \cdot mL^{-1}$)							
I_F							
$\Delta I_F = I_F - I_{Fb}$							

3. 计算维生素 B_2 片剂或多维葡萄糖粉中维生素 B_2 含量

计算维生素 B_2 片剂或多维葡萄糖粉待测溶液中维生素 B_2 浓度,进而计算原药中含量（$\mu g \cdot g^{-1}$）。

4. 计算尿样中维生素 B_2 质量

将标准加入工作曲线反向延长，使之与横坐标相交，交点的横坐标值即为 1 mL 尿样中维生素 B_2 的质量（μg），记为 m_0。

5. 判断机体维生素 B_2 是否缺乏

（1）计算 4 h 尿液中维生素 B_2 含量 m（μg）：

$$m = m_0 \times V$$

式中：m——4 h 尿液中维生素 B_2 含量，μg；

　　m_0——尿样中维生素 B_2 的质量浓度，$\mu g \cdot mL^{-1}$；

　　V——尿液总体积，mL。

（2）判断标准：

$m \leqslant 400\ \mu g$，维生素 B_2 缺乏；

$400\ \mu g < m < 800\ \mu g$，维生素 B_2 不足；

$800\ \mu g \leqslant m \leqslant 1\ 300\ \mu g$，正常。

【注意事项】

（1）测量时，一定要按照浓度从低到高的顺序进行。

（2）样品进入光路后，要立即测定其荧光强度。否则维生素 B_2 见光分解，测定结果将变小。

（3）绘制标准加入工作曲线时，横坐标为维生素 B_2 标准溶液加入质量浓度（$\mu g \cdot mL^{-1}$）。

【思考与讨论】

（1）试说明分子荧光分析法的基本原理及影响因素。

（2）荧光强度的测定为什么要在最大激发光波长和最大发射光波长条件下进行？

（3）本实验为什么要选择标准加入法进行定量分析？

实验 3-2　荧光分析法直接测定水中的
痕量可溶性铝（综合性实验）

【目的要求】

（1）了解荧光分析法的基本原理。

（2）掌握荧光光谱仪的操作方法。

（3）熟悉水中痕量元素的测定方法。

【基本原理与技能】

由铝、硅、铁、锰等元素所组成的悬浮颗粒物是各种元素迁移的主要载体,因此,地球化学家往往通过铝的地球化学行为来研究其他元素和物质的转移变化规律,并通过铝来计算其他元素的入海通量。由于从河水带入河口地区的铝、硅、铁、锰等元素在河水和海水的混合过程中,很快地形成氢氧化物胶粒,当遇到高盐分的海水时,将凝聚沉淀到海底,在此过程中将同时对水体中的微量重金属元素吸附共沉淀,因此它们对海洋环境污染的转移、净化起着重要作用。所以对铝的河口化学行为的研究日益受到重视;在环境分析中,由于用绝对浓度常受到多种因素的影响,难以识别污染的来源,因此现在已常用铝作为标准元素来求污染物的富集系数。

在弱酸性介质中,荧光镓和铝离子能形成非常稳定的 1:1 荧光配合物,该配合物溶液在 352 nm 紫外光或 485 nm 可见光照射下会产生峰值波长为 576 nm 的荧光,其荧光强度数小时之内保持不变,由此可建立痕量铝的荧光测定方法。

在 70～80 ℃下加热 20 min 可使荧光强度达到最大。加热后在室温下放置 0～60 min 荧光强度变化不大。

技能目标是能用荧光分析法准确测定水中的痕量可溶性铝。

【仪器与试剂】

1. 仪器

荧光光谱仪、电加热恒温水浴装置、棕色容量瓶（50 mL、100 mL）、吸量管（1 mL、5 mL）、移液管（25 mL）、电子分析天平。

2. 试剂

（1）荧光镓（lumogallion,简称 LMG）:0.02% 的水溶液。

（2）NaAc-HAc 缓冲溶液（pH＝5.0）。

（3）1.000 mg·mL^{-1} 铝标准溶液:称取 1.757 0 g 硫酸铝钾（分析纯）于小烧杯中,加入少量无氧蒸馏水,滴加硫酸（1＋1）至溶液澄清后,用无氧蒸馏水定容至100 mL,含铝量为 1.000 mg·mL^{-1}。

再稀释成 0.50 μg·mL^{-1} 标准应用液。

（4）盐酸羟胺溶液（5%）、邻菲罗啉溶液（0.5%）。

（5）无氧蒸馏水。

（6）待测水样（自己可根据要求制备）。

【操作步骤】

1. 制备系列标准溶液和样品溶液

在 6 只 50 mL 洁净的棕色容量瓶(编号 1～6)中,分别加入 0.50 μg·mL^{-1}铝离子的标准应用液 0 mL(空白溶液)、0.40 mL、0.80 mL、1.20 mL、1.60 mL、2.00 mL,加 25.00 mL 无氧蒸馏水。然后在上述所有溶液中分别加入 0.50 mL NaAc-HAc 缓冲溶液、0.50 mL 5% 盐酸羟胺溶液,摇匀,静置片刻。再分别加入 0.50 mL 5% 邻菲罗啉和 0.20 mL 0.02% LMG 溶液。混匀后盖好瓶盖,置于 70～80 ℃ 水浴中加热 20 min,取出冷却至室温,用无氧蒸馏水定容至 50 mL。

2. 制备样品溶液

准确移取待测水样 5.00 mL 于 50 mL 洁净的棕色容量瓶中,加无氧蒸馏水 25.00 mL,再分别加入 0.50 mL NaAc-HAc 缓冲溶液、0.50 mL 5% 盐酸羟胺溶液,摇匀,静置片刻。最后加入 0.50 mL 5% 邻菲罗啉和 0.50 mL 0.02% LMG 溶液。混匀后盖好瓶盖,置于 70～80 ℃ 水浴中加热 20 min,取出冷却至室温,用无氧蒸馏水定容至 50 mL。

3. 绘制荧光激发光谱和发射光谱

取中间浓度溶液进行荧光强度测定,确定最大激发光波长 λ_{ex}(设发射光波长为 560 nm,在 300～600 nm 激发光波长范围内进行扫描,找出最大激发光波长 λ_{ex});固定上面找出的最大激发光波长,在 450～600 nm 发射光波长范围内进行扫描,找出最大发射光波长(λ_{em})。

4. 测量系列标准溶液和样品溶液

在激发光波长和发射光波长分别为 λ_{ex} 和 λ_{em} 的条件下,依次测定上述系列标准溶液和样品溶液的荧光强度。

5. 绘制标准曲线

将在 λ_{ex} 和 λ_{em} 的条件下测量所得的系列标准溶液的荧光强度,扣除空白溶液(1 号)的荧光强度,以荧光强度差值 ΔI_F($\Delta I_F = I_F - I_{空白}$)为纵坐标,以相应的浓度为横坐标,绘制标准曲线,得到相应的回归方程和相关系数。

【数据记录及处理】

(1) 数据记录。

将测量数据填写入表 3-2-5 中。

表 3-2-5　系列标准溶液的荧光强度

编号	1	2	3	4	5	6
浓度/(μg·mL^{-1})						
I_F						
ΔI_F						

（2）利用标准曲线回归方程,得到样品溶液中的铝浓度 ρ(μg·mL^{-1}),然后根据下式计算原水样中铝离子浓度：

$$\rho_{原水样中铝离子}(\mu g·mL^{-1})=\frac{50\rho}{5}$$

【注意事项】

（1）为了保证配合物的形成,加入 LMG 溶液后要在 70～80 ℃ 水浴中加热 20～30 min。形成配合物后,温度对荧光强度的影响可忽略。

（2）痕量铝的测定很容易受环境污染的影响而使结果偏高,保证测定过程不受环境的污染是本实验的关键,最好做空白实验。

【思考与讨论】

（1）本实验中为什么要加热一定时间？否则对测定会有什么影响？

（2）影响本实验测定结果的因素有哪些？

实验 3-3　荧光分析法测定食品中硒含量（综合性选做实验）

【目的要求】

（1）掌握荧光分析法测定食品中硒含量的原理及实验方法。

（2）熟悉荧光光谱仪的使用方法。

（3）了解样品的消化及萃取方法。

【基本原理与技能】

含硒样品经混合酸消化后,硒化合物被氧化为 Se(Ⅳ),与 2,3-二氨基萘（DAN）反应,可生成 4,5-苯并苯硒脑,其荧光强度与硒的浓度在一定条件下成正比。试液经环己烷萃取后,于激发光波长 376 nm、发射光波长 520 nm 处测定荧光强度,用标准曲线法定量。

技能目标是能正确对分析样品进行预处理,能使用荧光分析法准确测定食品中硒含量。

【仪器与试剂】

1. 仪器

荧光光谱仪、恒温水浴箱、可调电炉、电子分析天平、小型粉碎机、加热板、具塞锥形瓶(100 mL)、分液漏斗(50 mL)、比色管(10 mL)、棕色容量瓶(50 mL、100 mL)。

2. 试剂

(1) 硒标准储备液(100 $\mu g \cdot mL^{-1}$):准确称取亚硒酸(H_2SeO_3)0.163 4 g,溶于 0.1 mol · L^{-1} 盐酸中,并用该盐酸定容至 1 L,于冰箱中冷藏保存。

(2) 硒标准应用液(0.05 $\mu g \cdot mL^{-1}$):将硒标准储备液用 0.1 mol · L^{-1} 盐酸逐级稀释,使含硒为 0.05 $\mu g \cdot mL^{-1}$,于冰箱中冷藏保存。

(3) 2,3-二氨基萘溶液(0.1%,需在暗室配制):称取 200 mg DAN(纯度为 95%~98%)于具塞锥形瓶中,加 200 mL 0.1 mol · L^{-1} 盐酸,振摇,使其全部溶解,转入分液漏斗中,加 40 mL 环己烷,振摇约 5 min,待溶液分层后,弃去环己烷层,水层用环己烷重新纯化 3~4 次。将提纯后的溶液贮于棕色瓶中,加约 1 cm 厚的环己烷覆盖溶液表面。置于冰箱中保存。

(4) 甲酚红指示剂(0.02%):称取 50 mg 甲酚红,溶于水中,加氨水(1+1)1 滴,待甲酚红完全溶解后,加水稀释至 250 mL。

(5) 0.2 mol · L^{-1} EDTA 溶液:称取 37 g EDTA 二钠盐,加水并加热溶解,冷却后稀释至 500 mL。

(6) 盐酸羟胺溶液(10%):称取 10 g 盐酸羟胺,溶于水中,稀释至 100 mL。

(7) EDTA 混合液:取 0.2 mol · L^{-1} EDTA 溶液和 10% 盐酸羟胺溶液各 50 mL,混合均匀,再加 5 mL 0.02% 甲酚红指示剂,用水稀释至 1 L。

(8) 氨水(1+1):取等体积浓氨水和水,混合均匀。

(9) 硝酸-高氯酸混合酸(2+1):取 2 体积浓硝酸与 1 体积高氯酸,混合均匀。

(10) 盐酸(1+9):取 1 体积浓盐酸与 9 体积水,混合均匀。

(11) 去硒硫酸:取 200 mL 浓硫酸,加入 200 mL 水中,再加 30 mL 氢溴酸,混合均匀,置沙浴上加热蒸去硒与水至出现浓白烟,此时体积约为 200 mL。

(12) 去硒硫酸溶液(5+95):取 5 mL 去硒硫酸,加入 95 mL 水中。

硝酸、高氯酸、盐酸、氢溴酸均为优级纯,实验用水为无氧蒸馏水。

【操作步骤】

1. 样品处理

(1) 粮食:样品用水洗 3 次,于 60 ℃ 烘干,用小型粉碎机碎成粉末,贮于塑料瓶内,放一小包樟脑精,加盖保存,备用。

(2) 蔬菜及其他植物性食物:取可食部分,用水冲洗 3 次后用纱布吸去水滴,用不锈钢刀切碎后混合均匀,于 60 ℃烘干,用小型粉碎机粉碎,备用。

　　(3) 称取 0.5～2.0 g 样品(含硒量 0.01～0.5 μg),置于具塞锥形瓶内,加 10 mL 去硒硫酸溶液(5＋95)润湿样品,再加 20 mL 混合酸液放置过夜。次日于沙浴或加热板上逐渐加热,当激烈反应发生后(溶液变无色),继续加热至产生白烟,溶液逐渐变成淡黄色即达终点。含硒较高的蔬菜样品,消化达到终点时,冷却,加 10 mL 盐酸 (1＋9),继续加热 3 min,使 Se(Ⅵ)还原成 Se(Ⅳ)。同时,用不含待测组分的试样(或无氧蒸馏水),按照与样品完全相同操作步骤做平行操作空白。

　　2. 样品的萃取及测定

　　(1) 在样品消化液和平行操作空白消化液中,分别加入 20 mL EDTA 混合液,用氨水(1＋1)或盐酸将溶液调至淡红橙色(pH 为 1.5～2.0)。在暗室进行下步处理。

　　(2) 在上述两种消化液中各加入 3 mL 2,3-二氨基萘溶液(0.1%),混合均匀,置于沸水浴中煮 5 min,取出立即冷却,将溶液移入分液漏斗中,加 3 mL 环己烷,振摇 4 min,放置,待分层后分出并弃去水层,将环己烷层转入带盖样品池中(注意:勿使环己烷中混入水滴),用荧光光谱仪于激发光波长 376 nm、发射光波长 520 nm 处分别测定处理后的平行空白溶液和样品溶液环己烷层的荧光强度,得到样品溶液的相对荧光强度(ΔI_F)。

　　3. 绘制硒标准曲线

　　准确吸取硒标准应用液 0 mL、0.20 mL、1.00 mL、2.00 mL、3.00 mL、4.00 mL,用无氧蒸馏水定容至 5 mL,按照上述步骤 2 中(2)的操作进行荧光强度的测量,以相对荧光强度(ΔI_F)为纵坐标,硒的质量(μg)为横坐标,绘制标准曲线,进行线性回归,得到该曲线的回归方程。

　　4. 求样品溶液中硒的质量

　　将步骤 2 确定的样品溶液的相对荧光强度(ΔI_F)代入回归方程,求得测量状态时样品溶液中硒的质量(μg)。

【数据记录及处理】

　　(1) 数据记录:将有关数据填写在表 3-2-6 中。

表 3-2-6　硒系列标准溶液的荧光强度

编号	1	2	3	4	5	6
质量/μg						
I_F						
ΔI_F						

(2) 利用标准曲线回归方程,得到样品测试液中的硒质量(μg),然后根据下式计算样品中硒含量:

$$w_{硒} = \frac{m_x}{m}$$

式中:$w_{硒}$——样品中硒的含量,μg · g^{-1};

　　m_x——样品测试溶液中硒的质量,μg;

　　m——样品的质量,g。

【注意事项】

(1) 硒含量在 0.5 μg 以下时,荧光强度与硒含量呈线性关系,故硒含量应控制在 0.5 μg 以内。当硒含量过高时,用萃取剂稀释样品后进行测定。

(2) 某些蔬菜样品消化后出现混浊现象,难以确定消化终点,要细心观察。

【思考与讨论】

(1) 如何选择荧光测定的激发光波长和发射光波长?

(2) 荧光光谱仪和荧光计有何不同?

(3) 为什么荧光测定所用样品池为四面透光的石英样品池?

实验 3-4　奎宁的荧光特性分析和含量测定(基础性实验)

【目的要求】

(1) 学习荧光分析法的基本原理和实验操作技术。

(2) 掌握荧光分析法测定奎宁的方法。

【基本原理与技能】

分子在吸收了辐射能后成为激发分子,当它由激发态再回到基态时发射出比入射光波长更长的荧光或磷光,这种发光方式称为光致发光。

奎宁在稀酸溶液中是强荧光物质,它有两个激发光波长,即 250 nm 和 350 nm,荧光发射峰在 450 nm。在低浓度时,荧光强度与荧光物质的浓度成正比,即

$$I_F = KC$$

因此,可以采用标准曲线法,即以已知量的标准物质,经过和试样同样处理后,配制一系列标准溶液,测定这些溶液的荧光强度,根据标准曲线求出试样中荧光物质的含量。

技能目标是能掌握奎宁的荧光特性分析和含量测定。

【仪器与试剂】

1. 仪器

F-2500 型分子荧光光度计(或其他型号分子荧光光度计)、电子分析天平、研钵、容量瓶(50 mL、1 000 mL)、吸量管(5 mL、10 mL)、石英比色皿。

2. 试剂

(1) 100.0 $\mu g \cdot mL^{-1}$ 奎宁储备液:准确称取 120.7 mg 硫酸奎宁二水合物(分析纯),加 50 mL 1 $mol \cdot L^{-1} H_2SO_4$ 溶液溶解,用无氧蒸馏水定容至 1 000 mL。

将此溶液稀释 10 倍,即得 10.0 $\mu g \cdot mL^{-1}$ 奎宁标准溶液。

(2) 0.05 $mol \cdot L^{-1} H_2SO_4$ 溶液。

(3) 0.05 $mol \cdot L^{-1}$ 溴化钠溶液。

(4) 奎宁药品、无氧蒸馏水。

【操作步骤】

1. 奎宁系列标准溶液的配制

取 6 只 50 mL 容量瓶,分别加入 10.0 $\mu g \cdot mL^{-1}$ 奎宁标准溶液 0 mL、2.00 mL、4.00 mL、6.00 mL、8.00 mL、10.00 mL,用 0.05 $mol \cdot L^{-1} H_2SO_4$ 溶液稀释至刻度,摇匀。

2. 绘制激发光谱和荧光光谱

以 $\lambda_{em}=450$ nm,在 200~400 nm 范围扫描激发光谱,找出最大激发光波长;固定最大激发光波长($\lambda_{ex}=250$ nm,350 nm),在 400~600 nm 范围扫描荧光光谱。

3. 绘制标准曲线

将激发光波长固定在 350 nm(或 250 nm),发射光波长固定在 450 nm,测量奎宁系列标准溶液的荧光强度。以系列标准溶液荧光强度(扣除空白)为纵坐标,即以 $\Delta I_F(\Delta I_F = I_F - I_{空白})$ 为纵坐标,相应的浓度为横坐标,绘制标准曲线,得到回归方程和相关系数。

4. 奎宁药品中奎宁含量的测定

取 4~5 片奎宁药片,在研钵中研细,准确称取约 0.1 g,用 0.05 $mol \cdot L^{-1}$ H_2SO_4 溶液溶解,全部转移至 1 000 mL 容量瓶中,以 0.05 $mol \cdot L^{-1} H_2SO_4$ 溶液稀释至刻度,摇匀。在与系列标准溶液同样条件下,测量试样溶液的荧光发射强度,用此测得的荧光强度扣去空白值,根据得到的差值计算样品溶液中奎宁的浓度。

5. 卤化物淬灭奎宁荧光实验

分别取 4.00 mL 10.0 $\mu g \cdot mL^{-1}$ 奎宁标准溶液,置于 6 只 50 mL 容量瓶中,然

后按编号由 1 到 5 的顺序依次加入 $0.05\ mol \cdot L^{-1}$ 溴化钠溶液 $1.00\ mL$、$2.00\ mL$、$4.00\ mL$、$8.00\ mL$、$16.00\ mL$，6 号不加溴化钠溶液。每只容量瓶均用 $0.05\ mol \cdot L^{-1}$ H_2SO_4 溶液稀释至刻度，摇匀。在最大激发光波长和发射光波长处测定荧光强度。

【数据记录及处理】

(1) 数据记录：将有关数据填写在表 3-2-7、表 3-2-8 中。

表 3-2-7　奎宁系列标准溶液的荧光强度

编号	1	2	3	4	5	6
质量浓度/$(\mu g \cdot mL^{-1})$						
I_F						
ΔI_F						

表 3-2-8　加入溴化钠后奎宁的荧光强度

编号	1	2	3	4	5	6
NaBr 浓度/$(mol \cdot L^{-1})$						0
I_F						

(2) 利用标准曲线回归方程，得到样品测试液中奎宁的质量浓度 $\rho(\mu g \cdot mL^{-1})$，然后根据下式计算原试样中奎宁的含量：

$$w_{奎宁} = \frac{1000\rho}{m}$$

式中：$w_{奎宁}$——样品中奎宁的含量，$\mu g \cdot g^{-1}$；

　　　ρ——样品测试溶液中奎宁的质量浓度，$\mu g \cdot mL^{-1}$；

　　　m——样品的质量，g。

(3) 记录激发光谱与荧光光谱，找出最大激发光波长与发射光波长。

(4) 以加入溴化钠后所测荧光强度对溴离子浓度作图，并解释荧光强度与溴离子浓度的变化关系。

【注意事项】

奎宁溶液必须当天配制，避光保存。

【思考与讨论】

(1) 能用 $0.05\ mol \cdot L^{-1}$ 的盐酸来代替 $0.05\ mol \cdot L^{-1}\ H_2SO_4$ 溶液稀释吗？为什么？

(2) 为什么测量荧光必须与激发光的方向成直角？

实验 3-5　荧光分析法测定阿司匹林中乙酰水杨酸和水杨酸含量（综合性选做实验）

【目的要求】

（1）熟悉荧光分析法的基本原理和仪器操作。

（2）掌握荧光分析法进行多组分含量分析的原理及方法。

（3）学习自行设计荧光分析法实验方案。

【基本原理与技能】

阿司匹林是一种历史悠久的解热镇痛药，其主要成分为乙酰水杨酸（ASA），是由水杨酸、乙酸酐为原料合成的。乙酰水杨酸水解能生成水杨酸（SA），所以在阿司匹林中，或多或少存在着水杨酸。由于两者都有苯环，也有一定的荧光效率，因而在以三氯甲烷为溶剂的条件下可用荧光分析法进行测定。在 1‰（体积分数）乙酸-氯仿中，乙酰水杨酸和水杨酸的激发光谱和荧光光谱如图 3-2-2 所示。由于两者的激发光波长和发射光波长均不同，利用此性质，可在各自的激发光波长和发射光波长下分别测定。加入少许乙酸可以增加两者的荧光强度。

为了消除药片之间的差异，可取 5～10 片药片一起研磨成粉末，然后取一定量有代表性的粉末样品（最好相当于一片质量）进行分析。

技能目标是能用荧光分析法同时测定阿司匹林中乙酰水杨酸和水杨酸含量。

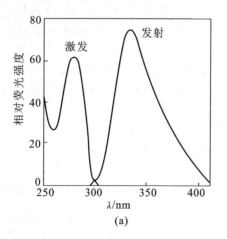
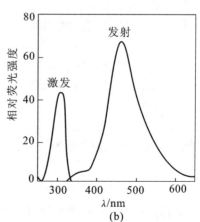

图 3-2-2　在 1‰乙酸的三氯甲烷溶液中乙酰水杨酸（a）和水杨酸（b）的激发光谱和荧光光谱

【仪器与试剂】

1. 仪器

荧光光谱仪,配石英比色皿;棕色容量瓶(50 mL、100 mL、1000 mL);吸量管(5 mL、10 mL);电子分析天平;烧杯(100 mL);研钵;微量移液器。

2. 试剂

乙酰水杨酸(分析纯)、乙酸(分析纯)、水杨酸(分析纯)、氯仿(分析纯)、阿司匹林(分析纯)、无氧蒸馏水。

【操作步骤】

1. 配制 1%(体积分数)乙酸的氯仿溶液

用量筒按体积比 1:99 量取乙酸和氯仿,进行充分混合。

2. 配制 400 $\mu g \cdot mL^{-1}$ 乙酰水杨酸储备液

准确称取 0.4000 g 乙酰水杨酸(分析纯),置于 100 mL 烧杯中,加适量 1%乙酸的氯仿溶液使其溶解,用 1%乙酸的氯仿溶液定容于 1 000 mL 棕色容量瓶中,摇匀后避光保存。

3. 配制 750 $\mu g \cdot mL^{-1}$ 水杨酸储备液

准确称取 0.7500 g 水杨酸(分析纯),置于 100 mL 烧杯中,加适量 1%乙酸的氯仿溶液使其溶解,用 1%乙酸的氯仿溶液定容于 1 000 mL 棕色容量瓶中,摇匀后避光保存。

4. 扫描激发光谱和发射光谱

选用 1%乙酸的氯仿溶液作参比,将乙酰水杨酸和水杨酸储备液分别稀释 100 倍,用稀释后的溶液扫描乙酰水杨酸和水杨酸的激发光谱和发射光谱,并分别确定它们的最佳激发光波长和最佳光发射波长。

(1) 固定乙酰水杨酸发射光波长为 350 nm,激发光谱扫描波长范围为 250～350 nm,确定最佳 λ_{ex};然后固定最佳激发光波长 λ_{ex},发射光谱扫描波长范围为 300～400 nm,确定最佳 λ_{em}。

(2) 固定水杨酸发射光波长为 500 nm,激发光谱扫描波长范围为 250～350 nm,确定最佳 λ_{ex};然后固定最佳激发光波长 λ_{ex},发射光谱扫描波长范围为 350～600 nm,确定最佳 λ_{em}。

5. 系列标准溶液制备和测量

(1) 乙酰水杨酸系列标准溶液制备和测量:在 5 只 50 mL 棕色容量瓶中,用吸量管分别加入 4.00 $\mu g \cdot mL^{-1}$ 乙酰水杨酸溶液 2.00 mL、4.00 mL、6.00 mL、8.00 mL、10.00 mL,用 1%乙酸的氯仿溶液稀释至容量瓶标线,摇匀。在选定的激发光波长和发射光波长下,以 1%乙酸的氯仿溶液作参比,分别测量它们的荧光强度。

（2）水杨酸系列标准溶液制备和测量：在 5 只 50 mL 棕色容量瓶中，用吸量管分别加入 7.50 $\mu g \cdot mL^{-1}$ 水杨酸溶液 2.00 mL、4.00 mL、6.00 mL、8.00 mL、10.00 mL，用 1% 乙酸的氯仿溶液稀释至容量瓶标线，摇匀。在选定的激发光波长和发射光波长下，以 1% 乙酸的氯仿溶液作参比，分别测量它们的荧光强度。

6. 阿司匹林溶液制备和测量

（1）将 5 片阿司匹林药品准确称量后研磨成粉末，准确称取 400.0 mg 粉末，置于 100 mL 烧杯中，加适量 1% 乙酸的氯仿溶液使其溶解，用 1% 乙酸的氯仿溶液定容于 100 mL 容量瓶中，摇匀静置。

（2）用微量移液器吸取上层清液于石英比色皿中，在乙酰水杨酸激发光波长和发射光波长下，以 1% 乙酸的氯仿溶液为参比，测量荧光强度。

（3）用微量移液器吸取上层清液 5 μL，加入 50 mL 容量瓶中，用 1% 乙酸的氯仿溶液稀释定容，在水杨酸激发光波长和发射光波长下，以 1% 乙酸的氯仿溶液为参比，测量稀释定容后溶液的荧光强度。

【数据记录及处理】

1. 激发光波长和发射光波长

乙酰水杨酸 $\lambda_{ex}=$ _____ nm，$\lambda_{ex}=$ _____ nm。

水杨酸 $\lambda_{ex}=$ _____ nm，$\lambda_{ex}=$ _____ nm。

2. 系列标准溶液荧光强度测量值

将乙酰水杨酸荧光强度测量值填写在表 3-2-9 中。

表 3-2-9 乙酰水杨酸荧光强度测量值

编号	1（空白液）	2	3	4	5	6
乙酰水杨酸标准溶液体积/mL	0	2.00	4.00	6.50	8.00	10.00
乙酰水杨酸标准溶液浓度/($\mu g \cdot mL^{-1}$)						
荧光强度（平均值）						

将水杨酸荧光强度测量值填写在表 3-2-10 中。

表 3-2-10 水杨酸荧光强度测量值

编号	1（空白液）	2	3	4	5	6
水杨酸标准溶液体积/mL	0	2.00	4.00	6.50	8.00	10.00
水杨酸标准溶液浓度/($\mu g \cdot mL^{-1}$)						
荧光强度（平均值）						

3. 阿司匹林待测液中乙酰水杨酸和水杨酸浓度

乙酰水杨酸浓度＝_____mg·mL^{-1}。

水杨酸浓度＝_____mg·mL^{-1}。

4. 每片阿司匹林中乙酰水杨酸和水杨酸含量

乙酰水杨酸含量＝_____mg,水杨酸含量＝_____mg。

【注意事项】

(1) 比色皿在使用之前应清洗干净。若比色皿很脏,清洗方法如下:先将比色皿置于铬酸洗液中浸泡半小时左右,再用蒸馏水洗净,晾干留用。

(2) 比色皿用完之后,应先用无水乙醇清洗,再用蒸馏水洗净,晾干后收于比色皿盒中。

(3) 阿司匹林药片溶解后 1 h 内要完成测定,否则乙酰水杨酸的量将降低。

(4) 定期清理仪器的比色部分,以保持仪器内部的洁净。

【思考与讨论】

(1) 在荧光测定中,为什么激发光的入射与荧光的接收不在一条直线上,而是成一定的角度?

(2) 从乙酰水杨酸和水杨酸的激发光谱和荧光光谱曲线,指出本实验可在同一溶液中分别测定两种组分的原因。

(3) 溶液环境的哪些因素影响荧光发射?

实验 3-6　胶束增敏荧光分析法测定溶液中微量铝离子的浓度(综合性实验)

【目的要求】

(1) 学习通过形成荧光性配合物测定无机元素离子的方法。

(2) 了解胶束增敏荧光分析法的原理。

【基本原理和技能】

无机化合物的荧光分析主要依赖于待测元素与有机试剂形成配合物的反应。8-羟基喹啉-5-磺酸是一种重要的荧光试剂,在 pH 为 3～10 时该荧光试剂所发荧光较弱,当它与金属离子配位时,其荧光强度大大增强,可用于 Al、Zn、Cd、Ge 等元素的离子测定。pH 在 4.5～5.5 范围时,铝离子与 8-羟基喹啉-5-磺酸形成荧光配合物,阳离子表面活性剂胶束的存在,使该体系的荧光显著增强,选择 $\lambda_{ex}=385$ nm、$\lambda_{em}=490$ nm,可进行铝离子的测定。该分析法的线性范围是 0～0.3 μg·mL^{-1}。胶束增敏荧光光度法在分析领域广泛应用,但不同的荧光体系对各种表面活性剂有选择性要求,其增敏机理也有待进一步研究。

表面活性剂是一种两性的分子,由极性的首基连接着长链的尾部组成,具有明显的亲水部分和疏水部分。根据首基的性质,表面活性剂可分为阳离子型(溴代十六烷基三甲基铵,即 CTMAB)、阴离子型(十二烷基硫酸钠,即 SDS)、两性型(3-(二甲基十二烷基铵)-(丙基-1-硫酸钠),即 DDAPS)、非离子型(p-1,1,3,3-四甲基丁基酚聚氧乙烯醚,即 Triton X-100)表面活性剂。

表面活性剂的浓度很低时,它们绝大部分被分散为单体。当表面活性剂的浓度达到临界胶束浓度(CMC)时,表面活性剂分子便主动地缔合形成聚集体,称为胶束。胶束对荧光测定具有增溶、增敏和增稳等独特性质。胶束溶液之所以能增强荧光强度,可以直接从影响强度的两个重要因素,即荧光物质在激发光波长下的摩尔吸光系数及荧光量子产率来考虑。

荧光物质在胶束溶液中的微环境如极性、黏度和介电常数等,与在水溶液中有十分显著的差别。当荧光物质分子被分散和黏接到胶束中时,起到屏蔽作用,因而减少了碰撞的能量损失,降低了荧光质点自身浓度淬灭和外部淬灭剂的淬灭作用,其影响的净结果是胶束对处于激发单重态的荧光物质分子起到了保护作用,有利于辐射去活化过程(产生荧光)与非辐射去活化过程与各种淬灭过程的竞争,从而提高荧光量子产率。

另一方面,金属离子荧光螯合物荧光强度的增大不仅由于荧光量子产率明显增大,也由于表面活性剂参与组成更高次配合物而增大配合物的有效吸光截面积,导致摩尔吸光系数的增大,其结果是荧光强度的增大。

技能目标是能用胶束增敏荧光分析法准确测定微量铝离子含量。

【仪器与试剂】

1. 仪器

荧光光谱仪、石英比色皿、容量瓶(50 mL、500 mL)、移液管(5 mL、10 mL)、电子分析天平。

2. 试剂

(1) 1.000 mg·mL^{-1} Al^{3+} 标准溶液:准确称取 0.500 0 g 高纯铝丝,用盐酸(1+1)溶解并定容至 500 mL,摇匀。

用时逐级稀释成 1.0 μg·mL^{-1}。

(2) 1×10^{-3} mol·L^{-1} 8-羟基喹啉-5-磺酸的水溶液:准确称量 0.218 4 g 8-羟基喹啉(分析纯),溶解在 500 mL 1.0 μg·mL^{-1} 5-磺酸(分析纯)的水溶液中。

(3) 5×10^{-3} mol·L^{-1} CTMAB 水溶液。

(4) 乙酸-乙酸钠缓冲溶液:用 0.2 mol·L^{-1} 乙酸和 0.2 mol·L^{-1} 乙酸钠溶液配

制,pH=5。

(5) 待测 Al^{3+} 试样溶液。

(6) 无氧蒸馏水、浓盐酸(分析纯)、8-羟基喹啉(分析纯)、5-磺酸(分析纯)、乙酸(分析纯)、乙酸钠(分析纯)。

【操作步骤】

1. 系列标准溶液的制备

在 6 只 50 mL 容量瓶中,分别加入 1.0 $\mu g \cdot mL^{-1}$ Al^{3+} 标准溶液 0 mL、2.00 mL、4.00 mL、6.00 mL、8.00 mL、10.00 mL,再依次加入 1×10^{-3} $mol \cdot L^{-1}$ 8-羟基喹啉-5-磺酸的水溶液 5.00 mL、5×10^{-3} $mol \cdot L^{-1}$ CTMAB 水溶液 10.00 mL、乙酸-乙酸钠缓冲溶液 10.00 mL,用无氧蒸馏水稀释至刻度,摇匀备用。

2. 待测试样溶液的制备

准确移取 4.00 mL 待测试样溶液于 50 mL 容量瓶中,加入 1×10^{-3} $mol \cdot L^{-1}$ 8-羟基喹啉-5-磺酸的水溶液 5.00 mL、5×10^{-3} $mol \cdot L^{-1}$ CTMAB 水溶液 10.00 mL、乙酸-乙酸钠缓冲溶液 10.00 mL,用无氧蒸馏水稀释至刻度,摇匀备用。

3. 激发光谱和荧光光谱的绘制

选取系列标准溶液中含 Al^{3+} 0.20 $\mu g \cdot mL^{-1}$ 的溶液,以 490 nm 为发射光波长,在 300～450 nm 范围扫描激发光谱,找出最大激发光波长;固定最大激发光波长,在 420～550 nm 范围扫描荧光光谱,确定最大发射光波长。

4. 系列标准溶液和待测试样溶液荧光强度的测量

在最大激发光波长和最大发射光波长条件下,分别测量系列标准溶液和待测试样溶液的荧光强度。

【数据记录及处理】

1. 数据记录

将有关数据记录在表 3-2-11 中。

表 3-2-11　系列标准溶液和待测试样溶液荧光强度

标准溶液编号和试样	1	2	3	4	5	6	待测试样
质量浓度/($\mu g \cdot mL^{-1}$)							
I_F							
ΔI_F							

2. 绘制标准曲线

以荧光强度的差值 ΔI_F 为纵坐标，以对应的 Al^{3+} 浓度为横坐标，绘制标准曲线，得到标准曲线回归方程。

3. 计算待测试样溶液 Al^{3+} 浓度

把测得待测试样溶液荧光强度的差值代入回归方程，计算待测试样溶液中 Al^{3+} 浓度。

【注意事项】

（1）严格控制配合物形成的条件和试剂加入顺序。

（2）根据荧光强度的大小选择合适的激发狭缝和发射狭缝。

（3）移取溶液的各吸量管一定要专管专用。

【思考与讨论】

（1）可以通过哪些途径用荧光分析法测定本身无荧光发射的无机离子？试举例说明。

（2）为什么要用测定的荧光强度的差值作标准曲线？

（3）本实验体系中 CTMAB 溶液的引入对荧光光谱、荧光强度产生哪些影响？可能的原因是什么？

实验 3-7　流动注射化学发光分析法测定水样中的铬（综合性实验）

【目的要求】

（1）熟悉水样中铬的化学发光分析法的基本原理。

（2）掌握液相化学发光仪的基本操作。

（3）学习微波炉压力密封消解水样的技术。

【基本原理和技能】

H_2O_2 氧化碱性鲁米诺的反应在 Cr^{3+} 等金属离子存在下能加速进行，并伴随亮蓝色的化学发光（$\lambda_{max}=425$ nm）。当固定 H_2O_2 和鲁米诺溶液（pH≥12.0）的浓度及用量时，其化学发光强度与 Cr^{3+} 的浓度（$10^{-10}\sim10^{-5}$ g·mL^{-1}）呈线性关系，检测限为 6.2×10^{-13} g·mL^{-1}，据此可以定量测定溶液中痕量 Cr^{3+} 的浓度。

由于 $Cr_2O_7^{2-}$、CrO_4^{2-} 对鲁米诺发光体系无催化活性，测定总铬时，可向水样中加入过量的 H_2SO_3，用聚四氟乙烯生料带密封后，在微波炉中快速加热，中挡功率消解

4～5 min，将水样中的 Cr(Ⅵ) 还原为 Cr(Ⅲ)，或在水浴中加热 10～15 min，然后在与 Cr(Ⅲ) 测定条件相同的情况下定量测定总铬量 $Cr_{总}$。根据 $Cr_{总}$ 和 Cr(Ⅲ) 之差，求得水样中 Cr(Ⅵ) 的含量。

水样中共存的 Fe^{3+}、Fe^{2+}、Ca^{2+}、Mg^{2+}、Cu^{2+} 等离子可迅速与加入的 EDTA 生成稳定的配合物，不干扰测定。自来水中 Co^{2+} 一般含量极微，不足以干扰 Cr^{3+} 的测定，通常不予考虑；如果有显著干扰，可用 PAN 掩蔽消除。

技能目标是能用流动注射化学发光分析法准确测定水样中铬的含量。

【仪器与试剂】

1. 仪器

化学发光仪器、微波炉、酸度计、电磁搅拌器、电子分析天平、聚四氟乙烯生料带、橡皮筋、烧杯(25 mL、1000 mL)、容量瓶(50 mL、1000 mL)、棕色容量瓶(1 000 mL)。

2. 试剂

$CrCl_3 \cdot 6H_2O$(分析纯)、鲁米诺(分析纯)、NaOH(分析纯)、EDTA(分析纯)、KBr(分析纯)、$NaHCO_3$(分析纯)、KOH(分析纯)、盐酸(分析纯)、H_2O_2(分析纯)、H_2SO_3(分析纯)、自来水样品。

【操作步骤】

1. 标准溶液的配制

(1) Cr^{3+} 标准储备液(1.000×10^{-4} g · mL^{-1})：准确称取 0.512 5 g 干燥的 $CrCl_3 \cdot 6H_2O$，溶于少量重蒸水中，定容为 1 000 mL，储存。

(2) Cr^{3+} 标准应用液：逐级稀释 Cr^{3+} 标准储备液至所需浓度，本实验使用 1.0×10^{-7} g · mL^{-1} Cr^{3+} 标准应用液。

(3) 鲁米诺储备液(1.000×10^{-3} mol · L^{-1})：准确称取 0.177 1 g 鲁米诺于小烧杯中，加入 2 mL 1.0 mol · L^{-1} NaOH 溶液溶解，定容为 1 000 mL，于棕色试剂瓶中保存备用。

(4) 鲁米诺应用液(2.5×10^{-4} mol · L^{-1})：量取 250 mL 鲁米诺储备液于 1 000 mL 烧杯中，加入 100 mL 0.01 mol · L^{-1} EDTA 溶液、200 mL 2.5 mol · L^{-1} KBr 溶液和 8.4 g $NaHCO_3$，再加 300 mL 重蒸水，置于电磁搅拌器上搅拌，不断加入 1.0 mol · L^{-1} KOH 溶液，直至用酸度计测得 pH＝12.5 时止，移入 1 000 mL 棕色容量瓶中，用重蒸水定容，摇匀。

(5) 盐酸(pH＝2.5)：在 1 000 mL 烧杯中加入 900 mL 重蒸水，用 1.0 mol · L^{-1} 盐酸在酸度计上调节至 pH＝2.5，备用。

2. 总铬水样的预处理

在洁净的 50 mL 容量瓶中准确加入 25.00 mL 自来水样、2.00 mL 6％ H_2SO_3

溶液,用聚四氟乙烯生料带(2～3 层)密封容量瓶颈口,用橡皮筋禁锢,置于微波炉中加热,中挡功率维持微沸 4 min,关闭微波炉电源,取出容量瓶,冷却至室温,备用。

3. **标准溶液及待测液的制备**

取 3 只 50 mL 容量瓶,分别编号为 1、2、3。在 1、2 号容量瓶中分别加入 0 mL 和 5.00 mL 1.0×10⁻⁷ g·mL⁻¹ Cr³⁺ 标准应用液,用重蒸水稀释至 25.00 mL;在 3 号容量瓶中准确加入步骤 2 制备的自来水样 25.00 mL,然后小心地用 pH＝2.5 的盐酸定容,摇匀。步骤 2 所制备的溶液编号为 4。

4. **测定**

开机,预热 20 min 后,进入仪器分析系统,选择流动注射进样。设置实验参数和条件如下:负高压750 V、增益1;运行参数的第一步运行时间20 s,主泵速度30 r·min⁻¹,副泵速度20 r·min⁻¹,重复1,右阀位;第二步运行时间20 s,主泵速度30 r·min⁻¹,副泵速度20 r·min⁻¹,重复改为0,左阀位。然后压紧主泵和副泵的泵管,将副泵两根进样管插入鲁米诺应用液和 H₂O₂ 溶液中,主泵两根进样管插入 pH＝2.5 的盐酸中,开始测量。待基线稳定后,将 pH＝2.5 的盐酸分别换成 1、2、3、4 号溶液,逐一进行测定。每种溶液至少测量 3 次。切换至谱处理界面,记录相应的数据。测量完毕后,先用 pH＝2.5 的盐酸清洗管道 3～5 min,然后用重蒸水清洗管道 10～15 min,最后将管道中的水排空,退出仪器分析系统,松开泵管,关机。

【数据记录及处理】

1. **水样中总铬含量的计算**

$$C_{Cr(总)}(g·L^{-1}) = \frac{2.0×10^{-5}×(I_4-I_1)}{I_2-I_1}$$

式中:I_1、I_2、I_4——测定 1 号(空白)、2 号(标准)、4 号(总铬水样)容量瓶中溶液的相对发光平均值。

2. **水样中 Cr(Ⅲ)含量的计算**

$$C_{Cr(Ⅲ)}(g·L^{-1}) = \frac{2.0×10^{-5}×(I_3-I_1)}{I_2-I_1}$$

式中:I_1、I_2、I_3——测定 1 号(空白)、2 号(标准)、3 号容量瓶中溶液的相对发光平均值。

3. **水样中 Cr(Ⅵ)含量的计算**

$$C_{Cr(Ⅵ)} = C_{Cr(总)} - C_{Cr(Ⅲ)}$$

【注意事项】

(1) 实验中所用玻璃仪器应事先用稀硝酸浸泡,然后用重蒸水洗净后使用。

（2）严禁把金属材料的器皿放入微波炉，以保护磁控管。注意阅读微波炉使用说明书。

【思考与讨论】

（1）向鲁米诺分析液中加入 EDTA 和 KBr 的作用是什么？

（2）标准应用液和待测液的 pH 为什么要控制到 2.50 左右？

（3）流动注射化学发光分析法有什么优点？

第四章　红外吸收光谱分析法

第一节　红外吸收光谱分析法概述

红外吸收光谱分析法(infrared absorption spectrometry，IR)又称为分子振动-转动光谱法，是有机物结构分析的重要工具之一。当一定频率的红外光照射分子时，若分子中某个基团的振动频率和红外辐射的频率一致，此时光的能量可通过分子偶极矩的变化传递给分子，这个基团就吸收了该频率的红外光产生振动能级跃迁。如果用连续改变频率的红外光照射某试样，由于试样对不同频率红外光吸收情况存在差异，因此通过试样后的红外光在一些波长范围内变弱(被吸收)，而在另一些波长范围内仍较强(不被吸收)。用仪器记录分子吸收红外光的情况，即得到该试样的红外吸收光谱。

红外吸收光谱表示方法与紫外-可见吸收光谱表示方法不同，红外吸收光谱横坐标为波数(波长倒数，单位为 cm^{-1})，纵坐标为透光率(T，单位为％)，如图 4-1-1所示。

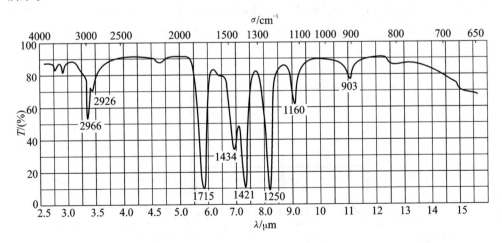

图 4-1-1　丙酮的红外吸收光谱(溶剂为 CCl_4)

各种化合物分子结构不同，分子中各个基团的振动频率不同，其红外吸收光谱也不同。利用这一特性,可进行有机化合物的结构分析、定性鉴定和定量分析。

绝大多数有机化合物的基团振动频率分布在中红外区(波数 400~4 000 cm^{-1}),研究和应用最多的也是中红外区的红外吸收光谱分析法,该法灵敏度高、分析速度快、试样用量少,而且分析不受试样物态限制,所以应用范围非常广泛。红外吸收光谱分析法是现代结构化学、有机化学和分析化学等领域中不可缺少的工具。本章着重对有机化合物的红外吸收光谱进行分析。

1. 对试样的要求

红外吸收光谱分析法分析的试样可以是气体、液体或固体,一般应符合以下要求:

(1)试样应该是单一组分的纯物质,纯度应大于 98% 或符合商业规格,这样才便于与纯化合物的标准光谱进行对照。多组分试样应在测定前尽量用分馏、萃取、重结晶、区域熔融或色谱法进行分离提纯,否则各组分光谱相互重叠,难以解析(当然,GC-FTIR 法例外)。

(2)试样中不应含有游离水。水本身有红外吸收,会严重干扰样品谱,而且会侵蚀吸收池的盐窗。

(3)试样的浓度和测试厚度应选择适当,以使光谱图中的大多数吸收峰的透光率处于 10%~80% 范围内。

2. 制样方法

能否获得一张满意的红外吸收光谱图,除了仪器性能的因素外,试样的处理和制备也十分重要。根据测量物质的状态分为气体试样、液体试样和固体试样三类制样方法。

1) 气体试样

对于气体样品,可将它直接充入预先抽真空的气体池中进行测量,池内测量气体压力约 6.7 kPa(50 mmHg)。池体直径约 40 mm,长度有 100 mm、200 mm、500 mm 等,它的两端粘有红外透光的 NaCl 或 KBr 窗片,气体池的结构如图 4-1-2 所示。

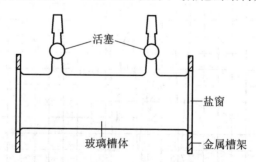

图 4-1-2　红外吸收光谱气体池结构示意图

2) 液体试样

(1)液体池法。对于沸点较低、挥发性较强的液体或吸收性很强的固体、液体,需配成溶液进行测量,可采用液体池法,即把液体注入封闭液体池中再进行测量。

液体池由两个盐片(NaCl 或 KBr)作为窗片,中间夹一薄层垫片板,形成一个小空间,一个盐片上有一小孔,用注射器注入样品。液体池可分为固定式液体池和可拆卸式液体池,可拆卸式液体池如图 4-1-3 所示。

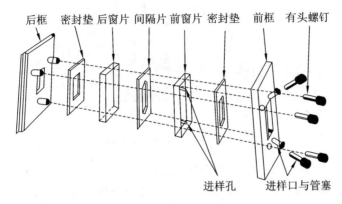

图 4-1-3　可拆卸式液体池

(2) 液膜法。分析液体样品最常用的是液膜法。该法适用于不易挥发(沸点高于 80 ℃)的液体或黏稠溶液。

使用两块 NaCl 或 KBr 盐片,如图 4-1-4 所示。滴 1～2 滴液体到一块盐片上,用另一块盐片将其夹住,用螺丝固定后放入样品室测量。当测量碳氢类吸收性较弱的化合物时,可在中间放入夹片(0.05～0.1 mm 厚)。注意测定时不要让气泡混入,螺丝不应拧得过紧,以免窗板破裂。使用以后要立即拆除,用脱脂棉蘸氯仿、丙酮擦净。

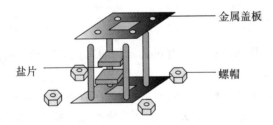

图 4-1-4　液膜法示意图

对于一些吸收性很强的液体,当用调整厚度的方法仍然得不到满意的谱图时,可用适当的溶剂配成稀溶液来测定。一些固体也可以制备成溶液的形式来进行测定。常用的红外吸收光谱溶剂应在所测光谱区内本身没有强烈吸收,不侵蚀盐窗,对试样没有强烈的溶剂化效应等。例如:CS_2 是 1 350～600 cm^{-1} 区域常用的溶剂;CCl_4 是 4 000～1 350 cm^{-1} 区域常用的溶剂;$CHCl_3$ 是 4 000～900 cm^{-1} 区域常用的溶剂。

3) 固体试样

(1) 压片法。分析固体样品常用压片法。将 0.5～1 mg 试样与 150 mg 左右的纯 KBr 研细混匀,置于模具中,用 $5 \times 10^7 \sim 10 \times 10^7$ Pa 压力在压片机上压成均匀透明薄片,即可用于测定。试样和 KBr 都应经干燥处理,研磨到粒度小于 2 μm,以免散射光影响。KBr 在 $4\,000\sim400\ \mathrm{cm^{-1}}$ 光区不产生吸收,因此可测绘全波段光谱图。压片机和模具因生产厂家不同而异。图 4-1-5 是一种压片模具的示意图。

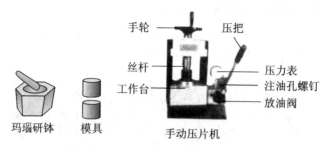

图 4-1-5　压片模具示意图

(2)调糊法。将 $2\sim5\ \mathrm{mg}$ 干燥处理后的试样放入研钵中研细(粒度小于 $2\ \mu\mathrm{m}$),滴 $1\sim2$ 滴重烃油混合,调成糊状,涂在盐片上用组合窗板组装后测定。调糊剂常用液状石蜡,其自身的光谱较简单,但由于其 C—H 吸收带常常对样品有影响,因此此调糊剂不能用来研究饱和烷烃的吸收情况,可用全氟烃油代替液状石蜡测烷烃。

(3)薄膜法。此法主要用于高分子化合物的测定。把样品溶于挥发性强的有机溶剂中或将它们直接加热熔融,然后滴加在水平、洁净的玻璃板或涂在盐板上制成薄膜,将此薄膜置于光路中测量。

当样品特别少或样品面积特别小时,必须采用光束聚光器,并配有微量液体池、微量固体池和微量气体池,采用全反射系统或用带有卤化碱透镜的反射系统进行测量。

3. 应用

红外吸收光谱分析法广泛用于有机化合物的定性鉴定和结构分析。

1)已知物的鉴定

将试样的谱图与标样的谱图进行对照,或者与文献上的标准谱图进行对照。如果两张谱图各吸收峰的位置和形状完全相同,峰的相对强度一样,就可以认为样品为该种标准物。如果两张谱图不一样,或峰位不对,则说明两者不为同一物,或样品中有杂质。如用计算机谱图检索,则采用相似度来判别。使用文献上的谱图时,应当注意试样的物态、结晶状态、溶剂、测定条件以及所用仪器类型均应与标准谱图相同。

2)未知物结构的测定

测定未知的结构,是红外吸收光谱分析法的一个重要用途。如果未知物不是新化合物,可以通过两种方式利用标准谱图来进行查对:一种是查阅标准谱图的谱带索引,寻找与试样光谱吸收带相同的标准谱图;另一种是进行光谱解析,判断试样的可能结构,然后再由化学分类索引查找标准谱图对照核实。

在对光谱图进行解析之前,应收集样品的有关资料和数据。诸如了解试样的来源,以估计其可能是哪类化合物;测定试样的物理参数,如熔点、沸点、溶解度、折光率、旋光率等,作为定性分析的旁证;根据元素分析及摩尔质量的测定结果,求出化学式并计算化合物的不饱和度。不饱和度(U)的计算公式如下:

$$U=1+n_4+\frac{n_3-n_1}{2}$$

式中:n_1、n_3 和 n_4 分别为分子中所含的一价、三价和四价元素原子的数目。当计算得 $U=0$ 时,表示分子是饱和的,应为链状烃及其不含双键的衍生物;$U=1$ 时,可能有一个双键或脂环;$U=2$ 时,可能有两个双键或脂环,也可能有一个三键;$U=4$ 时,可能有一个苯环等。但是,二价原子(如 S、O 等)不参加计算。

　　图谱解析一般先从基团频率区的最强谱带入手,推测未知物可能含有的基团,判断不可能含有的基团。再从指纹区的谱带进一步验证,找出可能含有基团的相关峰,用一组相关峰来确认一个基团的存在。对于简单化合物,确认几个基团之后,便可初步确定分子结构,然后查对标准谱图核实。对于较复杂的化合物,则需结合紫外吸收光谱、质谱、核磁共振波谱等数据才能进行比较可靠的判断。

第二节　红外吸收光谱分析法实验项目

实验 4-1　苯甲酸红外吸收光谱的测定和解析 ——压片法制样(综合性实验)

【目的要求】

　　(1) 掌握一般固体样品的制样方法以及压片机的使用方法。

　　(2) 了解红外光谱仪的工作原理。

　　(3) 掌握红外光谱仪的操作方法。

【基本原理与技能】

　　将固体样品与卤化碱(通常是 KBr)混合研细,并压成透明片状,然后放到红外光谱仪上进行分析,这种方法就是压片法。压片法所用的碱金属的卤化物应尽可能地纯净和干燥,试剂纯度一般应达到分析纯以上,可以用的卤化物有 NaCl、KCl、KBr、KI 等。NaCl 的晶格能较大,不易压成透明薄片,而 KI 又不易精制,因此大多采用 KBr 或者 KCl 做样品载体。

　　由于氢键的作用,苯甲酸通常以二分子缔合体的形式存在。只有在测定气态样品或非极性溶剂的稀溶液时,才能看到游离态苯甲酸的特征吸收。用压片法得到的红外吸收光谱中显示的是苯甲酸二分子缔合体特征,在 2 400～3 000 cm^{-1} 区是 O—H 伸缩振动峰,峰宽且散,由于受氢键和芳环共轭两方面的影响,苯甲酸缔合体的 C ＝O 伸缩振动吸收位移到 1 700~1 800 cm⁻¹ 区(而游离 C ═O 伸缩振动吸收是在 1 710~1 730 cm⁻¹ 区),苯环上 C ═C 伸缩振动吸收出现在 1 480~1 500 cm⁻¹ 和 1 590~1 610 cm⁻¹,这两个峰是芳环存在的标志之一,一般后者较弱,前者较强。本实验采用傅里叶变换红外光谱仪绘制固体试样苯甲酸的红外吸收光谱图,并与标准红外吸收光谱图对照,进行定性分析和图谱解析。测定红外吸收光谱图时要求样品纯度大于 99%,且不含水。

技能目标是能学会正确的压片技术,能对测得的苯甲酸红外吸收光谱进行正确的解析。

【仪器与试剂】

1. 仪器

傅里叶变换红外光谱仪及配套工作软件;压片机,模具和样品架;玛瑙研钵;不锈钢镊子;不锈钢药匙;红外灯;红外烘箱。

2. 试剂

苯甲酸(AR)、KBr 粉末(AR)、无水乙醇(AR)、擦镜纸。

【操作步骤】

1. 制作 KBr、苯甲酸晶片(薄膜)

(1) KBr 晶片:取预先在 110 ℃烘干 48 h 以上,并保存在干燥器内的 KBr150 mg 左右,置于玛瑙研钵中,研磨成粒径小于 2 μm(目测一下即可)的细粉,然后用药匙将少量(铺平底模面即可)KBr 粉末转移到模具内,装上压杆(慢慢转动着装入)放在压片机中轴线上(千万不能放偏),(反时针)旋紧放油阀,用力下按压把直到压力表显示 20 MPa 时停止下按,维持 3~5 min,旋松放油阀,解除加压,压力表指针指向"0",小心从模具中取出晶片,保存在干燥器内待用(背景测量用)。合格的晶片厚度为 1~2 mm、无裂痕、局部无发白,如同玻璃般完全透明,否则重新制作。

(2) 苯甲酸标样晶片:另取一份 150 mg 左右 KBr,置于干净的玛瑙研钵中,加入 2~3 mg苯甲酸标样(预先也要干燥处理),在干燥箱中混合均匀,同上操作研磨成粒径小于 2 μm 的均匀粉末,压片并保存于干燥器中待用。

(3) 苯甲酸样品晶片:另取一份 150 mg 左右 KBr,置于干净的玛瑙研钵中,加入 2~3 mg苯甲酸样品(预先也要干燥处理),在干燥箱中混合均匀,同上操作,研磨成粒径小于 2 μm 的均匀粉末,压片并保存于干燥器中待用。

2. 操作傅里叶变换红外光谱仪

(1) 打开傅里叶变换红外光谱仪主机(插上电源插头,开关按钮在仪器左侧面后端)、工作站(计算机)、打印机开关(若有就打开),预热 30 min,双击工作站上"EZ OMNIC E. S. P"图标,打开"OMNIC"红外吸收光谱软件。

（2）检查光谱仪的工作状态，在"OMNIC"窗口光学平台状态（Bench Status）右上角显示绿色"√"，即为正常，若显示红色"×"则表示仪器不能工作，应重新检查各连接是否有问题。

（3）在显示绿色"√"的条件下，点击工作站"collect"（采集）图标给出下拉菜单，在下拉菜单中点击"experiment setup"（实验设置）重新给出另外一个界面，在该界面中左侧检查"Y"（显示收集数据的形式，如以透光率为纵坐标）应为"T"格式，在该界面右侧"background handling"（背景处理）下面用鼠标选中"collect background before every sample"后再点击"OK"即可。同时还应设置采集的波数范围、扫描次数、光谱分辨率等条件。

3．采集背景图谱

傅里叶变换红外光谱仪是单光束仪器，必须扣除背景图谱。将上面制备的 KBr 晶片放入晶片架中，打开仪器暗箱盖，小心地把晶片架安装在光路中并盖上箱盖，在工作示窗（上面设定好的界面）用鼠标点击"collect background"工具条，仪器自动扫描 KBr 的背景图谱，扫描结束后用鼠标点击"file"（文件）中的"save as"或按"F12"，给背景起个文件名点击"OK"保存背景图谱。采集完背景图谱后，打开暗箱盖，取出背景晶片架以备样品测量。

4．采集苯甲酸标样图谱

将制好的苯甲酸标样晶片放入晶片架中，小心地把晶片架安装在光路中并盖上箱盖，在工作示窗用鼠标点击"collect"工具条给出下拉菜单，点击菜单中"experiment setup"弹出窗口，用鼠标选中窗口右侧"use specified background file"，点击"browse"命令找到上面已经保存的背景图谱文件名，用鼠标点击即可，最后点击"OK"键。在完成上述操作后，用鼠标点击示窗"collect sample"开始对苯甲酸标样进行图谱扫描，扫描结束在图谱区域同时给出背景图谱和扣除背景后苯甲酸的红外图谱，用鼠标选中背景图谱（光标在背景图谱上点击一下即可）点击"clear"（清除）即可去掉背景图谱。

5．保存图谱

用鼠标点击"file"后出现下拉菜单，在菜单中选中"save configuration as"弹出"OMNIC"命令，在该命令中点击"date"文件夹，给苯甲酸标样图谱起个文件名，点击确定即可。

6．采集苯甲酸样品图谱

（同步骤 4）

7．结束工作

（1）关机：实验完毕后，先关闭红外吸收光谱软件，然后恢复工厂设置，关闭显示器电源，关闭红外光谱仪的电源。

（2）用无水乙醇清洗玛瑙研钵、不锈钢药匙和镊子。

（3）清理台面，填写仪器使用记录。

【数据记录及处理】

（1）对所测图谱进行基线校正及适当平滑处理，标出主要吸收峰的波数值，储存数据后打印谱图。

（2）用计算机进行图谱检索，并判别各主要吸收峰的归属。

【注意事项】

（1）KBr 粉末必须尽可能地纯净并保持干燥。

（2）充分研磨苯甲酸和 KBr 粉末，使颗粒粒度达到 2 μm 左右。

【思考与讨论】

（1）研磨试样时不在红外灯下操作，谱图上会出现什么情况？影响试样红外吸收光谱图质量的因素有哪些？

（2）测定苯甲酸的红外吸收光谱时还可以用哪些制样方法？

（3）对于一些高聚物材料，很难研磨成细小的颗粒，采用什么制样方法比较好？

实验 4-2　丙酮红外光谱测定——液膜法制样（综合性实验）

【目的要求】

（1）掌握液膜制样方法和注意事项。

（2）熟悉液膜法红外光谱测定技术和丙酮红外光谱图特征峰的解析。

（3）了解傅里叶红外光谱仪的工作原理。

【基本原理和技能】

丙酮在 1 870～1 540 cm^{-1} 出现强吸收峰，这是 C＝O 的伸缩振动吸收峰，该峰的强度非常大，在红外光谱中很容易识别。而 C＝O 的伸缩振动吸收峰受样品的状态、相邻取代基团、共轭效应、氢键、环张力等因素的影响，其位置会有差别。饱和脂肪酮中 C＝O 的伸缩振动吸收峰主要在 1 715 cm^{-1} 附近出现，双键的共轭会造成吸收峰向小波数方向移动。酮与溶剂之间的氢键也会使该吸收峰的波数减小。

液体样品或试样红外光谱测定常用的制样方法有两种，即液体池法和液膜法。液体池法适用于沸点较低（80 ℃以下）、挥发性较强的试样，可注入封闭液体池中，液层厚度控制在 0.01～1 mm。液膜法通常用于沸点较高（80℃及以上）的液体试样或黏稠的样品。将样品直接滴在两个 KBr 盐片之间,轻轻挤压形成薄的液膜。对于流动性较大的样品,可选择不同厚度的垫片来调节膜厚度。

技能目标是以丙酮为例,学会使用液膜制样进行红外光谱测定的一般流程,并能对其特征峰进行正确的解析。

【仪器与试剂】

1. 仪器

傅里叶变换红外光谱仪及配套工作软件、红外烘烤灯、专用液膜固定架、长胶头滴管。

2. 试剂

无水丙酮(分析纯)、KBr 盐片、无水乙醇(分析纯)、擦镜纸。

【操作步骤】

(1)丙酮液膜制作:用干净的长胶头滴管取少量丙酮,滴到一个 KBr 盐片上,然后轻轻盖上另一个盐片,微微转动盐片以便驱走气泡,使丙酮在两盐片间形成一层透明薄液膜。

(2)根据傅里叶变换红外光谱仪的操作步骤,选择好实验条件,调节到相应测定状态,将两个盐片置于仪器专用液膜固定架上,对丙酮进行红外光谱测定。

【数据记录和处理】

(1)对所测图谱进行基线校正及适当平滑处理,标出丙酮主要吸收峰的波数值,储存数据后打印谱图。

(2)用计算机进行图谱检索,并判别各主要吸收峰的归属。

【注意事项】

(1)使用的 KBr 盐片应保持透明干燥,不可用手触摸盐片表面。

(2)每次测定前,均应将 KBr 盐片在红外烘烤灯下用无水乙醇或拭镜纸擦拭干净,置于干燥器中备用。

(3)KBr 盐片不用使用水冲洗。

【思考与讨论】

(1)在进行红外光谱测试时,液体样品或试样制样方法有哪几种?

(2)液膜法适用于具有哪种物理性质特点的液体物质?

实验 4-3　聚乙烯和聚苯乙烯膜红外吸收光谱测定
——薄膜法(综合性选做实验)

【目的要求】

(1) 掌握薄膜制备方法,并用于聚乙烯和聚苯乙烯的红外吸收光谱测定。

(2) 利用绘制的聚苯乙烯图谱进行红外吸收光谱的校正。

【基本原理与技能】

将固体样品制成薄膜来检测,主要用于高分子化合物的测定。聚乙烯和聚苯乙烯等高分子化合物可在软化状态下受压进行模塑加工,在冷却至软化点以下后能保持模具形状,在没有热压模具的情况下,薄膜可在金属、塑料或其他材料平板之间压制。

乙烯聚合成聚乙烯的过程中,乙烯的双键被打开,聚合成$(CH_2-CH_2)_n$的长链,因而聚乙烯分子中仅有的基团是饱和的亚甲基(CH_2),其基本振动形式及频率有:①亚甲基的反对称伸缩振动,$2\,926\ cm^{-1}$;②亚甲基的对称伸缩振动,$2\,853\ cm^{-1}$;③亚甲基的面内剪式振动,$1\,465\ cm^{-1}$;④长亚甲基链面内的摇摆振动,$720\ cm^{-1}$。因此,在聚乙烯的红外吸收光谱上只能观察到 4 个吸收峰。

在聚苯乙烯的结构中,除了亚甲基外,还有次甲基(CH),苯环上不饱和碳氢基团$(=CH)$和碳碳骨架$(C=C)$。因此,聚苯乙烯的基本振动形式除了有聚乙烯中前三种外,还有:①苯环上不饱和碳氢基团伸缩振动,$3\,000\sim3\,100\ cm^{-1}$;②次甲基的伸缩振动,$2\,955\ cm^{-1}$;③苯环骨架振动,$1\,450\sim1\,600\ cm^{-1}$;④苯环上不饱和碳氢基团的面外弯曲振动,$730\sim770\ cm^{-1}$、$690\sim710\ cm^{-1}$。由此可见,聚苯乙烯的红外吸收光谱比聚乙烯复杂。根据两者的红外吸收光谱很容易辨别它们。

技能目标是能学会简单的制膜方法,能对测得的红外吸收光谱进行正确的解析。

【仪器与试剂】

1. 仪器

傅里叶变换红外光谱仪及配套工作软件、红外灯、专用薄膜固定架、试管、镊子、玻璃平板、聚四氟乙烯平板(长宽各 4 cm,厚 2 mm 左右)、酒精灯、不锈钢刮刀、玻璃棒、铜丝、滤纸等。

2. 试剂

四氯化碳(AR)、聚乙烯树脂、聚苯乙烯、三氯甲烷(AR)。

【操作步骤】

（1）根据所用仪器的操作步骤，选择好实验条件，调节到相应工作状态。

（2）取聚乙烯树脂颗粒投入试管内，在酒精灯上加热软化后，马上用不锈钢刮刀将软化物刮到聚四氟乙烯平板上，摊成薄膜。将聚四氟乙烯平板水平置于酒精灯上方适宜的高度，加热至聚乙烯塑料重新软化后，离开热源，立即盖上另一片聚四氟乙烯平板，压制薄膜。待冷却后，用镊子小心取下薄膜。将聚乙烯薄膜固定在专用薄膜固定架上，置于红外光谱仪的样品窗口进行聚乙烯膜的光谱测绘。

（3）配制浓度约为 12% 的聚苯乙烯四氯化碳溶液，用胶头滴管吸取此溶液于干净的玻璃板上，立即用两端绕有细铜丝的玻璃棒将溶液推平，让其自然干燥（1～2 h）。然后将玻璃板浸入水中，用镊子小心地揭下薄膜，再用滤纸吸去薄膜上的水，将薄膜置于红外灯下烘干。最后将薄膜放在专用薄膜固定架上，置于红外分光谱仪的样品窗口进行聚苯乙烯膜的光谱测绘。

（4）如果没有专用薄膜固定架，也可根据以下方法进行固膜。取厚度约为 5 μm 的 30 mm×50 mm 聚乙烯膜、聚苯乙烯膜各一张。另取 55 mm×120 mm 的硬纸板四张，在它们中间开出长 30 mm、宽 15 mm 的长方形口，然后把薄膜分别粘夹在两张硬纸板长方形口上，即制成样品卡片进行测绘。

【数据记录及处理】

（1）记录实验条件。

（2）打印聚乙烯和聚苯乙烯的红外吸收光谱图。

【注意事项】

（1）适宜的薄膜厚度可根据所录制的光谱来加以选择（对于聚合物薄膜，厚度通常在0.15 mm左右），而扫描光谱对样品进行鉴别时，不需要了解样品的精确厚度。

（2）对聚四氟乙烯平板直接加热时，温度不宜过高，否则聚四氟乙烯平板会软化变形。

（3）玻璃平板和聚四氟乙烯平板一定要光滑、干净。

【思考与讨论】

（1）聚乙烯薄膜的制取是否可采取其他方法？

（2）在获得的红外吸收光谱图上，从高波数到低波数，标出各特征吸收峰的位置，指出各特征吸收峰属于何种基团的振动。

（3）比较聚乙烯和聚苯乙烯薄膜的谱图，指出它们之间的差别，并说明产生这些差别的原因。

（4）为什么必须将制备薄膜的溶剂和水分除去才能测量？

实验 4-4　红外吸收光谱分析法区分顺丁烯二酸和反丁烯二酸（基础性实验）

【目的要求】

(1) 用红外吸收光谱分析法区分丁烯二酸的两种几何异构体。

(2) 练习用 KBr 压片法制样。

【基本原理与技能】

采用红外吸收光谱分析法区分烯烃顺、反异构体，常常借助于 $650 \sim 1\,000\ cm^{-1}$ 范围的 ν_{C-H} 谱带。烷基型烯烃的顺式结构出现在 $675 \sim 730\ cm^{-1}$，是弱峰；反式结构出现在 $960\ cm^{-1}$ 附近，是强峰。当取代基变化时，顺式结构峰位变化较大，反式结构峰位基本不变，因此在确定异构体时非常有用。除上述谱带外，对于丁烯二酸，位于 $1\,580 \sim 1\,710\ cm^{-1}$ 范围的光谱也很具特征性。

顺丁烯二酸和反丁烯二酸的区别是分子中两个羧基相对于双键的几何排列不同。顺丁烯二酸分子结构对称性差，加之双键与羰基共轭，在 $1\,600\ cm^{-1}$ 附近出现很强的 $\nu_{C=C}$ 谱带；反丁烯二酸分子结构对称性强，双键位于对称中心，其伸缩振动无红外活性，在光谱中观察不到吸收谱带。另外，顺丁烯二酸只能生成分子间氢键，其羧基谱带位于 $1\,705\ cm^{-1}$，接近羰基频率 $\nu_{C=O}$ 的正常值；反丁烯二酸能生成分子内氢键，其羧基谱带移至 $1\,680\ cm^{-1}$。因此，利用这一区间的谱带可以很容易地将两种几何异构体区分开来。

技能目标是能用红外吸收光谱分析法正确区分顺丁烯二酸和反丁烯二酸。

【仪器与试剂】

1. 仪器

傅里叶变换红外光谱仪及配套工作软件、压片机、玛瑙研钵、不锈钢刮刀、红外干燥灯。

2. 试剂

KBr 粉末（AR）、顺丁烯二酸（AR）、反丁烯二酸（AR）。

【操作步骤】

(1) 将 $2 \sim 4\ mg$ 顺丁烯二酸放在玛瑙研钵中磨细至 $2\ \mu m$ 左右，再加入 $200 \sim 400\ mg$ 干燥的 KBr 粉末继续研磨 3 min，混合均匀。

用不锈钢刮刀移取 200 mg 混合粉末于压模的底模面上，中心可稍高一些。小心降下柱塞,并用柱塞一面捻动,一面稍加压力使粉末完全铺平,慢慢拔出柱塞。放入顶模和柱塞,把模具装配好,置于油压机下。逐渐加压到压力表显示值为 $1 \times 10^5 \sim 1.2 \times 10^5$ kPa(相当于 40～50 kN),停止下按,维持3～5 min后缓缓降压,取出压模。除去底座,用取样器顶出锭片,即得到直径为13 mm、厚度为 0.8 mm 的透明锭片。

（2）用同样方法制得反丁烯二酸的锭片。

（3）将制好的顺丁烯二酸锭片和反丁烯二酸锭片分别放入晶片架中,小心地把晶片架安装在光路中,盖上箱盖,按照实验 4-1 相同的操作步骤,分别测量顺丁烯二酸和反丁烯二酸的红外吸收光谱图。

【数据记录及处理】

根据实验所得的两张谱图,鉴别顺、反异构体。同时查阅 Sadtler 谱图,将顺、反丁烯二酸的实测谱图与标准谱图相对照,进一步确认。

【注意事项】

为使锭片受力均匀,在锭片模具内需将粉末弄平后再加压,否则锭片会产生白斑。

【思考与讨论】

（1）如何用红外吸收光谱分析法区分顺丁烯二酸和反丁烯二酸？

（2）写出红外吸收光谱分析法中不同状态样品的制样方法。

第五章　电感耦合等离子体原子发射光谱法

第一节　电感耦合等离子体原子发射光谱法概述

原子发射光谱法(atomic emission spectrometry, AES)，是依据各种元素的原子或离子在热激发或电激发下，发射特征的电磁辐射而进行元素的定性与定量分析的方法。一般认为原子发射光谱是 1860 年德国学者基尔霍夫(Kirchhoff G. R.)和本生(Bunsen R. W.)首先发现的，他们利用分光镜研究盐和盐溶液在火焰中加热时所产生的特征光辐射，从而发现了 Rb 和 Cs 两种元素。其实在更早时候，1826 年泰尔博(Talbot)就说明发射某些波长的光线是某些元素的特征。从此以后，原子发射光谱就为人们所重视。

物质是由各种元素的原子组成的，原子有结构紧密的原子核，核外围绕着不断运动的电子，电子处在一定的能级上，具有一定的能量。从整个原子来看，在一定的运动状态下，它也是处在一定的能级上，具有一定的能量。在一般情况下，大多数原子处在最低的能级状态，即基态。基态原子在激发光源(即外界能量)的作用下，获得足够的能量，外层电子跃迁到较高能级状态(激发态)，这个过程称为激发。处在激发态的原子是很不稳定的，在极短的时间(10 s)内外层电子便跃迁回基态或其他较低的能态而释放出多余的能量。释放能量的方式可以是通过与其他粒子的碰撞，进行能量的传递，这是无辐射跃迁；也可以以一定波长的电磁波形式辐射出去，其释放的能量及辐射线的波长(频率)要符合玻尔的能量定律。

1. 原子发射光谱过程

一般有光谱的获得和光谱的分析两大过程。具体可分为下面几个步骤。

1) 试样的处理

要根据进样方式的不同进行处理。制成粉末或溶液等，有些时候还要进行必要的分离或富集。

2) 样品的激发

在激发源上进行，激发源把样品蒸发、分解原子化和激发。

3）光谱的获得和记录

从光谱仪中获得光谱并进行记录。

4）光谱的检测

用检测仪器进行光谱的定性、半定量、定量分析。

2. 原子发射光谱法的主要优点

（1）多元素同时检出能力强。

可同时检测一个样品中的多种元素。一个样品一经激发,样品中各元素都各自发射出其特征谱线,可同时测定多种元素。

（2）分析速度快。

多数试样不需经过化学处理就可分析,且固体、液体试样均可直接分析,同时还可多元素同时测定。若用光电直读光谱仪,则可在几分钟内同时进行几十种元素的定量测定。

（3）选择性好。

由于光谱的特征性强,因此对于一些化学性质极为相似的元素的分析具有特别重要的意义。如铌和钽、锆和铪,十几种稀土元素的分析用其他方法都很困难,而对AES来说则毫无困难。

（4）检出限低。

一般可达 $0.1 \sim 1$ mg · g^{-1},绝对量可达 $10^{-13} \sim 10^{-11}$ g。用电感耦合等离子体(ICP)新光源,检出限可低至 ng · mL^{-1} 数量级。

（5）用 ICP 光源时,准确度高,标准曲线的线性范围宽,可达 $4 \sim 6$ 个数量级。可同时测定高、中、低含量的不同元素。因此,ICP-AES 已广泛应用于各个领域之中。

（6）样品消耗少,适于整批样品的多组分测定,尤其是定性分析时更显示出独特的优势。

3. 原子发射光谱法的缺点

（1）在经典分析中,影响谱线强度的因素较多,尤其是试样组分的影响较为显著,所以对标准参比的组分要求较高。

（2）含量(浓度)较大时,准确度较差。

（3）只能用于元素分析,不能进行结构、形态的测定。

（4）大多数非金属元素难以得到灵敏的光谱线。

4. 原子发射光谱所需要的激发光源

原子发射光谱所用的激发光源通常有化学火焰、电火花、电弧、激光和各种等离子体光源。等离子体光源是目前原子发射光谱法中最常用的一种激发光源。等离子体光源又有 ICP（inductively coupled plasma）、DCP（direct-current plasma）、MWP（microwave plasma）等几种形式。

原子发射光谱分析的波长范围与原子能级有关,一般在 $200 \sim 850$ nm,近几年由于分光测光系统的改进,仪器的波长范围已扩展到120~1 050 nm。常见的原子发射光谱光源见表5-1-1。

表 5-1-1　几种常见原子发射光谱光源

光源	蒸发温度	激发温度/K	放电稳定性	应用范围
直流电弧	高	4 000~7 000	稍差	定性分析,矿物、纯物质、难挥发元素的定量分析
交流电弧	中	4 000~7 000	较好	试样中低含量组分的定量分析
火花	低	瞬间 10 000	好	金属与合金、难激发元素的定量分析
ICP	很高	6 000~8 000	最好	溶液中元素的定量分析

在等离子体光源中应用最多的是 ICP 光源。

1) ICP 光源的形成原理

当高频发生器接通电源后,高频电流通过感应线圈产生交变磁场。开始时,管内为 Ar 气,不导电,需要用高压电火花触发,使气体电离后,在高频交流电场的作用下,带电粒子高速运动,碰撞,形成"雪崩"式放电,产生等离子体气流。在垂直于磁场方向将产生感应电流(涡电流,其电阻很小,电流很大,达数百安),产生高温。又将气体加热、电离,在管口形成稳定的等离子体焰炬(ICP 焰炬)。ICP 焰炬明显地分为三个区域(如图 5-1-1 所示)。

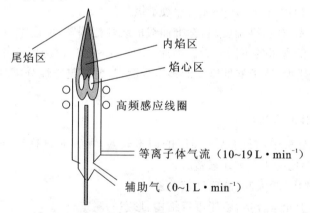

图 5-1-1　ICP 形成原理

(1) 焰心区不透明,是高频电流形成的涡流区,等离子体主要通过这一区域与高频感应线圈耦合而获得能量,该区温度高达 10 000 K。

(2) 内焰区位于焰心区上方,一般在感应圈上边 10~20 mm,呈半透明状态,温度为 6 000~8 000 K,是分析物原子化、激发、电离与辐射的主要区域。

(3) 尾焰区在内焰区上方,无色透明,温度较低,在 6 000 K 以下,只能激发低能级的谱线。

2) ICP 光源的特点

ICP 光源具有以下特点：

(1) 温度高,为惰性气氛,原子化条件好,有利于难熔化合物的分解和元素激发,有很高的灵敏度和很强的稳定性;

(2) 有"趋肤效应",涡电流在外表面处密度大,使表面温度高,轴心温度低,中心通道进样对等离子体的稳定性影响小,能有效消除自吸现象,线性范围宽(4～5 个数量级);

(3) ICP 中电子密度大,碱金属电离造成的影响小;

(4) Ar 气体产生的背景干扰小;

(5) 无电极放电,无电极污染;

(6) ICP 焰炬外形像火焰,但不是化学燃烧火焰,而是气体放电;

(7) 对非金属测定的灵敏度低,仪器昂贵,操作费用高,这是 ICP 的缺点。

5. 电感耦合等离子体原子发射光谱定性定量方法

1) 定性方法

不同元素的原子具有不同的原子结构,它们按照一定的规律在不同能级间跃迁时所释放的能量各不相同,由此产生的谱线的波长也各不相同,每种元素谱线都带有自己的特征(定性分析依据)。利用原子的发射光谱进行试样的定性分析时,只需将试样引入激发光源,试样中各种元素的原子(或离子)就会发出众多的谱线,这些谱线经过光谱仪分光后,排成光谱,通过计算机从复杂的光谱图中分析鉴别某种元素的特征谱线是否出现,进而确定试样中含有什么元素。

由于受激发后的同种元素的原子(或离子)有不同跃迁途径,因此能够发射出多条波长、强度各不相同的谱线(例如,在 210～660 nm 范围铁元素常用的谱线有 4 600 多条)。在实际工作中,只需要确认几条强度比较大的灵敏线(常是共振线),即可得出元素是否存在的结论。

元素特征光谱中强度最大的谱线称为元素的灵敏线。在供试品的光谱中,将某元素的灵敏线作为其定量分析时的分析线。

2) 定量方法

在实验条件一定时,原子发射谱线的强度 I_{AES} 与试样中被测元素浓度 C 呈线性关系,即 $I_{AES} = KC$(K 为常数),这是 ICP-AES 定量分析的基础。常用的定量方法有标准曲线法和标准加入法。

(1) 标准曲线法。在选定的分析条件下,测定不少于三个不同浓度的待测元素的系列标准溶液(标准溶液的介质和酸度应与供试品溶液一致),以分析线的响应值为纵坐标,浓度为横坐标,绘制标准曲线,得出回归方程。除另有规定外,相关系数应不小于 0.99。测定供试品溶液,根据标准曲线或回归方程确定相应的浓度,计算样品中各待测元素的含量。

在同样的分析条件下进行空白实验,根据仪器说明书的要求扣除空白干扰。

（2）标准加入法。取同体积的供试品溶液 4 份，分别置于 4 只同体积的容量瓶中，除第一只容量瓶外，在其他 3 只容量瓶中分别加入同浓度不同体积的待测元素标准溶液，分别用相应的溶剂稀释至刻度后摇匀，制成系列待测溶液。在选定的分析条件下分别测定上述系列待测溶液，以待测元素标准溶液在测量时的浓度为横坐标，以特征分析线的响应值为纵坐标，绘制标准加入曲线，将标准加入曲线延长交于横坐标，交点所对应的数值即为待测元素所对应的浓度，以此浓度计算供试品中待测元素的质量分数。

第二节　电感耦合等离子体原子发射光谱法实验项目

实验 5-1　电感耦合等离子体原子发射光谱法测定废水中镉、铬含量（综合性实验）

【目的要求】

（1）学习原子发射光谱分析的基本原理。

（2）掌握原子发射光谱定性定量分析方法。

（3）熟练掌握电感耦合等离子体原子发射光谱的操作规范。

【基本原理与技能】

电感耦合等离子体光谱仪主要由高频发生器、ICP 炬管、耦合线圈、进样系统、分光系统、检测系统及计算机控制、数据处理系统构成。ICP 光源具有激发能力强、稳定性好、基体效应小、检出限低等优点。在实验条件一定时，原子发射谱线的强度 I_{AES} 与试样中被测元素浓度 C 呈线性关系，即 $I_{AES}=KC$（K 为常数）。由于 ICP 光源无自吸现象，标准曲线的线性范围很宽，可达到几个数量级，因此，多数采用标准曲线法进行定量分析。

配制镉（Cd）和铬（Cr）的混合系列标准溶液，在各自的分析线（Cd 226.502 nm、Cr 267.716 nm）下测量混合系列标准溶液的发光强度，然后绘制标准曲线。在同样条件下，测量废水溶液，采集测试数据；根据试样数据，进行计算机自动在线结果处理，从而确定废水中镉、铬含量。

技能目标是能用电感耦合等离子体原子发射光谱法准确测定废水中镉、铬含量。

【仪器与试剂】

1. 仪器

顺序式扫描电感耦合等离子体原子发射光谱仪或其他型号的光谱仪、电子分析天平、烧杯(100 mL)、容量瓶(500 mL)。

2. 试剂

(1) 1.0 g·L^{-1}镉标准储备液:准确称取 0.500 0 g 金属镉于 100 mL 烧杯中,用 5 mL 6 mol·L^{-1}盐酸溶解,然后全部转移到 500 mL 容量瓶中,用 10 g·L^{-1}盐酸稀释至刻度,摇匀备用。

可以稀释 100 倍为镉标准应用液。

(2) 1.0 g·L^{-1}铬标准储备液:准确称取 1.867 5 g 预先干燥过的 K_2CrO_4 于 100 mL 烧杯中,用 20 mL 水溶解,全部转移到 500 mL 容量瓶中,用水稀释至刻度,摇匀备用。

可以稀释 100 倍为铬标准应用液。

(3) 根据需要配制镉和铬的混合系列标准溶液。

(4) K_2CrO_4(GR)、金属镉(GR)、浓盐酸(AR)。

配制用水均为去离子水。

(5)工业废水(可模拟配制,也可直接取用含铬和镉的废水)。

【操作步骤】

(1) 顺序式扫描电感耦合等离子体原子发射光谱仪工作参数设置如下。

① 分析线波长:Cd 226.502 nm、Cr 267.716 nm。

② 入射功率:1 kW。

③ 氩冷却气流量:12～14 L·min^{-1}。

④ 氩辅助气流量:0.5～0.8 L·min^{-1}。

⑤ 氩载气流量:1.0 L·min^{-1}。

⑥ 试液提升量:1.5 mL·min^{-1}。

⑦ 光谱观察高度:感应线圈以上 10～15 mm。

⑧ 积分时间:15 s。

(2) 按照光谱仪的基本操作步骤完成准备工作,开机及点燃 ICP 焰炬。进行单色仪波长校正,然后输入工作参数。

(3) 按单元素定量分析程序,输入分析元素、分析线波长及最佳工作条件等。

(4) 吸喷标准溶液,进行预标准化。

(5) 吸喷混合标准溶液,进行镉和铬标准曲线的绘制。

(6) 吸喷工业废水试液,采集测试数据。根据试样数据,进行计算机自动在线结果处理。打印测定结果。

(7) 按照关机程序,退出分析程序,进入主菜单,关蠕动泵、气路,关 ICP 电源及计算机系统,最后关冷却水。

【数据记录及处理】

计算机软件自动绘制标准曲线并在线处理数据。确定回归方程和相关系数,求得废水中铬和镉的质量浓度。

【注意事项】

(1) 测试完毕后,进样系统用去离子水喷洗 3 min,再关机,以免试样沉积在雾化器口和石英炬管口。

(2) 先降高压、熄灭 ICP 焰炬,再关冷却气、冷却水。

(3) 等离子体发射很强的紫外光,易伤眼睛,应通过有色玻璃防护窗观察 ICP 焰炬。

【思考与讨论】

(1) 为什么本实验不用内标法?

(2) 为什么 ICP 光源能够提高原子发射光谱分析的灵敏度和准确度?

(3) 简述点燃 ICP 焰炬的操作过程。

实验 5-2　　电感耦合等离子体原子发射光谱法测定食品中的多种微量元素含量(综合性实验)

【目的要求】

(1) 了解电感耦合等离子体多道光电直读光谱仪的结构、工作原理及其特点。

(2) 掌握 ICP-AES 法同时测定多元素的操作方法。

(3) 了解食品的分解方法及要求。

【基本原理与技能】

电感耦合等离子体(ICP)光源是利用高频感应加热原理,使流经石英管的工作气体(氩气)电离,在高频电磁场作用下由于高频电流的"趋肤效应",在一定频率下形成环状结构的高温等离子体焰炬,称为高频耦合等离子体。试液经过蠕动泵的作用进入雾化器,被雾化的样品溶液以气溶胶的形式进入等离子体焰炬的通道中,经熔融、蒸发、解离等过程,实现原子化。原子被激发发射出其特征谱线。在一定的工作条件下,如入射功率、观测高度、载气流量等因素一定时,各元素的谱线强度与光源中气态原子的浓度成正比,即与试液中元素的浓度成正比。

对于光电直读光谱法,元素谱线强度 I 由光电倍增管转换为阳极电流,向积分电容器充电,经一定时间,产生与谱线强度成正比的端电压 y,该端电压与元素的浓度 c

成正比,即

$$y=Kc$$

式中,K 为常数。据此式可进行元素的定量测定。

使用多道光电直读光谱仪,一次进样可同时检测多种元素(可达 60 余种),而且多道光电直读光谱分析方法具有检出限低、精确度高、基体效应小、线性范围宽等优点,已成为适用于多种类型样品的重要分析手段之一。

技能目标是能用电感耦合等离子体原子发射光谱法准确测定食品中多种微量元素的含量。

【仪器与试剂】

1. 仪器

电感耦合等离子体多道光电直读光谱仪、电子分析天平(0.000 1 g)、烧杯(20 mL、500 mL)、容量瓶(50 mL、100 mL、1 000 mL)、300 目筛、石英或瓷坩埚(50 mL)、洗瓶、锥形瓶(50 mL)、高纯氩气、移液管(50 mL)、吸量管(10 mL)、量筒(50 mL)。

2. 试剂

(1) 优级纯的硝酸(0.5%)、盐酸(优级纯)、高氯酸(优级纯)、磷酸(优级纯)、碳酸钙(优级纯)、磷酸二氢钾(优级纯)、石油醚。

(2) Ca 标准储备液:称取 2.497 3 g 已在 110 ℃烘干过的碳酸钙(GR),加入少量盐酸溶解,加二次蒸馏水稀释至 1 000 mL,即配成 1 000 $\mu g \cdot mL^{-1}$ 的 Ca 标准储备液。

(3) P 标准储备液:称取 0.878 8 g 105 ℃下干燥的磷酸二氢钾(GR),溶解后移入 1 000 mL 容量瓶中,加水稀释至刻度,即配成 200 $\mu g \cdot mL^{-1}$ 的 P 标准储备液。

(4) Mg、Fe、Mn、Cu、Sn、Pb、Zn、Al 标准储备液:称取纯度为 99.99% 的金属各 1.000 0 g,置于各自的小烧杯中,分别加入 10 mL 硝酸溶解,水浴蒸至近干,用 0.5 mol·L^{-1} 硝酸溶液溶解并分别转入 1 000 mL 容量瓶中,定容,摇匀,浓度均为 1 mg·mL^{-1}。

(5) 多元素混合标准应用液:分别取上述单一元素的标准储备液 10 mL(P 标准储备液取 50 mL),置于 500 mL 容量瓶中,加水稀释至刻度,摇匀,配成含各元素 10 $\mu g \cdot mL^{-1}$(含 P 50 $\mu g \cdot mL^{-1}$)的混合元素标准应用液。

(6) 待测食品样品。

【操作步骤】

1. 样品处理

(1) 谷物、糕点等含水少的固体食品类。除去外壳、杂物及尘土,磨碎,过 300 目筛,混匀。称取 5.0～10.0 g,置于 50 mL 石英坩埚(或瓷坩埚)中,加热炭化,然后移入高温炉中,500 ℃以下灰化 1～2 h,取出,冷却,加入少量 HNO$_3$-HClO$_4$ 混合酸

(3+1),小火加热至近干。必要时再加入少量混合酸,反复处理,直至残渣中无碳粒。稍冷,加入 1 mol·L⁻¹盐酸10 mL,溶解残渣并转入 50 mL 容量瓶中,定容至刻度,混匀备用。

取与处理样品相同的混合酸和 1 mol·L⁻¹盐酸按相同方法、步骤做试剂空白。

(2)蔬菜、瓜果及豆类。取食用部分洗净、晾干,充分研碎混匀,称取 10~20 g,置于瓷坩埚中,加磷酸(1+10)1 mL 小火炭化。以下步骤同谷物类试样处理方法。

(3)禽蛋、水产、茶、咖啡类。取可食用部分试样充分混匀。称取 5.0~10.0 g,置于瓷坩埚中,小火炭化。以下步骤同谷物类试样处理方法。

(4)乳、炼乳类。试样混匀后,量取 50 mL,置于瓷坩埚中,在水浴上蒸干,再小火炭化。以下步骤同谷物类试样处理方法。

(5)饮料、酒、醋类。混匀后,量取 50 mL,置于 100 mL 容量瓶中,以 0.5%~1.0%HNO₃溶液稀释至刻度,摇匀,备用。

(6)油脂类。混匀后,称取 5.0~10.0 g(固体油脂先加热融成液体,混匀,再称量),置于 50 mL 锥形瓶中,加 10 mL 石油醚,用 10%硝酸溶液提取两次,每次 5 mL,振摇 1 min,合并两次提取液于 50 mL 容量瓶中,加水至刻度,摇匀,备用。

2. 元素分析线波长

元素分析线波长(nm):Mg 279.55,Fe 259.94,Mn 257.61,Cu 324.75,Sn 189.98,Pb 220.35,Zn 213.86,Al 308.21,Ca 422.67,P 178.20。

3. 仪器调节

开启仪器,预热 20 min,点燃等离子体焰炬,按照指导教师的要求调好仪器参数。

4. 标准曲线绘制

(1)标准曲线法。

① 两点式标准化(高标和低标):向焰炬中喷一个零浓度标准样品,再喷一个浓度为 10 μg·mL⁻¹的标准溶液(若测高浓度复杂的样品,如岩矿样,则按扣除干扰方式进行测量)。计算机自动调整放大器的增益(0~300 倍),记录存储谱线强度,绘出测量电压和相应浓度的双对数工作曲线,依次自动调整原存储工作曲线的偏移。

②测已知浓度的标准监控样,若测出的浓度与已知浓度非常接近,则可进行未知样品的测定;若误差较大(大于 1%),则需要重新标准化(调整放大器的增益和工作曲线的偏移)。

(2)系列浓度标准溶液测量法(此法工作量很大)。

配制系列浓度多元素混合标准溶液,依次测定各浓度多元素混合标准溶液,绘制各元素的标准曲线。

(3)将标准曲线存入设定的计算机文件中。

5. 样品测定

在与标准系列相同的测定条件和工作方式下,将样品和空白溶液喷入等离子体焰炬,测得样品中各金属元素的谱线强度,并存入计算机指定文件。计算机自动根据所存储的各元素标准曲线计算出相应元素的浓度,显示在屏幕上或自动打印测定结果。

【数据记录及处理】

根据计算机打印测定结果($\mu g \cdot mL^{-1}$),换算出样品中各元素的含量($\mu g \cdot g^{-1}$)。

【注意事项】

(1) 根据不同类型的食品选择合适的样品处理方法。

(2) 仔细阅读仪器操作说明书,认真设定操作参数。

【思考与讨论】

(1) 原子发射光谱定性分析的理论依据是什么?

(2) 影响本实验测定准确性的因素有哪些?

(3) ICP-AES 多元素同时测定时,往往采取折中的办法选择仪器参数,为什么?

(4) ICP-AES 分析法中入射功率、载气流量、观测高度等对分析结果有什么影响?

(5) 谱线漂移主要与什么因素有关? 如何校正?

实验 5-3　电感耦合等离子体原子发射光谱法测定人发中微量铜、铅、锌含量(综合性实验)

【目的要求】

(1) 了解电感耦合等离子体光源的工作原理。

(2) 学习 ICP-AES 分析的基本原理及操作技术。

(3) 学习生化样品的处理方法。

【基本原理与技能】

原子发射光谱是价电子受到激发跃迁到激发态,再由高能态回到较低的能态或基态时,以辐射形式放出其激发能而产生的光谱。

1. 定性分析原理

原子发射光谱法的量子力学基本原理如下。

（1）原子或离子可处于不连续的能量状态，该状态可以用光谱项来描述。

（2）当处于基态的气态原子或离子吸收了一定的外界能量时，其核外电子就从一种能量状态（基态）跃迁到另一种能量状态（激发态），设高能级的能量为 E_2，低能级的能量为 E_1，发射光谱的波长为 λ（或频率为 ν），则电子能级跃迁释放出的能量 ΔE 与发射光谱的波长之间的关系式为

$$\Delta E = E_2 - E_1 = h\nu = \frac{hc}{\lambda}$$

（3）处于激发态的原子或离子很不稳定，经约 10^{-8} s 便跃迁返回到基态，并将激发所吸收的能量以一定的电磁波形式辐射出来。

（4）将这些电磁波按一定波长顺序排列，即为原子光谱（线状光谱）。

（5）由于原子或离子的能级很多，并且不同元素的结构是不同的，因此，对特定元素的原子或离子可产生一系列不同波长的特征光谱，通过识别待测元素的特征谱线存在与否进行定性分析。

2. ICP 定量分析原理

ICP 定量分析的依据是 Lomakin-Scherbe 公式：

$$I = aC^b$$

式中：I——谱线强度；

　　C——待测元素的浓度；

　　a——常数；

　　b——分析线的自吸收系数，一般情况下 $b \leqslant 1$，b 与光源特性、待测元素含量、元素性质及谱线性质等因素有关，在 ICP 光源中，多数情况下 $b \approx 1$。

技能目标是能用电感耦合等离子体原子发射光谱法准确测定人发中微量铜、铅、锌元素的含量。

【仪器与试剂】

1. 仪器

电感耦合等离子体光电直读光谱仪、布氏漏斗、容量瓶（25 mL、100 mL、1 000 mL）、吸量管（5 mL、10 mL）、石英坩埚、不锈钢剪刀、烧杯、量筒。

2. 试剂

（1）铜标准储备液（光谱纯，1 000 μg · mL^{-1}）。

（2）铅标准储备液（光谱纯，1 000 μg · mL^{-1}）。

（3）锌标准储备液（光谱纯，1 000 μg · mL^{-1}）。

（4）HNO_3、HCl、H_2O_2，均为分析纯。

（5）去离子水、洗发香波。

【操作步骤】

1. 标准溶液的配制

铜标准溶液:准确移取 1 000 $\mu g \cdot mL^{-1}$ 铜标准储备液 10 mL 于 100 mL 容量瓶中,用去离子水稀释至刻度,摇匀,此溶液含铜 100.0 $\mu g \cdot mL^{-1}$。

用上述相同方法,配制 100.0 $\mu g \cdot mL^{-1}$ 铅、锌标准溶液。

2. Cu^{2+}、Pb^{2+}、Zn^{2+} 混合标准溶液的配制

取 2 只 25 mL 容量瓶,一只加入 100.0 $\mu g \cdot mL^{-1}$ Cu^{2+}、Pb^{2+}、Zn^{2+} 标准溶液各 2.50 mL,加 3 mL 6 mol $\cdot L^{-1}$ HNO_3 溶液,然后用去离子水稀释至刻度,摇匀。此溶液中 Cu^{2+}、Pb^{2+}、Zn^{2+} 的浓度为 10.0 $\mu g \cdot mL^{-1}$。

另一只 25 mL 容量瓶中,加入上述 10.0 $\mu g \cdot mL^{-1}$ 的 Cu^{2+}、Pb^{2+}、Zn^{2+} 标准溶液 2.50 mL,加 3 mL 6 mol $\cdot mL^{-1}$ HNO_3 溶液,然后用去离子水稀释至刻度,摇匀。此溶液中 Cu^{2+}、Pb^{2+}、Zn^{2+} 的浓度为 1.0 $\mu g \cdot mL^{-1}$。

3. 试样溶液的制备

用不锈钢剪刀从后枕部剪取距头皮 2 cm 左右的头发试样,将其剪成长约 1 cm 的发段,用洗发香波洗涤,再用自来水清洗多次,将其移入布氏漏斗,用 1 L 去离子水淋洗,于 110 ℃ 下烘干。准确称取试样 0.3 g 左右,置于石英坩埚内,加 5 mL 浓 HNO_3 和 0.5 mL H_2O_2,放置数小时,在电热板上加热,稍冷后滴加 H_2O_2,加热至近干,再加少量浓 HNO_3 和 H_2O_2,加热至溶液澄清,浓缩至 1~2 mL,加少许去离子水稀释,转移至 25 mL 容量瓶中,用去离子水稀释至刻度,摇匀,待测定。

4. 测定

将配制的 1.00 $\mu g \cdot mL^{-1}$ 和 10.0 $\mu g \cdot mL^{-1}$ Cu^{2+}、Pb^{2+}、Zn^{2+} 标准溶液和试样溶液上机测试。

5. 测试参考条件

(1) 分析线波长:Cu 324.754 nm,Pb 216.999 nm,Zn 213.856 nm。

(2) 冷却气流量:12 L $\cdot min^{-1}$。

(3) 载气流量:0.3 L $\cdot min^{-1}$。

(4) 护套气流量:0.2 L $\cdot min^{-1}$。

【数据记录及处理】

(1) 记录实验条件。

(2) 自己设计表格,对数据进行处理。计算发样中铜、铅、锌含量($\mu g \cdot g^{-1}$)。

【注意事项】

(1) 严格按照仪器使用规定正确使用仪器,防止因错误操作造成仪器损坏。

(2) 溶样过程中加 H_2O_2 时,要将试样稍冷却,加入时要缓慢,以免 H_2O_2 剧烈分解,将试样溅出。

(3) 样品溶液若不清澈透明,应用滤纸过滤。

【思考与讨论】

(1) 人发样品为何通常用湿法进行处理? 若使用干法处理,会有什么问题?

(2) 通过实验,你体会到 ICP-AES 分析法有哪些优点?

第六章 原子吸收与原子荧光光谱法

第一节 原子吸收与原子荧光光谱法概述

一、原子吸收光谱法

原子吸收光谱法(atomic absorption spectrometry,AAS)基于以下工作原理:由待测元素空心阴极灯发射出一定强度和一定波长的特征谱线的光,当它通过含有待测元素基态原子的蒸气时,其中部分特征谱线的光被吸收,而未被吸收的特征谱线的光经单色器分光后,照射到光电检测器上被检测,根据该特征谱线光强减弱的程度,即可测得试样中待测元素的含量。依据试样中待测元素转化为基态原子的方式不同,原子吸收光谱法可分为火焰原子吸收光谱法、非火焰原子吸收光谱法、氢化物原子吸收光谱法和冷原子吸收光谱法。

利用火焰的热能,使试样中待测元素转化为基态原子的方法,称为火焰原子吸收光谱法。常用的火焰为空气-乙炔火焰,其绝对分析灵敏度可达 10^{-9} g,可用于常见的 30 多种元素的分析,是应用最广泛的分析方法。

利用电能转变的热能,使试样中待测元素转化为基态原子的方法,称为非火焰原子吸收光谱法。常用的有石墨炉和碳棒,其绝对灵敏度为 10^{-14} g,可用于高温元素(难挥发性元素及易形成难熔氧化物的元素)和复杂试样的分析。

利用化学反应,将待测元素转变为氢化物,并由惰性气体将该氢化物送入加热的吸收管中转化成基态原子的方法,称为氢化物原子吸收光谱法。常用的氢化物发生体系为 $NaBH_4$-HCl 系统和氮气,其绝对分析灵敏度为 $10^{-10} \sim 10^{-9}$ g,可用于砷、锑、铋、锗、硒、碲和铅的分析。这些氢化物都具有毒性,工作中应特别注意通风与安全。

冷原子吸收光谱法是一种低温原子化技术,仅限于汞(包括无机汞和有机汞)的分析。

原子吸收分析是测量峰值吸收,需要能发射出共振线的锐线光作光源,待测元素的空心阴极灯能满足这一要求。例如测定试液中镁时,可用镁元素空心阴极灯作光源,这种元素灯能发射出镁元素各种波长的特征谱线的锐线光(通常选用其中的 Mg 285.21 nm 共振线)。特征谱线被吸收的程度可用朗伯-比尔定律表示:

$$A = \lg \frac{I_0}{I_t} = K N_0 L$$

式中:A——吸光度;

I_0、I_t——锐线光源入射光、透射光的强度;

K——吸光系数;

L——原子蒸气厚度,在实验中为一定值;

N_0——待测元素的基态原子数。

由于在实验条件下待测元素原子蒸气中基态原子的分布占绝对优势,因此可用 N_0 代表吸收层中原子总数。当试样溶液原子化效率一定时,待测元素在吸收层中的原子总数与试样溶液中待测元素的浓度 c 成正比,因此上式可写成

$$A = K' c$$

式中,K' 在一定条件下是一常数,因此吸光度与浓度成正比,可借此进行定量分析。

原子吸收光谱法具有快速、灵敏、准确、选择性好、干扰少和操作简便等优点,目前已得到广泛应用,可对 70 多种金属元素进行分析。其不足之处是测定不同元素时,需要更换相应的元素空心阴极灯,给试样中多元素的同时测定带来不便。

二、原子荧光光谱法

原子荧光光谱法(atomic fluorescence spectrometry, AFS)是通过测量待测元素的原子蒸气在辐射能激发下产生的荧光强度,来确定待测元素含量的方法。

气态自由原子吸收特征波长辐射后,原子的外层电子从基态或低能级跃迁到高能级,经过约 10^{-8} s,又跃迁至基态或低能级,同时发射出与原激发光波长相同或不同的辐射,成为原子荧光。原子荧光分为共振荧光、直跃荧光、阶跃荧光等。

发射的荧光强度和原子化器中单位体积该元素基态原子数成正比,即

$$I_F = \varphi I_0 A \varepsilon L N_0$$

式中:I_F——荧光强度;

φ——荧光量子效率,表示单位时间内发射荧光光子数与吸收激发光光子数的比值,一般小于1;

I_0——激发光强度;

A——荧光照射在检测器上的有效面积;

L——吸收光程;

ε——峰值摩尔吸光系数;

N_0——单位体积内的待测元素基态原子数。

在一定条件下,φ、I_0、A、ε、L 都是常数,因此上式可表示为

$$I_F = K N_0$$

当试样溶液原子化效率一定时,待测元素在吸收层中的原子总数与试样溶液中待测元素的浓度 c 成正比,因此上式又可表示为

$$I_F = K'c$$

原子荧光光谱法就是据此进行定量分析的。

原子荧光光谱法虽是一种发射光谱法,但它和原子吸收光谱法密切相关,兼有原子发射和原子吸收两种分析方法的优点,又克服了两种方法的不足。原子荧光光谱法具有发射谱线简单、灵敏度高于原子吸收光谱法、线性范围较宽、干扰少的特点,能进行多元素同时测定。

第二节　原子吸收与原子荧光光谱法实验项目

实验 6-1　火焰原子吸收光谱分析中实验条件的选择(基础性实验)

【目的要求】

(1) 了解原子吸收分光光度计的结构及各部件的作用。

(2) 初步掌握原子吸收光谱分析的基础实验技术。

(3) 掌握原子吸收光谱分析中影响测量结果的因素及实验条件的选择方法。

【基本原理和技能】

在原子吸收光谱分析测定时,仪器工作条件不仅直接影响测定的灵敏度和精密度,而且影响对干扰的消除,尤其是对谱线重叠干扰的消除。原子吸收光谱分析中的主要实验条件包括吸收分析线波长、灯电流、燃烧器高度、燃气和助燃气流量比、单色器的光谱通带、火焰类型和载气流速。

本实验通过对原子吸收光谱法测定水溶液中铜时最佳实验条件的选择,如灯电流、燃烧器高度、燃气和助燃气流量比、单色器的光谱通带,确定这些条件的最佳值。

1. 灯电流

空心阴极灯的工作电流直接影响光源发射的光强度。工作电流低时,所发射的谱线轮廓宽度小,且无自吸收,光强度稳定,利于气态原子的吸收,但光强度较弱,测量灵敏度偏低;灯电流过高时,谱线轮廓变宽,标准曲线或工作曲线发生弯曲,灵敏度也降低,分析结果误差较大,而且还会缩短空心阴极灯的寿命。因此,必须选择适合的灯电流。

2. 燃烧器高度

燃烧器高度影响测定的灵敏度、稳定性和原子化器中产生干扰的程度。火焰中基态原子的浓度是不均匀的,因此,可以上下调节燃烧器的位置,选择合适的高度,使光源光束通过火焰中基态原子浓度最大的区域。

3. 燃气和助燃气流量比

火焰的燃烧状态主要取决于燃气和助燃气的种类及流量比。当燃气和助燃气的种类相同时，其流量比决定火焰是属于富燃、贫燃还是化学计量性火焰状态，即决定火焰的氧化还原性能，进而决定火焰的温度。因此，直接影响试液的原子化效率。

通常固定助燃气流量，改变燃气流量，测定吸光度。也可以固定燃气流量，改变助燃气流量。通过观察火焰的颜色，可确定火焰的性质。

4. 单色器的光谱通带

在原子吸收分光光度计中，单色器的光谱通带是指通过单色器出射狭缝的光谱宽度，等于单色器的倒线色散率与出射狭缝宽度的乘积。因此，对于一定的单色器，出射狭缝宽度决定了它的光谱通带。在原子吸收光谱测量中，狭缝宽度直接影响分析的灵敏度、信噪比和标准曲线或工作曲线的线性。所以单色器的光谱通带是光谱分析中的一个重要参数。

过小的光谱通带会使光强度减弱，从而降低信噪比和测定的稳定性；狭缝较宽时，能增加进入检测器的光量，使检测系统不需要太高的增益，而有效地提高信噪比。但狭缝宽度大时光谱通带增大，这时如果在共振线附近有其他非吸收线的发射或背景发射，则这些辐射不被火焰中的气态原子吸收，使得吸收值相对减小，标准曲线或工作曲线向浓度轴弯曲，就会使灵敏度下降。所以，必须选择合适的狭缝宽度。对于一般元素，光谱通带通常为 $0.2\sim4.0$ nm，这时可将共振线和非共振线分开。对谱线复杂的元素，如 Fe、Co、Ni 等，就需要采用小于 0.2 nm 的光谱通带。实际工作中，必须通过实验选择待测元素的最佳光谱通带。

5. 雾化效率

雾化效率高可以提高测定灵敏度。雾化效率与喷雾器类型有关，可通过单位时间内试样提取及废液排出的体积差进行估算。

技能目标是能掌握原子吸收光谱分析中实验条件的选择方法。

【仪器和试剂】

1. 仪器

具有偏振塞曼校正功能的原子吸收分光光度计、铜空心阴极灯、比色管或容量瓶。

2. 试剂

铜标准溶液（$50~\mu g \cdot mL^{-1}$）、盐酸（分析纯）。

【操作步骤】

1. 仪器工作条件的设置

(1)灯电流：5 mA、7.5 mA、10 mA、13 mA。

（2）燃烧器高度：0.8 cm、1.0 cm、1.5 cm。

（3）燃气与助燃气流量比：0.20/1.6、0.25/1.6、0.3/1.6。

（4）狭缝宽度：0.2 nm、0.4 nm、1.2 nm。

（5）火焰类型：空气-乙炔火焰。

2. 系列标准溶液的配制

配制 0 $\mu g \cdot mL^{-1}$、0.250 $\mu g \cdot mL^{-1}$、0.500 $\mu g \cdot mL^{-1}$、0.750 $\mu g \cdot mL^{-1}$、1.000 $\mu g \cdot mL^{-1}$铜的标准溶液。

3. 初选工作条件

初选工作条件如下：铜的分析线波长 324.7 nm；灯电流 7.5 mA；燃烧器高度 1.0 cm；狭缝宽度 1.2 nm；燃气与助燃气流量比 0.25/1.6；火焰为空气-乙炔火焰。

开启仪器，按上述工作条件设置参数。

4. 测量

在初选的工作条件下，按由 0 $\mu g \cdot mL^{-1}$ 至 1.000 $\mu g \cdot mL^{-1}$的顺序依次测量铜的标准溶液，记下吸光度。按操作步骤 1 中设置的灯电流大小，依次改变灯电流，在其他四种工作条件不变的情况下，依次进行测量，记录吸光度。分别绘制不同灯电流时测得的吸光度标准曲线，最大吸光度值所对应的灯电流数值即为最佳灯电流。燃烧器高度、燃气与助燃气流量比和狭缝宽度也按上述办法选择最佳工作条件。

【数据记录及处理】

（1）根据实验数据列出原子吸收光谱法测定铜的最佳实验条件。

① 灯电流_____；　　　　② 燃烧器高度_____；

③ 燃气与助燃气流量比_____；　　④ 狭缝宽度_____；

（2）计算所测定的雾化效率。

【注意事项】

（1）产生火焰时先通入助燃气再通入燃气，熄灭火焰时先关闭燃气阀，让管道中的燃气燃尽。

（2）关闭仪器时，先关闭空心阴极灯再关仪器主电源，以免关机时的冲击电流导致空心阴极灯烧坏。

【思考与讨论】

（1）在原子吸收光谱分析中，影响分析结果的因素有哪些？

（2）怎样选择仪器最佳实验条件？

实验 6-2　　火焰原子吸收光谱法测定人发中微量锌含量
——标准曲线法（综合性选做实验）

【目的要求】

（1）熟悉用原子吸收光谱法进行定量分析的方法。

（2）学习样品的湿式消化技术。

（3）熟悉原子吸收分光光度计的使用方法。

【基本原理与技能】

人发中微量元素的含量可以反映人体的生理状况以及所处环境对人体生命活动的影响，为进行病理分析、临床诊断和环境污染监测提供科学依据。正常人头发中锌含量为 $100\sim400$ mg·kg^{-1}。

头发中微量元素的测定，通常用火焰原子吸收光谱法，样品处理一般用湿式消化法。当条件一定时，原子吸收光谱法的定量依据是吸光度与溶液浓度成正比例关系。人发处理成溶液后，溶液对锌特征谱线的吸光度与其中锌含量呈线性关系，可用标准曲线法测定人发中锌的含量。

本实验在温度较低、可调的箱式干燥箱中，聚四氟乙烯消化罐内以硝酸和 30% 过氧化氢消解头发样品，用火焰原子吸收光谱法测定头发中锌含量。避免使用传统消解方法所用的电炉、电热板等加热设备剧烈加热造成的样品损失。

技能目标是能用火焰原子吸收光谱法准确测定人发中微量锌含量。

【仪器与试剂】

1. 仪器

原子吸收分光光度计、锌空心阴极灯、不锈钢剪刀、容量瓶（25 mL）、吸量管（5 mL、10 mL）、干燥箱（最高工作温度为 300 ℃）、聚四氟乙烯消化罐（25 mL）、电子分析天平。

2. 试剂

（1）浓硝酸（GR）、30% 过氧化氢（AR）、3% 洗洁精、无水乙醇。

（2）锌元素标准储备液（$1\,000$ μg·mL^{-1}）：直接购买国家标准物质研究中心的产品，标准值为 $1\,000$ μg·mL^{-1}；也可自己配制（溶解 1.000 g 纯金属锌于少量盐酸（1+1）中，然后用盐酸（1+99）定容至 1 L）。

（3）锌元素标准应用液：使用时用上述锌元素标准储备液以 HNO$_3$ 溶液（1%）稀释至 100 μg·mL^{-1}，再用 HNO$_3$ 溶液（1%）稀释至 10 μg·mL^{-1}。

【操作步骤】

1. 样品处理

用不锈钢剪刀剪取受检者后枕部距头皮 2 cm 左右的头发约 0.5 g,剪碎至 1 cm 左右,置于烧杯中,用 3% 洗洁精浸泡约 10 min,揉搓头发,洗净,弃去洗液,用分析用纯水(或蒸馏水)冲洗数次,再重复一次用洗洁精浸泡洗涤过程,用蒸馏水冲洗多次,直至无洗涤剂残留,沥干后,放在无水乙醇中浸泡 2 min,捞出,让乙醇挥发干净,置于小烧杯中,在 80 ℃ 干燥箱中干燥 0.5 h。用电子分析天平准确称取发样 0.2~0.3 g,置于聚四氟乙烯消化罐中,加浓硝酸 1.0 mL 和过氧化氢 4.0 mL,盖好盖,置于干燥箱中,升温至 120 ℃,保持恒温 1.5 h,取出消化罐冷却至室温,将消化液移至 25 mL 容量瓶中,用水少量多次清洗消化罐,洗液并入容量瓶,定容,摇匀备用,同时做试剂空白。

2. 系列标准溶液的配制

在 8 只 25 mL 容量瓶中分别加入 0 mL(空白)、0.50 mL、1.00 mL、1.50 mL、2.00 mL、2.50 mL、5.00 mL、7.50 mL 的 10 μg · mL^{-1} 锌元素标准应用液,稀释成 0.2~3.0 μg · mL^{-1} 范围锌系列标准溶液,各标准溶液均用 HNO$_3$ 溶液(1%)稀释、定容后摇匀。

3. 测量

原子吸收分光光度计测定条件(由于仪器原因,此条件仅供参考)如下:测定波长为 213.9 nm,空心阴极灯的灯电流为 3 mA,光谱带宽为 0.2 nm,燃助比为 1∶4。

用空白即 HNO$_3$ 溶液(1%)调整仪器的吸光度为 0,按由稀到浓的次序在原子吸收分光光度计上测量锌系列标准溶液的吸光度,最后测定样品溶液的吸光度。

【数据记录及处理】

(1) 将实验数据填写在表 6-2-1 中。

表 6-2-1　标准曲线测定数据

标样号	1	2	3	4	5	6	7	8
标样浓度/(μg · mL^{-1})								
吸光度								
回归方程								
斜率			截距			相关系数 r^2		

(2) 用锌系列标准溶液的浓度和吸光度绘制标准曲线。

(3) 由待测样品的吸光度,依据上述标准曲线,求人发中微量元素锌的含量。

（4）根据测定结果进行判断。由正常人发锌含量范围，判断提供发样的人是否缺锌或者生活在锌污染区中？（由于是初学者，上述判断仅供参考）

【注意事项】

（1）乙炔是易燃、易爆气体，必须严格按操作规程进行实验。

（2）测定时可进行一定倍数稀释，使样品浓度在标准曲线范围内。

（3）以干燥箱为加热设备可进行温度的控制，具有升温速度平缓、均匀的特点，一般 15～20 min 至恒温，让样品与消化剂缓慢作用一定时间，并且恒温时温度较低，这样可以确保不因消化反应剧烈而造成样品损失。

（4）须用坩埚钳从马弗炉取出和放入试样；硝酸和过氧化氢是强氧化剂，使用时要特别小心。

【思考与讨论】

（1）原子吸收光谱法中，吸光度与样品浓度之间具有什么样的关系？当浓度较高时，一般会出现什么情况？

（2）测人发中的锌具有什么实际意义？

实验 6-3　石墨炉原子吸收光谱法测定血清中铅含量
——标准曲线法（综合性选做实验）

【目的要求】

（1）了解石墨炉原子吸收光谱法的原理及特点。

（2）学习石墨炉原子吸收分光光度计的操作技术。

（3）熟悉石墨炉原子吸收光谱法的应用。

【基本原理与技能】

石墨炉原子吸收光谱法克服了火焰原子吸收光谱法雾化及原子化效率低的缺陷，其绝对灵敏度比火焰法高几个数量级，最低可测至 10^{-14} g，样品用量少，还可直接进行固体样品的测定。但该法仪器较复杂，背景吸收干扰较大。

石墨炉原子吸收光谱法原子化过程可分为如下几步。

（1）样品干燥。先通小电流，在稍高于溶剂沸点的温度下蒸发溶剂，把样品转化成干燥的固体。

（2）灰化，把有机物分解。把样品中复杂的物质分解为简单的化合物或把样品中易挥发的无机基体蒸发，以减小因分子吸收而引起的背景干扰。

（3）原子化。把样品分解为基态原子。

（4）净化。在下一个样品测定前提高石墨炉的温度，高温除去遗留下来的样品，以消除"记忆效应"。

血液样品用基体改进剂（$PdCl_2$/Triton-100/HNO_3）稀释后直接注入石墨管中，通过程序升温将样品灰化及原子化。在 283.3 nm 波长下测定铅基态原子蒸气的吸光度，在一定条件下，其吸光度与溶液中铅的浓度成正比，即 $A = Kc$，据此进行定量分析。

下面以岛津 AAS-6800 型原子吸收分光光度计为例，说明石墨炉原子吸收光谱法实验条件（见表 6-2-2 和表 6-2-3）。若使用其他型号仪器，实验条件应根据具体仪器而定。

表 6-2-2　光学参数

项目	设置内容	项目	设置内容
吸收线波长 λ/nm	283.3	管内载气流量 $Q_内$/(L·min^{-1})	0.5
空心阴极灯电流 I/mA	10	管外载气流量 $Q_外$/(L·min^{-1})	0.5
狭缝宽度 d/mm	0.2	载气	Ar
进样量 V/μL	10	背景校正	氘灯

表 6-2-3　石墨炉程序

阶段	温度	时间/s	加热方式	灵敏度	气体类型
1	100	10	RAMP	—	♯1
2	150	7	RAMP	—	♯1
3	500	5	RAMP	—	♯1
4	500	5	STEP		♯1
5	500	2	STEP	√	♯1
6	1 600	2	STEP	√	♯1
7	2 000	2	STEP	—	♯1

注：RAMP 为斜坡式，STEP 为阶梯式。

技能目标是能用石墨炉原子吸收光谱法准确测定血清中铅含量。

【仪器与试剂】

1. 仪器

石墨炉原子吸收分光光度计、石墨炉自动进样器、铅空心阴极灯、全热解石墨管、氩气钢瓶、具盖聚乙烯离心管(1.5 mL)、容量瓶、微量移液器。

2. 试剂

(1) 浓硝酸(GR)、氯化钯(AR)、硝酸溶液(3+97)、去离子水。

(2) 基体改进剂:0.05%$PdCl_2$/0.5%Triton-100/0.1%HNO_3混合溶液。

(3) 0.4 $\mu g \cdot mL^{-1}$铅标准溶液:购得 1 000 $\mu g \cdot mL^{-1}$铅标准储备液(国家标准物质中心),临用时用硝酸溶液(1+99)逐级稀释成 10 $\mu g \cdot mL^{-1}$铅标准溶液,最后用基体改进剂稀释成 0.4 $\mu g \cdot mL^{-1}$铅标准溶液。

【操作步骤】

1. 样品处理

用微量移液器抽取经肝素抗凝的血样 40 μL,置于盛有 0.36 mL 改进剂的 1.5 mL 具盖聚乙烯离心管中,充分振摇,混合均匀。

2. 仪器工作条件

波长 283.3 nm,灯电流 13 mA,狭缝宽 0.4 nm,氘灯背景校正,氩气流量 0.6 L $\cdot min^{-1}$,进样体积 10 μL,读数方式为峰高。

石墨炉程序升温工作条件:干燥 1 为 90 ℃,20 s;干燥 2 为 120 ℃,20 s;干燥 3 为 25 ℃,15 s;灰化为 800 ℃,25 s;原子化为 2 300 ℃(停气),3 s;清洗为 2 400 ℃,2 s。

3. 铅标准曲线的绘制

在 6 只具盖聚乙烯离心管中,分别准确加入 0 mL、0.010 mL、0.020 mL、0.030 mL、0.040 mL、0.050 mL 铅标准溶液(0.4 $\mu g \cdot mL^{-1}$),基体改进剂 0.36 mL、0.35 mL、0.34 mL、0.33 mL、0.32 mL、0.31 mL,正常人血各 0.40 mL,混合均匀,得系列标准溶液,在系列标准溶液中铅的浓度分别为 0 $\mu g \cdot L^{-1}$、10.0 $\mu g \cdot L^{-1}$、20.0 $\mu g \cdot L^{-1}$、30.0 $\mu g \cdot L^{-1}$、40.0 $\mu g \cdot L^{-1}$、50.0 $\mu g \cdot L^{-1}$。按照设定好的仪器条件依次测定吸光度,以 2~5 号离心管的吸光度减去 1 号离心管的吸光度为纵坐标,以铅的浓度($\mu g \cdot L^{-1}$)为横坐标,绘制标准曲线,数据记录在表 6-2-4 中。

表 6-2-4   标准溶液吸光度

$C_{Pb}/(\mu g \cdot L^{-1})$	0	10.0	20.0	30.0	40.0	50.0
A						

4. 样品的测定

在相同的实验条件下,测定样品溶液和试剂空白溶液(0.04 mL 去离子水加入 0.36 mL 基体改进剂中)的吸光度,将样品溶液的吸光度减去试剂空白溶液的吸光度后,由标准曲线求得铅浓度。

【数据记录及处理】

（1）记录实验条件。

（2）按下式计算血液中铅浓度：

$$C_x = CF$$

式中：C_x——血液中铅的浓度，$\mu g \cdot L^{-1}$；

　　　C——由标准曲线求得稀释血样中铅的浓度，$\mu g \cdot L^{-1}$；

　　　F——血液稀释倍数，本法为 10。

【注意事项】

（1）待稳压电源灯亮后，再开主机开关；实验结束时，先关主机，再关稳压电源。

（2）先开载气、循环水，再开石墨炉电源控制系统开关。

（3）进样器不能触到石墨管底部，以免被污染。

（4）铅容易进入玻璃中，加酸可以防止吸收损失。

（5）石墨炉法测铅时读数的重复性较差，可适当增加重复测定次数（3～5），取其平均值。

【思考与讨论】

（1）与火焰原子吸收光谱法相比，石墨炉原子吸收光谱法的主要优点是什么？

（2）在实验中通 Ar 的作用是什么？为什么要用 Ar？

（3）简述石墨炉原子吸收光谱法的基本过程及各阶段的目的。

实验 6-4　火焰原子吸收光谱法测定自来水中钙、镁的含量（综合性选做实验）

【目的要求】

（1）学习原子吸收光谱法的基本原理。

（2）熟悉原子吸收分光光度计的基本构造及使用方法。

（3）掌握标准加入法测定地下水中钙、镁离子的浓度。

【基本原理与技能】

原子吸收光谱法基于以下工作原理：由待测元素空心阴极灯发射出一定波长和一定强度的特征谱线的光，当它通过含有待测元素基态原子的蒸气时，其中部分特征谱线的光被吸收，而未被吸收的特征谱线的光经单色器分光后，照射到光电检测器上被检测，根据该特征谱线被吸收的程度，即可测定试样中待测元素的含量。

在使用锐线光源的条件下,基态原子蒸气对共振线的吸收符合朗伯-比尔定律,即

$$A=\lg(I_0/I_t)=KLN_0$$

式中:A——吸光度;

   I_0、I_t——入射光、透射光的强度;

   K——吸光系数;

   L——吸收层厚度;

   N_0——待测元素的基态原子数。

由于在实验条件下待测元素原子蒸气中的基态原子的分布占绝对优势,因此可用 N_0 代表吸收层中的原子总数。当试液原子化效率一定时,待测元素的原子总数与该元素在试样中的浓度成正比,则

$$A=K'C$$

式中,K' 在一定实验条件下为一常数,因此吸光度与浓度成正比,可据此进行定量分析。用 A-C 标准曲线法或标准加入法,可以计算出待测元素的含量。

由于地下水试样中基体成分比较复杂,配制的标准溶液与试样组成存在较大差别,因此本实验采用标准加入法进行定量。该法是在数只容量瓶中加入等量的试样,然后分别加入不等量(倍增)的标准溶液,用适当溶剂稀释至一定体积后,依次测出它们的吸光度,以加入标准溶液的浓度为横坐标,吸光度为纵坐标,绘制标准加入曲线。

在盐酸介质中,钙与镁可在同一溶液中测定。将水样导入空气-乙炔火焰中原子化时,硅酸盐、磷酸盐、硫酸盐等因能与钙或镁形成不易解离的化合物,影响钙或镁的原子化。加入锶盐作为释放剂,可消除其化学干扰,但过量的锶盐会使钙的吸光度下降。因此,应控制锶盐的加入量,并使试液中的锶盐量与系列标准溶液保持一致。

在本实验条件下,含钙 2.5 mg · L^{-1}、镁 0.25 mg · L^{-1} 的试样中,分别共存下列含量的元素(或离子、物质)不影响钙或镁的测定:K、Na,1 000 mg · L^{-1};Fe、Al、SO_4^{2-}、Li、NH_4^+、Cl^-,100 mg · L^{-1};Cu、Pb、Zn、Cd、Cr、Mn、Mo、PO_4^{3-}、SiO_2,10 mg · L^{-1};Ba,50 mg · L^{-1};F,40 mg · L^{-1};B,35 mg · L^{-1}。

另外,100 mg · L^{-1} 钙对测定 0.25 mg · L^{-1} 镁、100 mg · L^{-1} 镁对测定 2.5 mg · L^{-1} 钙均无影响。

技能目标是能用原子吸收光谱法准确测定地下水中钙、镁离子的浓度。

【仪器与试剂】

1. 仪器

原子吸收分光光度计,钙、镁空心阴极灯,容量瓶(50 mL、1 000 mL),吸量管(5 mL),烧杯(200 mL)。

2. 试剂

除非另有说明,本实验所用试剂均为分析纯,溶剂水为二次去离子水。

（1）100 $\mu g \cdot mL^{-1}$ 镁标准储备液：准确称取 0.165 8 g 预先在 800 ℃灼烧 1 h 并在干燥器中冷却的氧化镁，置于 200 mL 烧杯中，加入 10 mL 去离子水，再加入盐酸（1＋1）22～25 mL，将溶液微热使氧化镁完全溶解，待溶液冷却后移入 1 000 mL 容量瓶中，用去离子水稀释至刻度，摇匀。

（2）1 000 $\mu g \cdot mL^{-1}$ 钙标准储备液：准确称取 2.497 1 g 预先在 110～120 ℃干燥至恒重的碳酸钙，置于 250 mL 烧杯中，加入 20 mL 去离子水，盖上表面皿，然后从烧杯嘴分次缓慢加入盐酸（1＋1）28～30 mL，使碳酸钙完全溶解。将溶液煮沸除去二氧化碳，取下冷却，移入 1 000 mL 容量瓶，用去离子水稀释至刻度，摇匀。

（3）钙、镁混合标准应用液：取钙标准储备液（1 000 $\mu g \cdot mL^{-1}$）与镁标准储备液（100 $\mu g \cdot mL^{-1}$）等体积混合，此溶液 1.00 mL 含 0.50 mg 钙和 0.05 mg 镁。

（4）氯化锶溶液（200 $mg \cdot mL^{-1}$）：称取 200 g $SrCl_2 \cdot 6H_2O$，溶于 1 000 mL 蒸馏水。

（5）待测地下水样。

【操作步骤】

（1）地下水试样的采集与预处理。

地下水样按照采样要求采集后需在硬质玻璃瓶或聚乙烯塑料瓶中保存，采样量不能少于 100 mL，分析前用 0.45 μm 微孔滤膜进行过滤，防止细小微粒堵塞进样管。过滤好的水样应尽快送到实验室，且必须在 10 d 内分析完毕。

（2）分析工作条件设定。

默认仪器给定参数值，没有特殊要求不重新设定，见表 6-2-5。

表 6-2-5　工作条件

项目	吸收线波长/nm	空心阴极灯电流/mA	狭缝宽度/nm	原子化器高度/mm	乙炔流量/（L·min⁻¹）	空气流量/（L·min⁻¹）
Ca	422.7	10	0.7	7	15.0	2.0
Mg	285.2	8	0.7	7	15.0	1.8

（3）系列溶液的制备、测定（标准加入法）。

取 10 只干净的 50 mL 容量瓶，编号 1～10，在上述编好号的容量瓶中分别准确加入 5.00 mL 预处理后的地下水样，然后分别加入 2.50 mL 200 $mg \cdot mL^{-1}$ 氯化锶溶液、0.50 mL 盐酸（1＋3）。按照表 6-2-6 要求加入钙、镁混合标准应用液，最后用去离子水定容到 50 mL，摇匀备用。

在钙和镁各自最佳工作条件下，分别用去离子水喷洗原子化系统，并用去离子水作为空白校零，然后由稀至浓逐个测定系列溶液中钙离子的吸光度和镁离子的吸光度，测定值记录在表 6-2-6 中。

表 6-2-6　系列溶液制备及测定

编号	1	2	3	4	5	6	7	8	9	10
钙、镁混合标准应用液 加入体积/mL	0	0.50	1.00	1.50	2.00	2.50	3.00	3.50	4.00	4.50
$C_{Ca}/(mg \cdot L^{-1})$	0									
A_{Ca}										
$C_{Mg}/(mg \cdot L^{-1})$	0									
A_{Mg}										

(4) 实验结束后,用去离子水喷洗原子化系统 2 min,再关机。关机时先关闭乙炔钢瓶与空气压缩机,再关主机,最后关闭计算机。

【数据记录及处理】

(1) 根据钙离子或镁离子加入浓度与其吸光度分别绘制标准加入曲线。

(2) 根据标准加入曲线计算地下水样中钙离子和镁离子浓度。

① 地下水样中钙离子浓度_____。

② 地下水样中镁离子浓度_____。

【注意事项】

(1) 乙炔为易燃易爆气体,必须严格按照操作规程工作。在点燃乙炔前,应先开空气,后开乙炔气;结束或暂停实验时,应先关乙炔气,后关空气。

(2) 乙炔钢瓶的工作压力一定要控制在规定的范围内,不得超压工作。切记此点,保障安全。

【思考与讨论】

(1) 为什么选用标准加入法测定地下水中钙离子或镁离子?

(2) 为什么在制备系列溶液时要加入氯化锶溶液?

实验 6-5　火焰原子吸收标准加入法测定黄酒中铜和镉含量(综合性选做实验)

【目的要求】

(1) 学习使用标准加入法进行定量分析。

(2) 掌握黄酒中有机物质的消化方法。

(3) 熟悉原子吸收分光光度计的基本操作。

【基本原理与技能】

标准加入法是仪器分析实验中常用的定量方法,当试样组成复杂、待测元素含量低时,采用标准加入法可以进行准确定量分析。其测定原理如下:取等量待测样品 n 份于相同容量瓶中,将待测标准样按 $0,c,2c,\cdots,(n-1)c$ 分别加入容量瓶中,加溶剂至刻度,配制好后分别测定其吸光度,并绘制吸光度-浓度工作曲线。延长工作曲线交于浓度轴,其交点 C_x 即为待测样浓度(如图 6-2-1 所示),再根据取样量计算黄酒中铜、镉的含量。

$$A_x = K'C_x, \quad A_s = K'(C_x + C_s)$$

技能目标是能用原子吸收标准加入法准确测定黄酒中铜和镉含量。

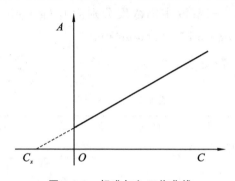

图 6-2-1 标准加入工作曲线

【仪器与试剂】

1. 仪器

原子吸收分光光度计,铜、镉空心阴极灯;容量瓶(100 mL、150 mL);高筒烧杯(250 mL);量筒;吸量管。

2. 试剂

(1)铜标准应用液(0.2 mg·mL^{-1})。

(2)镉标准应用液(10 μg·mL^{-1})。

(3)浓硫酸、浓硝酸。

【操作步骤】

1. 试样处理

量取 100 mL 黄酒试样,置于 250 mL 高筒烧杯中,加热蒸发至浆液状,慢慢加入 10 mL 浓硫酸,并搅拌,加热消化。若一次消化不完全,可再加入 20 mL 浓硫酸继续消化,然后加入10 mL 浓硝酸,加热。若溶液呈黑色,再加入 5 mL 浓硝酸,继续加热。

如此反复,直至溶液呈淡黄色,此时黄酒中的有机物质全部被消化,将消化液转移到 150 mL 容量瓶中,并用去离子水稀释至刻度,摇匀备用。

2. 系列标准溶液的配制

(1)铜系列标准溶液。取 5 只 100 mL 容量瓶,各加入 10 mL 上述黄酒消化液,然后分别加入 0 mL、1.00 mL、2.00 mL、3.00 mL、4.00 mL 铜标准应用液,再用水稀释至刻度,摇匀,该系列溶液中铜浓度分别为 0 $\mu g \cdot mL^{-1}$、2.00 $\mu g \cdot mL^{-1}$、4.00 $\mu g \cdot mL^{-1}$、6.00 $\mu g \cdot mL^{-1}$、8.00 $\mu g \cdot mL^{-1}$。

(2)镉系列标准溶液。取 5 只 100 mL 容量瓶,各加入 10 mL 上述黄酒消化液,然后分别加入 0 mL、2.00 mL、3.00 mL、4.00 mL、6.00 mL 镉标准应用液,再用水稀释至刻度,摇匀,该系列溶液中镉浓度分别为 0 $\mu g \cdot mL^{-1}$、0.20 $\mu g \cdot mL^{-1}$、0.30 $\mu g \cdot mL^{-1}$、0.40 $\mu g \cdot mL^{-1}$、0.60 $\mu g \cdot mL^{-1}$。

3. 工作条件的设置(见表 6-2-7)

表 6-2-7　工作条件

项目	吸收线波长/nm	空心阴极灯电流/mA	狭缝宽度/nm	原子化器高度/mm	乙炔流量/($L \cdot min^{-1}$)	空气流量/($L \cdot min^{-1}$)
Cu	324.8	10	0.2	5	15.0	2.0
Cd	224.8	8	0.2	5	15.0	1.8

根据实验条件,将原子吸收分光光度计按仪器的操作步骤进行调节,待仪器系统稳定时即可进样,测定铜、镉系列标准溶液的吸光度。

【数据记录及处理】

将铜、镉系列标准溶液的吸光度记录在表 6-2-8 中,然后以吸光度为纵坐标,铜、镉系列标准溶液的浓度为横坐标,绘制铜、镉标准加入工作曲线。

表 6-2-8　铜、镉系列标准溶液吸光度

试液	试液 1	试液 2	试液 3	试液 4	试液 5
A_{Cu}					
A_{Cd}					

延长铜、镉标准加入工作曲线与浓度轴相交,根据交点求得的含量分别换算为黄酒消化液中铜、镉的浓度($\mu g \cdot mL^{-1}$)。根据黄酒试液被稀释情况,计算黄酒中铜、镉的含量。

【注意事项】

用酸将样品消解的目的是消化黄酒中的有机物,要消解完全,此时溶液显示透明的浅黄色。

【思考与讨论】

原子吸收光度法一般要求吸光度的范围是多少? 如果此实验吸光度值过小或过大,分别应该怎么处理?

实验 6-6　流动注射氢化物原子吸收光谱法测定
血清中硒含量(综合性选做实验)

【目的要求】

(1) 掌握流动注射分析常规方法的原理和应用。

(2) 掌握氢化物原子吸收光谱法的特点和适用范围。

(3) 通过实验设计,提高创新意识和实践应用能力。

【基本原理与技能】

原子吸收光谱法作为分析化学领域应用最为广泛的定量分析方法之一,是测量物质所产生的蒸气中原子对电磁辐射的吸收强度的一种仪器分析方法。原子化系统在整个原子吸收光谱装置中具有至关重要的作用。对某些易形成氢化物的元素,如 Sb、As、Bi、Pb、Se、Te、Hg 和 Sn,用火焰原子化法测定时灵敏度很低,若采用在酸性介质中用硼氢化钠处理得到氢化物的方法,可将检测限降低至 $ng \cdot mL^{-1}$ 级的浓度。

硒是人体所必需的微量元素,与人体健康关系十分密切,长期缺硒可导致克山病。近年来研究发现,患癌肿、心血管疾病和某些遗传代谢性疾病时血硒含量异常。因此,测定血液中硒含量对一些疾病的诊断、治疗和病因的探讨具有重要参考价值。近年来普遍采用的氢化物原子吸收光谱法是测定各类试样中硒含量的简单、快速、灵敏的方法。本实验采用流动注射技术,将试样自动泵入聚四氟乙烯反应管道中,使之产生氢化物,并用载气带入石英管原子化器中进行原子化。此法除具有上述氢化物发生法的优点外,还具有密封性强、自动化程度高等优点。

流动注射(FI)是一种样品预处理技术,它的引入使火焰原子吸收光谱法(FAAS)的分析范围大大增加。

下面以一种流动注射氢化物原子吸收光谱仪为例,来说明仪器的基本原理,主要阐述流动注射分析流路系统(如图 6-2-2 所示)。(各种实际仪器可能有一定差别)

图 6-2-2 中各部分说明:带数字的竖长方块是流量控制系统,相应数字单位是

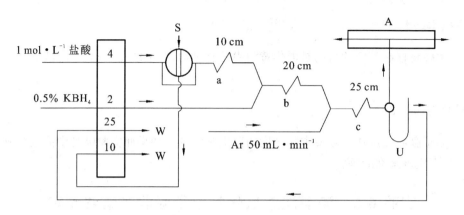

图 6-2-2　流动注射分析流路系统

$mL \cdot min^{-1}$；$1\ mol \cdot L^{-1}$盐酸起载液作用,经过旋转阀 S(样品注入)时,如 S 转到与载流相同方向上,与载流成为一个通路,则载流会携带定量样品溶液进入反应管道;KBH_4 是还原剂;a、b、c 分别代表管道;Ar 50 mL · min^{-1} 是指载气为氩气,流量为 50 mL · min^{-1}；U 是 U 形管式气液分离器;A 是 T 形石英管原子化器;W 是废液排出口。

此装置采用流动注射技术,将试样自动泵入聚四氟乙烯反应管道中,使之产生氢化物,并用载气带入石英管原子化器中进行原子化。

仪器转动旋转阀 S,系列标准溶液和试样溶液被自动泵入,7~8 s 后,试样溶液充满 400 μL 旋转阀 S。10 s 后阀将自动转向送样位置,此时 1 mol · L^{-1} 盐酸载液与试液在管道 a 处混合;在混合管道 b 处,试液与以 2 mL · min^{-1} 流量泵入的硼氢化钾(或硼氢化钠)还原剂混合,并与其反应,产生气态的硒化氢。气液混合物在管道 c 处再与一定流量氩气相遇,经过长 25 cm、内径为 0.8 mm 的聚四氟乙烯管道后,一并进入 U 形管式气液分离器中,在此分离出的气态硒化氢被载气带入石英管原子化器中,在 700 ℃温度下原子化,所产生的原子吸收信号在 196.0 nm 波长处被检测,得到吸光度随时间变化的曲线。废液以一定速度被泵出。

作为原子化器的石英管,有用电热方式加热的(最常用),也有在燃烧器狭缝正上方用空气-乙炔焰加热的。

血清经硝酸-高氯酸消化处理,再用盐酸将六价硒还原为四价硒,该溶液作为试样溶液。以稀盐酸为载液载带试样溶液,试样溶液在反应管中与硼氢化钾溶液混合并发生化学反应,四价硒被还原为硒化氢气体,该气体被载气带入电加热石英管原子化器中,硒被原子化成基态原子蒸气。当硒空心阴极灯发射的特征谱线(196.0 nm)通过石英管时,被基态原子所吸收。在一定条件下,其吸光度与试样溶液中硒浓度成正比,据此进行定量分析。

技能目标是能用流动注射氢化物原子吸收光谱法准确测定血清中硒的含量。

【仪器与试剂】

1. 仪器

原子吸收分光光度计、硒空心阴极灯、流动注射氢化物发生器、电加热石英管（长 200 mm，内径 7 mm，外径 9 mm）、氩气钢瓶、控温电加热板、磨口三角烧瓶、试剂瓶、容量瓶、吸量管、比色管。

2. 试剂

(1) 硒（Ⅳ）标准储备液（1.000 mg·mL^{-1}）：准确称取亚硒酸（H_2SeO_3）0.163 4 g，置于 100 mL 烧杯中，用 1 mol·L^{-1} 盐酸溶解，转移至 100 mL 容量瓶中，定容，摇匀。

(2) 硒（Ⅳ）标准应用液（500 ng·mL^{-1}）：将硒标准储备液用 1 mol·L^{-1} 盐酸逐级稀释成相应浓度，摇匀。

(3) 硼氢化钾溶液（5 g·L^{-1}）：称取分析纯硼氢化钾 2.5 g，溶于 4 g·L^{-1} 氢氧化钠溶液并稀释至 500 mL，用脱脂棉过滤后移至聚乙烯瓶中，于 4 ℃冷藏保存。

(4) 混合酸：硝酸-高氯酸（4＋1）溶液。

(5) 载液：1 mol·L^{-1} 盐酸。稀释液：3 mol·L^{-1} 盐酸。

(6) 载气：高纯氩气。

盐酸、硝酸及氢氧化钠为优级纯，其他试剂为分析纯，水为去离子水或重蒸水。

【操作步骤】

1. 样品采集与处理

采集受检者静脉血 5 mL，置于 15 mL 离心管中，37 ℃保温 30 min，以 4000 r·min^{-1} 离心 10 min，分离出血清，冷冻或冷藏保存。

取 1.00～3.00 mL 血清（视硒含量而定），置于 50 mL 磨口三角烧瓶中，加入 2.0～4.0 mL 混合酸，置于电热板上低温消化，保持微沸状态 1 h，然后升高温度继续消化，待出现大量高氯酸烟雾且溶液或残渣为无色为止。取下三角烧瓶，冷至室温，用稀释液溶解残渣并用 10 mL 容量瓶定容到 10.00 mL，放置 0.5 h，作为试样溶液待测。同时准备试剂空白溶液。

2. 系列标准溶液的配制

分别取硒标准应用液 0 mL、0.10 mL、0.20 mL、0.30 mL、0.40 mL、0.50 mL 于 10 mL 比色管中，用 3 mol·L^{-1} 盐酸稀释至刻度，摇匀。此系列硒标准溶液浓度分别为 0 ng·mL^{-1}、5.0 ng·mL^{-1}、10.0 ng·mL^{-1}、15.0 ng·mL^{-1}、20.0 ng·mL^{-1}、25.0 ng·mL^{-1}。

3. 最佳操作条件的选择和仪器调试

(1) 仪器调试:按仪器使用说明书调试仪器,操作条件见表 6-2-9 和表 6-2-10,预热 20～30 min。

表 6-2-9　原子吸收分光光度计工作条件

元素	波长/nm	光谱通带/nm	灯电流/mA	测量方式
Se	196.0	0.4	5.0	峰高

表 6-2-10　流动注射氢化物原子化器工作条件

元素	载气流量 /(mL·min^{-1})	石英管电压/V	KBH$_4$ 溶液浓度 /(g·L^{-1})	盐酸载液浓度 /(mol·L^{-1})
Se	180	120	5	1

(2) 石英管加热电压的选择:以系列标准溶液中浓度较高的溶液为测试液,固定其他条件,石英管加热电压从 80 V 至 150 V 变化(电压每递增 10 V,预热 5 min),分别测量吸光度,绘制吸光度与电压关系曲线。选择吸光度值较高且随电压波动较小范围内的电压。

(3) 载气流量的选择:用浓度较高的系列标准溶液为试液,固定其他条件,载气流量从 60 mL·min^{-1} 至 240 mL·min^{-1} 变化(间隔 20 mL·min^{-1}),测量相应的吸光度,绘制吸光度与载气流量关系曲线。选择吸光度值较高且随载气流量变化较小区域内的载气流量。

4. 样品分析

(1) 标准曲线的绘制:在最佳操作条件下,分别测定系列标准溶液的吸光度,绘制吸光度与标准溶液浓度关系曲线,求出回归方程及相关系数。

(2) 样品的测定:在测定标准溶液的实验条件下,测定试剂空白溶液和试样溶液的吸光度。

【数据记录及处理】

由标准曲线回归方程确定试剂空白溶液中硒浓度 C_0 和试样溶液中硒浓度 $C_{试样}$,按下式计算血清中硒的浓度 $C_{血清}$:

$$C_{血清} = \frac{(C_{试样} - C_0) K \times 10}{V_{血清}}$$

式中:$C_{血清}$——血清中硒浓度,$\mu g \cdot L^{-1}$;

　　　$C_{试样}$——由回归方程计算的试样溶液中硒浓度,$ng \cdot mL^{-1}$;

　　　C_0——空白溶液中硒浓度,$ng \cdot mL^{-1}$;

　　　V——血清样品的体积,mL;

　　　K——试样溶液的稀释倍数。

【注意事项】

（1）要根据具体仪器，给出石英管的加热方式。

（2）上述结果处理方法只是参考，要根据仪器的软硬件功能在实验前给出数据处理方法。

【思考与讨论】

（1）根据实验和所查资料，总结流动注射分析的优点和适用范围，并指出未来自动化分析中流动注射分析可能扮演的角色。

（2）简述氢化物原子吸收光谱法的特点。

实验 6-7　冷原子吸收光谱法测定尿中汞的含量（综合性选做实验）

【目的要求】

（1）理解测定汞的原理及方法。

（2）掌握冷原子吸收光谱法的操作技术。

（3）熟悉冷原子吸收光谱法的应用。

【基本原理与技能】

汞属于剧毒物质，进入人体的无机汞可转变为毒性更大的有机汞，引起全身中毒。目前测定尿中汞的方法主要有冷原子吸收光谱法、冷原子荧光法。汞的沸点很低，在常温下即可测定汞蒸气对其特征谱线的吸收。这种在室温下进行原子化的原子吸收光谱法称为冷原子吸收光谱法，属于非火焰分析法。

测定尿中汞时，尿样的前处理多采用常压湿法消解，存在试剂消耗量大、处理时间长、回收率低等缺点。本实验不进行消化处理直接取样，采用冷原子吸收光谱法测定职业人群的尿中汞，此法快速、简单、试剂用量少、回收率高。汞检出限为 $0.005\ \mu g \cdot L^{-1}$。

在汞蒸气发生管中，尿样处于碱性条件下，尿中的汞被氯化亚锡还原成汞原子蒸气，以载气（氮气或经过滤的空气）将汞蒸气带入测汞仪内，汞蒸气导入吸收池后，测定汞对 253.7 nm 波长光的吸收情况。根据汞含量与吸光度的线性关系，进行回归处理，可定量分析尿中汞。

技能目标是能用冷原子吸收光谱法准确测定尿中汞的含量。

【仪器与试剂】

1. 仪器

测汞仪、汞蒸气发生管、载气（氮气或经过滤的空气）及气瓶、吸量管（2 mL）、毛细滴管。

2. 试剂

(1) 汞标准储备液(1.000 g·L^{-1}):准确称取 105 ℃干燥过的氯化汞(HgCl$_2$),用 1%硝酸溶液溶解、稀释、定容,摇匀,保存于冰箱中。

(2) 汞标准应用液(0.1 mg·L^{-1}):临用时,用上述汞标准储备液以 1%硝酸溶液稀释得到。

(3) 300 g·L^{-1}氢氧化钠溶液。

(4) 碱性氯化亚锡溶液:取氯化亚锡 2 g,用 300 g·L^{-1}氢氧化钠溶液溶解并稀释至100 mL。

(5) 辛醇。

实验所用玻璃器皿均用硝酸(1+1)浸泡过夜处理。

水为超纯水,试剂均为分析纯。

【操作步骤】

1. 系列标准溶液的测定

分别取 0.1 mg·L^{-1}汞标准应用液 0 mL、0.10 mL、0.50 mL、1.00 mL、1.50 mL、2.00 mL 于汞蒸气发生管中,加分析用超纯水至 4.5 mL。用毛细滴管加入辛醇 1 滴,沿发生管壁加入碱性氯化亚锡溶液 0.5 mL,立即盖紧并进行测定。在碱性条件下,氯化亚锡可将尿样中汞还原成原子汞,以载气(空气)将汞带入测汞仪内,读取最大吸光度值。

2. 样品的测定

取新鲜混匀尿样 4.5 mL(当尿中的汞偏高时,可适当减少尿样,定量移取后,再加水稀释至4.5 mL),置于汞蒸气发生管中。用毛细滴管加入辛醇 1 滴,沿发生管壁加入碱性氯化亚锡溶液 0.5 mL,立即盖紧并进行测定,读取最大吸光度值。

【数据记录及处理】

(1) 根据汞含量与吸光度的线性关系,用系列标准溶液的汞浓度和吸光度值绘制标准曲线。进行线性回归处理,得到回归方程。

(2) 由待测样品吸光度,依据上述标准曲线或回归方程计算尿样中汞含量。

(3) 根据测定结果,依据职业性汞中毒诊断标准(GBZ89—2007)初步判断提供尿样的人是否有汞中毒。(限于各种条件,上述判断仅供参考)

【注意事项】

(1) 测试应按照从低浓度到高浓度的顺序进行。

(2) 尿样在测定前一定要彻底摇匀。

（3）回零后再测定下一个样品。

（4）温度对冷原子吸收光谱法测汞有明显的影响，标准品与样品必须控制在同一温度下测定。

【思考与讨论】

（1）比较原子吸收光谱法中各方法的特点。

（2）本实验过程中应注意哪些操作？并说明其理由。

实验 6-8　石墨炉原子吸收光谱法测定水样中的镉含量（综合性实验）

【目的要求】

（1）掌握石墨炉原子吸收光谱法测定水样中镉的原理。

（2）熟悉石墨炉测定四个阶段的作用及条件选择。

（3）了解石墨炉原子吸收光谱仪的结构、性能和使用方法。

【基本原理和技能】

镉具有毒性，摄入过量的镉会引起多种疾病。水样中铬含量较低，一般只有 ng/mL 级，需使用高灵敏度方法进行测定。石墨炉原子吸收光谱法是最灵敏的方法之一，绝对灵敏度可高达 $10^{-14} \sim 10^{-10}$ g，相对灵敏度达 ng/mL 级，可以满足水样中镉的测定要求。

实际分析中，样品的原子化程序一般包括四个阶段。

（1）干燥阶段：目的是在较低温度下蒸发试样中的溶剂。干燥温度取决于溶剂及样品中液态组分的沸点，选取的温度应略高于溶剂的沸点。干燥时间取决于样品体积和基体组成，一般为 10～40 s。

（2）灰化阶段：目的是破坏样品中的有机物质，尽可能除去基体成分。灰化温度取决于样品的基体和待测元素的性质，最高灰化温度以不使待测元素挥发为原则，一般可通过灰化曲线求得。灰化时间视样品的基体成分确定，一般为 10～40 s。

（3）原子化阶段：样品中的待测元素在此阶段被解离成气态的基态原子。原子化温度可通过原子化曲线或查手册确定。原子化时间以原子化完为准，尽可能选短些。在原子化阶段，一般采用停气技术，以提高测定灵敏度。

（4）高温除残阶段（净化阶段）：使用更高的温度以完全除去石墨管中的残留样品，消除记忆效应。

技能目标是能用石墨炉原子吸收光谱法准确测定水样中镉的浓度。

【仪器与试剂】

1. 仪器

TAS-990 型石墨炉原子吸收分光光度计、镉空心阴极灯、高密度石墨管、氩气气瓶、循环冷却水、电子分析天平、容量瓶(50 mL)、移液器(10～100 μL、100～1 000 μL)、吸量管(1 mL、2 mL、10 mL)。

2. 试剂

镉粉(光谱纯)、氯化镉(优级纯)、硝酸(优级纯)、待测水样。

【操作步骤】

1. 制备镉标准溶液

(1) 镉标准储备液(1 000 μg·mL^{-1}):称取 1.000 0 g 金属镉,置于 250 mL 烧杯中,加入 20 mL 硝酸溶解完全,冷却,转移到 1 000 mL 容量瓶中,用去离子水稀释至刻度,摇匀。

(2) 氯化镉标准储备液(1 000 μg·mL^{-1}):称取 2.031 1 g 氯化镉,置于 250 mL 烧杯中,用少量去离子水溶解完全,转移到 1 000 mL 容量瓶中,再用去离子水稀释至刻度,摇匀。

(3) 镉标准溶液 A(10 μg·mL^{-1}):吸取 1.00 mL 镉标准储备液,加入 100 mL 容量瓶,再加入 1 mL 优级纯硝酸,用去离子水稀释至刻度,摇匀。

(4) 镉标准溶液 B(0.10 μg·mL^{-1}):吸取 1.00 mL 镉标准溶液 A,加入 100 mL 容量瓶,再加入 1 mL 优级纯硝酸,用去离子水稀释至刻度,摇匀。

2. TAS-990 型石墨炉原子吸收分光光度计工作条件

TAS-990 型石墨炉原子吸收分光光度计工作条件见表 6-2-11。

表 6-2-11　仪器工作条件

项目	设定值(条件)	项目	设定值(条件)
吸收线波长 λ/nm	228.8	管内载气流量/(L·min^{-1})	0.5
空心阴极灯电流 I/mA	8	管外载气流量/(L·min^{-1})	0.5
狭缝宽度 d/mm	0.7	载气	Ar
进样量 V/μL	20	背景校正	BGC-D2
信号处理	峰高	进样方式	ASC 自动进样

3. TAS-990 型石墨炉程序

TAS-990 型石墨炉程序见表 6-2-12。

表 6-2-12 石墨炉程序

阶段	温度	时间/s	加热方式	灵敏度	气体类型
1	150	20	RAMP		♯1
2	250	10	RAMP		♯1
3	500	10	RAMP		♯1
4	500	10	STEP		♯1
5	500	3	STEP	√	♯1
6	2 200	2	STEP	√	♯1
7	2 400	2	STEP		♯1

4. 配制镉系列标准溶液

取 8 只 100 mL 容量瓶,依次用吸量管吸取 1.00 mL、2.00 mL、3.00 mL、4.00 mL、5.00 mL、6.00 mL、8.00 mL、10.00 mL 0.10 $\mu g \cdot mL^{-1}$ 镉标准溶液,在上述容量瓶中分别加入 1 mL 优级纯硝酸,用去离子水稀释至刻度,摇匀备用。

5. 制备测试水样

取一只 100 mL 容量瓶,加入 4.00 mL 待测水样、1 mL 优级纯硝酸,用去离子水稀释至刻度,摇匀备用。

6. 上机测定

参照 TAS-990 型石墨炉原子吸收分光光度计操作说明,调试好仪器,用自动进样器或微量进样器按浓度由低到高的顺序向石墨管中注入 20 μL 镉系列标准溶液及测试水样,记录吸光度。

【数据记录及处理】

(1)将镉系列标准溶液上机测量数据填写在表 6-2-13 中。

表 6-2-13 吸光度测量值及相关参数

标样号	1	2	3	4	5	6	7	8
镉标准溶液浓度								
吸光度								
回归方程								
斜率			截距			相关系数 r^2		

(2)由待测样品的吸光度,依据上述标准曲线,求水样中微量元素镉浓度。

【注意事项】

（1）石墨炉用于分析 ng·g^{-1} 级的样品，因此不能盲目进样，浓度太高时会造成石墨管被污染，可能经过多次高温灼烧也除不干净，导致石墨管报废。

（2）测量前一般先空烧石墨管使其清洁，然后进样测定。先测标准溶液后测样品。

（3）实验时，一定要打开通风设备，将原子化后产生的金属蒸气排出室外。

（4）检查冷却水和氩气是否打开，注意流量调节。

【问题与讨论】

（1）石墨炉原子吸收光谱法为什么灵敏度较高？

（2）简述石墨炉原子吸收光谱法的特点及适用范围。

（3）石墨炉原子吸收光谱法测量时通氩气的作用是什么？

实验 6-9　氢化物发生原子荧光光谱法测定化妆品中砷的含量（综合性选做实验）

【目的要求】

（1）掌握原子荧光光谱法测定砷的原理和方法。

（2）熟悉化妆品样品的处理方法。

（3）了解原子荧光光谱仪的基本结构和使用方法。

【基本原理与技能】

在酸性条件下，五价砷被硫脲与抗坏血酸还原为三价砷，三价砷与新生态氢（由硼氢化钠和酸作用产生）反应，生成气态的砷化氢。砷化氢被载气带入石英管中，受热后即分解为原子态砷，在砷空心阴极灯发射的特征波长（193.7 nm）光激发下，砷原子跃迁激发，回到基态时产生原子荧光。在一定浓度范围内，荧光强度与砷含量成正比。

技能目标是能用氢化物发生原子荧光光谱法准确测定化妆品中砷的含量。

【仪器与试剂】

1. 仪器

原子荧光光谱仪，砷空心阴极灯；电热消化炉；25 mL 具塞刻度试管；20 mL 具塞刻度离心管；150 mL 锥形瓶（或 50 mL 坩埚）；容量瓶；吸量管。

2. 试剂

（1）砷标准储备液（1.00 mg·mL^{-1}）：准确称取 0.660 0 g 经 150 ℃干燥 2 h 的

三氧化二砷(As_2O_3),置于 100 mL 烧杯中,加 10 mL 氢氧化钠溶液$(100~g \cdot L^{-1})$,低温加热使其溶解,加 50 mL 水、2 滴酚酞指示剂$(1~g \cdot L^{-1}$乙醇溶液),用硫酸$(1+9)$中和至红色刚好消失后再加 10 mL,定量转移到 500 mL 容量瓶中,以水稀释至刻度,摇匀。

(2) 砷标准溶液$(10.0~\mu g \cdot mL^{-1})$:移取砷标准储备液 1.00 mL,置于 100 mL容量瓶,加水稀释至刻度,摇匀。

(3) 砷标准应用液$(1.00~\mu g \cdot mL^{-1})$:临用时取砷标准溶液 10.0 mL 于 100 mL容量瓶中,加水稀释至刻度,摇匀。

(4) 硫脲-抗坏血酸混合溶液:称取 12.5 g 硫脲$((NH_2)_2CS)$,加 80 mL 水,加热溶解,待冷却后加入 12.5 g 抗坏血酸,稀释到 100 mL,储存于棕色瓶中,可保存 1 个月。

(5) 其他试剂:氢氧化钠溶液$(100~g \cdot L^{-1})$、硼氢化钠溶液$(7~g \cdot L^{-1})$、盐酸$(1+1)$、硫酸溶液$(1+9)$、六水硝酸镁溶液$(500~g \cdot L^{-1})$、酚酞乙醇溶液$(1~g \cdot L^{-1})$、氧化镁、硝酸。

以上试剂均为优级纯,在使用时没有指明浓度的均为浓的酸溶液。实验用水均为去离子水,玻璃器皿均用硝酸$(1+3)$浸泡 12 h,依次用自来水、蒸馏水和去离子水洗干净。

【操作步骤】

1. 样品处理

(1) HNO_3-H_2SO_4 湿式消化法:样品如含乙醇等溶剂,称取样品后应预先让溶剂自然挥发。精确称取均匀样品 1~1.2 g,置于 150 mL 锥形瓶中(同时做试剂空白),加入 10~20 mL 硝酸,放置数分钟后,缓缓加热,反应开始后移去热源,稍冷后加入2 mL 硫酸溶液$(1+9)$,继续加热消解。若消解过程中溶液出现棕色,可再加少许硝酸消解,直至溶液澄清或呈微黄色。放置冷却后加 20 mL 蒸馏水,继续加热煮沸至产生白烟。将消解液定量转移至 25 mL 具塞刻度试管中,加水至刻度。

(2) 干灰化法:精确称取均匀样品 1~1.2 g,置于 50 mL 坩埚中(同时做试剂空白),加入 1 g 氧化镁、2 mL 六水硝酸镁溶液$(500~g \cdot L^{-1})$,充分搅拌均匀,在水浴上蒸干水分后微火炭化至不冒烟,移入马弗炉,在 550 ℃下灰化 4~6 h,取出,向灰分中加入少许水使之湿润,然后用 20 mL 盐酸$(1+1)$分数次溶解灰分,定量转移至25 mL具塞刻度试管中,加水至刻度。

2. 测定

(1) 开启仪器,按仪器说明书调整好仪器工作条件。

本实验参考工作条件:灯电流为 45 mA;光电倍增管负高压为 340 V;原子化器高度为 8.5 mm;载气(氩)流量为 500 mL $\cdot$ min^{-1};屏蔽气(氩)流量为 1 000 mL $\cdot$ min^{-1};测量方式为校正曲线法;读数时间为 12 s;硼氢化钠加液时间为 8 s;进样体积为 2 mL。

(2) 标准曲线绘制：吸取 0 mL、0.10 mL、0.30 mL、0.50 mL、1.00 mL、1.50 mL、2.00 mL 砷标准应用液于具塞刻度离心管中，加去离子水至 5 mL，摇匀。在上述各离心管中加入 5.0 mL 盐酸(1+1)、2.0 mL 硫脲-抗坏血酸混合溶液，混合均匀。依次吸取制备好的系列标准溶液各 2 mL，注入氢化物发生器中，加入一定量硼氢化钠溶液($7\ \mathrm{g \cdot L^{-1}}$)，测定其荧光强度。以荧光强度为纵坐标，砷含量为横坐标，绘制标准曲线，进行线性回归，得到该曲线的回归方程。

(3) 试样测定：取预处理好的试样溶液及试剂空白溶液各 10.0 mL，置于具塞刻度离心管中，加入 2.0 mL 硫脲-抗坏血酸混合溶液，混合均匀。吸取 2.0 mL，按绘制标准曲线步骤测定样品荧光强度。代入回归方程，求得测量状态时样品溶液中砷的质量(μg)。

【数据记录及处理】

$$w_{\mathrm{As}} = \frac{(m_1 - m_0)V}{mV_1}$$

式中：w_{As}——试样中砷的含量，$\mu g \cdot g^{-1}$；

$\quad\quad m_1$——样品测试溶液中砷的质量，μg；

$\quad\quad m_0$——试剂空白溶液中砷的质量，μg；

$\quad\quad V_1$——样品测定时所取体积，mL；

$\quad\quad V$——样品溶液总体积，mL；

$\quad\quad m$——样品质量，g。

【注意事项】

(1) 用硫脲与抗坏血酸将五价砷还原为三价砷时，还原时间以 15 min 以上为宜，且还原速度受温度影响。室温低于 15 ℃时，还原时间至少 30 min。

(2) 硼氢化钠浓度对砷测定有较大影响，为获得较好的重现性，测定时应注意其加入量的一致性。

【思考与讨论】

(1) 实验中为什么首先将五价砷还原为三价砷，然后原子化？

(2) 将砷化物还原为砷化氢的常用试剂有哪些？

实验 6-10   原子荧光光谱法测定植物中
汞的含量(综合性选做实验)

【目的要求】

(1) 了解原子荧光光谱法测量样品中汞含量的原理。

（2）掌握运用原子荧光光谱仪测量植物中汞含量的方法。

【基本原理与技能】

原子荧光是原子蒸气受具有特征波长的光源照射后，其中一些自由原子被激发跃迁到较高能态，然后去活化回到某一较低能态（常常是基态）而发射出特征光谱的物理现象。不同待测元素具有不同的原子荧光光谱，根据原子荧光强度可测得试样中待测元素的含量。这就是原子荧光光谱分析。

试样经酸加热消解后，在酸性介质中，试样中汞被硼氢化钾（KBH_4）还原成原子态汞，由载气（氩气）带入原子化器中，在特制汞空心阴极灯照射下，基态汞原子被激发至较高能态，在去活化回到基态时，发射出特征波长的荧光，其荧光强度与汞含量成正比，与标准系列比较定量。

技能目标是能用原子荧光光谱法准确测定植物中汞的含量。

【仪器与试剂】

1. 仪器

双道原子荧光光谱仪、微波消解炉、消解罐、氢化物发生器及附件、氩气钢瓶、定量注射器、移液管（2 mL、5 mL）、容量瓶（10 mL、25 mL、50 mL）。

2. 试剂

（1）硝酸（GR）、30％过氧化氢（GR）、硝酸溶液（5＋95）、氢氧化钾溶液（0.5％）、硼氢化钾溶液（2％）。

（2）汞标准储备液（1 mg · mL^{-1}）：准确称取 1.080 g 氧化汞，加入 70 mL 盐酸（1＋1）、24 mL 硝酸溶液（1＋1）、0.5 g $K_2Cr_2O_7$，使其溶解后用去离子水定容到 1 000 mL，摇匀。

（3）汞标准应用液（0.01 $\mu g · mL^{-1}$）：汞标准储备液用 5％（体积分数）HNO_3-0.05％$K_2Cr_2O_7$溶液作为定容介质稀释而成。

【操作步骤】

1. 试样的微波消解

称取 0.2 g 试样于消解罐中，加入 5 mL 硝酸、2 mL 30％过氧化氢，盖好后，将消解罐放入微波炉消解系统中，根据不同种类的试样设置微波炉消解系统的最佳分析条件，至消解完全。冷却后用硝酸溶液（5＋95）定量转移并定容至 25 mL（低含量试样可定容至 10 mL），混匀待测。

2. 系列标准溶液的配制

分别吸取 0.01 $\mu g · mL^{-1}$汞标准应用液 0 mL、0.50 mL、1.00 mL、2.00 mL、4.00 mL、

5.00 mL 于 50 mL 容量瓶中,用硝酸溶液(5+95)稀释至刻度,混匀。各自相当于汞浓度 0 $\mu g \cdot L^{-1}$、0.10 $\mu g \cdot L^{-1}$、0.20 $\mu g \cdot L^{-1}$、0.40 $\mu g \cdot L^{-1}$、0.80 $\mu g \cdot L^{-1}$、1.00 $\mu g \cdot L^{-1}$。

3. 试样的测定

(1) 仪器操作参数:光电倍增管负高压为 270～300 V;汞空心阴极灯电流为15～40 mA;原子化器温度为 200 ℃,高度为 10.0 mm;氩气流速,载气为 400 mL·min^{-1},屏蔽气为 1 000 mL·min^{-1};测量方式为标准曲线法;读数延迟时间为 1.0 s;读数时间为 10.0 s。

(2) 标准曲线绘制:用定量注射器每次吸取 2 mL 汞浓度分别为 0 $\mu g \cdot L^{-1}$、0.10 $\mu g \cdot L^{-1}$、0.20 $\mu g \cdot L^{-1}$、0.40 $\mu g \cdot L^{-1}$、0.80 $\mu g \cdot L^{-1}$、1.00 $\mu g \cdot L^{-1}$的系列标准溶液于氢化物发生器中(内有 2% 硼氢化钾溶液)进行荧光强度的测定。以荧光强度为纵坐标,汞的浓度为横坐标,绘制标准曲线。

(3) 用定量注射器吸取 2 mL 汞的试样溶液于氢化物发生器中(内有 2% 硼氢化钾溶液)进行荧光强度的测定。

【数据记录及处理】

(1) 设定好仪器最佳条件,由稀到浓测定汞系列标准溶液的荧光强度,最后测量试样的荧光强度,将荧光强度填写在表 6-2-14 中。

表 6-2-14　汞系列标准溶液和试样溶液的荧光强度

标样编号与试样	1	2	3	4	5	6	待测试样
浓度/($\mu g \cdot L^{-1}$)	0	0.10	0.20	0.40	0.80	1.00	
荧光强度							

(2) 绘制荧光强度对汞溶液浓度的标准曲线,并由标准曲线计算待测试样的浓度,计算样品中的汞含量。

【注意事项】

(1) 汞标准储备液与标准应用液应加 $K_2Cr_2O_7$ 作保护剂,工作系列及硼氢化钾溶液均应现用现配。

(2) 测定汞时,要注意容器的污染问题。

【思考与讨论】

(1) 进行试样测定时,扣除空白值的目的是什么?

(2) 试样转移定容时,若不慎将消解液洒出,会对测量结果产生什么影响?

第七章　电化学分析法

第一节　电化学分析法概述

电化学分析法是建立在物质的电化学性质基础上的一类分析方法。通常由被测物质溶液构成一个化学电池,然后通过测量电池的电动势或测量通过电池的电流、电导或电量等物理量的变化来确定被测物质的组成和含量。

电化学分析法在化学研究中也具有十分重要的作用。它已广泛应用于电化学基础理论、有机化学、药物化学、生物化学、医用化学、环境生态学等领域的研究中,例如各类电极过程动力学、催化过程、有机电极过程、电子转移过程、氧化还原过程及其机制、吸附现象、大环化合物的电化学性能等。

电化学分析法的灵敏度和准确度都很高,手段多样,分析浓度范围宽,能进行组成、状态、价态和相态分析,适用于各种不同体系,应用面广。由于在测定过程中得到的是电信号,因而易于实现自动化和连续分析。电化学分析法具有下述几个特点:

(1) 分析速度快。电化学分析法一般具有快速的特点。如极谱分析法有时一次可以同时测定数种元素。试样的预处理手续一般也比较简单。

(2) 选择性好。电化学分析法的选择性一般比较好,如用钾离子选择性电极来测定钾离子、钠离子溶液中的 K^+,又如电化学分析法可以对 Ce^{3+}、Ce^{4+} 分别进行测量,这也是使分析快速进行和易于自动化的一个有利条件。

(3) 仪器简单、经济,易于微型化。

(4) 灵敏度高。电化学分析法适合于痕量甚至超微量组分的分析,如脉冲极谱、溶出伏安法和极谱催化波法等都具有非常高的灵敏度,有时可测定浓度低至 10^{-11} mol · L^{-1}、含量 10^{-7} % 的组分。

(5) 所需试样的量较少,适合于进行微量操作,一般测量所得到的值是物质的浓度,从而在医学上有较为广泛的应用。如超微型电极,可直接刺入生物体内,测定细胞内原生质的组成,从而进行活体分析和检测。

(6) 电化学分析法还可用于各种化学平衡常数的测定以及化学反应机理的研究。

电化学分析法按照测量的电学参数的类型可以分为电位分析法、库仑分析法、电导分析法、极谱分析法和伏安分析法等。

1. 电位分析法

电位分析法是基于溶液中某种离子活度(或浓度)和其指示电极组成原电池的电极电位之间的关系而建立的分析方法。

(1) 直接电位法是通过测量溶液中某种离子与其指示电极组成的原电池的电动势(E),进而直接求算离子活度(a)或浓度(c)进行定量分析的方法。

$$E = K \pm \frac{0.059}{n} \lg c$$

式中:E——电动势,V;

c——离子浓度,mol·L^{-1};

K——电极常数;

n——离子的电荷数。响应离子为阳离子时取"+",阴离子时取"−"。

直接电位法的定量方法有标准曲线法和标准加入法。

标准曲线法又叫工作曲线法。使用该方法时,先配制不同浓度的标准溶液,用相应的参比电极和离子选择性电极组成化学电池,测量 E,作 E-$\lg c$ 图,在同样实验条件下测量未知样品溶液的电动势。为调节溶液的离子强度和控制溶液的 pH,掩蔽溶液中共存干扰离子,确保溶液的活度系数恒定,测量时需加入总离子强度缓冲调节剂。标准曲线如图 7-1-1 所示,由标准曲线回归方程,确定未知样品溶液中离子的浓度。

图 7-1-1　标准曲线

标准加入法根据下式进行定量分析:

$$c_x = \frac{c_s V_s}{V_x}\left(10^{\frac{\Delta E}{S}} - 1\right)^{-1}$$

首先将被测离子浓度为 c_x、体积为 V_x 的待测试液放入化学电池中,用相应的参比电极和离子选择性电极组成化学电池,测量待测试液的电动势(E_x)。然后向待测

试液中加入体积为 V_s（约为待测试液体积的 1/100）、浓度为 c_s（约为 c_x 的 100 倍）的被测离子标准溶液，混合均匀，重新测其电动势（E），由两次测定的电动势计算 ΔE（单位为 V），并确保 ΔE 为正值。即 $\Delta E = |E - E_x|$，S 为电极能斯特响应线性关系的斜率（单位为 V），由于 c_s、V_s 和 V_x 均为已知，因此可计算出待测试液中被测离子浓度 c_x。

（2）电位滴定法是通过测定滴定过程原电池电动势的变化来确定滴定终点的方法。滴定时，在化学计量点附近，由于被测物质的浓度发生突变（如酸碱滴定中 pH 的突跃、配位滴定与沉淀滴定中 pM 的突跃、氧化还原滴定中电位的突跃），以一对适当的电极监测滴定过程中的电位变化，从而确定滴定终点，并由此求得待测组分的浓度或含量。电位滴定法优于通常的化学滴定分析法，它不仅可用于一般化学滴定分析的场合，而且可用于有色或混浊试液的滴定，以及找不到合适指示剂的滴定，此外用电位滴定法确定终点也比一般用化学指示剂更为准确。

2. 库仑分析法

库仑分析法（coulometry）是以测量电解反应所消耗的电荷量为基础的一类分析方法。

将电解质溶液（试液）置于电解池中，以恒定的电流流过或施加恒定的电压于电解池的两个电极上，于是在阳极和阴极上分别发生氧化反应和还原反应，使被测离子以金属状态或以金属氧化物的形式致密而坚实地电沉积在阴极上。在实际应用中通常用对电荷量的精确测量来代替对反应物质量的称量，由电解过程中流过电解池的电量来确定被测物质的含量，其装置如图 7-1-2 所示。若电解的电流效率为 100%，电生滴定剂与被测物质的反应是完全的，而且有灵敏的确定终点的方法，那么所消耗的电量与被测定物质的量成正比，根据法拉第定律可进行定量计算，即

$$m = \frac{M}{nF}Q = \frac{M}{nF}it$$

式中：m——电解析出物质的质量，g；

$\quad\quad M$——电解析出物质的摩尔质量，g·mol^{-1}；

$\quad\quad n$——电极反应中的电子转移数；

$\quad\quad F$——法拉第常数，96 487 C·mol^{-1}；

$\quad\quad Q$——电量，C；

$\quad\quad i$——电流强度，A；

$\quad\quad t$——电解时间，s。

3. 电导分析法

电导分析法是基于测定溶液的电导或电导的变化的分析方法。电导分析法分为两类：直接电导法和电导滴定法。

（1）直接电导法是通过测定被测组分的电导值以确定其含量的分析方法，直接

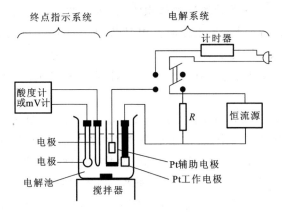

图 7-1-2　库仑滴定装置

根据溶液的电导（或电阻）与被测离子浓度的关系进行分析。电导(G)是电阻的倒数，其单位是 S(西门子)。摩尔电导率(Λ_m)是指两个距离 1 cm 的平行电极之间含有 1 mol 电解质溶液时所具有的电导，单位为 $S \cdot cm^2 \cdot mol^{-1}$。它的计算公式为

$$\Lambda_m = \kappa \frac{1\,000}{c}$$

式中：κ——电导率，$S \cdot cm^{-1}$;

　　　　c——浓度，$mol \cdot L^{-1}$。

直接电导法主要应用于水纯度的鉴定以及生产中某些中间流程的控制与自动化分析。由于水中的主要杂质是一些可溶性无机盐类，因此电导率常作为水纯度的指标。普通蒸馏水的电导率约为 2×10^{-6} $S \cdot cm^{-1}$(电阻率约为 5 kΩ · m)，离子交换水的电导率小于 5×10^{-6} $S \cdot cm^{-1}$(电阻率约为 20 kΩ · m)。

（2）电导滴定法是根据滴定过程中溶液电导的变化来确定滴定终点的分析方法。滴定时，滴定剂与溶液中被测离子生成水、沉淀或其他难电离的化合物，从而使溶液的电导发生变化，利用化学计量点时出现的转折来指示滴定终点。

4. 极谱分析法和伏安分析法

极谱分析(polarographic analysis)的基本装置如图 7-1-3 所示。电解池由一个面积小而易于极化的滴汞电极(一般作为阴极)和一个面积较大而不易于极化的参比电极(甘汞电极或汞池，一般作为阳极)及待测试液组成，在均匀施加递增电解电压，并保持试液静止状态下，进行电解，可得到如图 7-1-4 所示的电流-电压曲线。曲线的 ab 段称为残余电流 i_r，它是由溶液中的微量杂质(尤其是溶液中未除尽的氧)被还原形成的电解电流和滴汞电极在成长和滴落过程中，汞滴面积不断改变所引起的充电电流(也称电容电流)两部分所构成的。当电压增加到金属离子的分解电压后(bd 段)，电流随电压的增加而迅速增加，此时金属离子 M^{2+} 在滴汞电极(阴极)上发生还原反应，生成金属，并有可能与汞滴生成汞齐，即

$$M^{2+} + Hg + 2e^- \Longrightarrow M(Hg)$$

在阳极发生氧化反应：

$$2Hg + 2Cl^- \Longrightarrow Hg_2Cl_2 + 2e^-$$

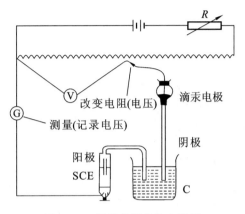

图 7-1-3　极谱分析的基本装置

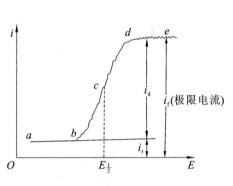

图 7-1-4　电流-电压曲线

汞滴阴极表面的 M^{2+} 消耗,导致电极表面的离子浓度 c_0 与主体溶液中的离子浓度 c 存在一定的差异(浓度梯度),因而使金属离子从主体溶液向电极表面扩散。如果离子除上述扩散运动外,不存在其他质量传递过程,则电解电流 i 与 M 的浓度差成正比,即

$$i = K(c - c_0)$$

当电压继续增加超过 d 点后(de 段),滴汞电极的电位变得更负时,电极反应增快,使得电极表面的金属离子浓度 c_0 趋近于零,这时到达极限扩散状态,即电流的大小取决于金属离子从溶液主体向电极表面的扩散,即使滴汞电极电位再向负的方向移动,电流也不再增加。所以在极限扩散状态下,电流与金属离子在主体溶液中的浓度成正比,即

$$i_d = Kc$$

式中,i_d 称为极限扩散电流;K 值与实验条件有关,在底液、温度、毛细管特性以及汞压等不变的情况下,K 为一常数。上式为极谱定量分析的基础。对应于扩散电流一半处(图 7-1-4 中 c 点)的电位称为半波电位($E_{1/2}$),其数值与被还原离子的自身性质和所处的溶液体系有关,与被还原离子的浓度无关,因此半波电位是进行极谱分析的基础。但是根据半波电位进行鉴定的实用意义不大,更多的是用半波电位来选择合适的底液,以避免共存组分对定量测定的干扰。

在极谱电解时,从溶液主体向电极表面的质量传递过程中除了离子的扩散运动之外,在两电极间还有离子在电场作用下的迁移运动。由迁移运动所贡献的这部分电流称为迁移电流 i_m。迁移电流干扰极谱的定量测定,因此在实验中采用加入高浓度支持电解质的方法予以消除。常用的支持电解质有 KCl、KNO_3、HCl、H_2SO_4、NH_4Cl、Na_2SO_4 或 $HAc\text{-}NaAc$ 等,它们在很宽的电位范围内不会发生电极反应,支持电解质的浓度为被测组分浓度的 50～100 倍。

　　伏安分析法（voltammetry）是以测定电解过程中的电流-电压曲线（伏安曲线、i-E 曲线，如图 7-1-5 所示）为基础的电化学分析法，据此可得到有关电解质溶液中电活性物质的定性和定量信息。

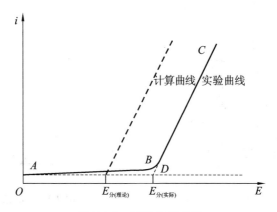

图 7-1-5　电流-电压曲线

　　经典极谱法测定灵敏度不够高，为了测定含量较低的组分，尤其是痕量组分，可采用溶出伏安法。这是一种将富集与测定相结合的方法，测定时先在恒定电位下进行预电解，将待测组分电沉积在静止电极上而得到富集，然后将电极电位由负电位向正电位快速扫描（或相反方向），使已富集的金属重新以离子状态溶入溶液，这一过程称为溶出。实验中记录这一溶出阶段呈峰状的伏安曲线，如图 7-1-6 所示。

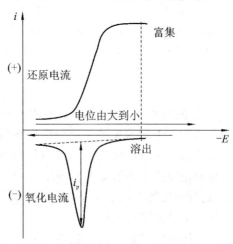

图 7-1-6　富集和溶出过程

　　在其他实验条件恒定时，曲线的峰高 i_p 与溶液中金属离子的浓度 c 成正比，即 $i_p = Kc$，K 是与实验条件有关的常数。由此式可求算待测金属组分的含量。由于经历了富集的阶段，测定的灵敏度可比一般的极谱法提高 2～3 个数量级，甚至更多。

第二节　电化学分析法实验项目

实验 7-1　pH 玻璃电极性能检查及饮料 pH 测定（基础性实验）

【目的要求】

（1）了解电位法测定溶液 pH 的原理和方法。

（2）学习测定 pH 玻璃电极的响应斜率，了解电极性能的评价方法。

（3）掌握酸度计的操作技术。

【基本原理与技能】

pH 玻璃电极的敏感膜对 H^+ 有选择性的响应，用于测定溶液的 pH，其结构如图 7-2-1 所示。内参比电极是 Ag-AgCl 电极；内参比溶液是 $0.1\ mol \cdot L^{-1}$ 盐酸；玻璃膜是由 22%（摩尔分数）Na_2O、6% CaO 和 72% SiO_2 经熔融制成的玻璃球泡，厚度为 $0.03 \sim 0.1\ mm$。

一支功能良好的 pH 玻璃电极，应该有理论上的能斯特响应，即在不同 pH 的标准缓冲溶液中测得的电极电位与 pH 呈线性关系。通过实验，可绘制出电极的 E-pH 关系曲线，如图 7-2-2 所示，曲线中直线部分 AB 段的斜率为实际响应斜率 $S_{实}$（25 ℃ 时，$S_{实} = 59\ mV \cdot pH\ 单位^{-1}$）。实际响应斜率与理论响应斜率 $S_{理}$ 有一定的偏离，当 $\dfrac{S_{实}}{S_{理}} \times 100\% \geqslant 90\%$ 时，表示该电极有较好的能斯特响应。

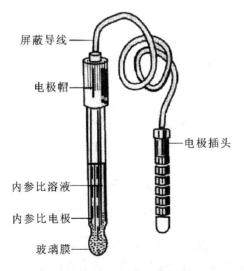

图 7-2-1　pH 玻璃电极结构

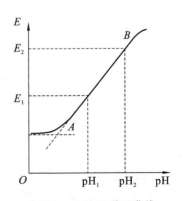

图 7-2-2　E-pH 关系曲线

用电位法测定溶液 pH 时,以 pH 玻璃电极作为指示电极(负极),饱和甘汞电极作为参比电极(正极),浸入溶液,组成工作电池:

$$AgCl, Ag | HCl(0.1\ mol \cdot L^{-1}) | 玻璃膜 | 试液 \| KCl(饱和) | Hg_2Cl_2, Hg$$

pH 玻璃电极的电位随溶液中 H^+ 浓度的不同而不同,而饱和甘汞电极的电位保持相对稳定,在零电流条件下测量两个电极之间的电位差(即工作电池的电动势),此电动势与溶液 pH 呈线性关系,即

$$E = K + 0.059\ 1pH \quad (25\ ℃) \tag{1}$$

式中的常数 K 称为玻璃电极常数,它与玻璃电极的性质有关,但无法准确确定它的数值,故在实际测定中采用相对法。即先用标准缓冲溶液校准酸度计,测出标准缓冲溶液的电动势 E_s:

$$E_s = K_s + 0.059\ 1pH_s \quad (25\ ℃) \tag{2}$$

然后在相同测定条件下,测定待测溶液的电动势 E_X:

$$E_X = K_X + 0.059\ 1pH_X \quad (25\ ℃) \tag{3}$$

由于测定条件相同,因此 $K_s = K_X$,式(2)和式(3)相减可得

$$pH_X = pH_s + \frac{E_X - E_s}{0.059\ 1} \tag{4}$$

pH_s 已知,通过测定 E_s 和 E_X,不需知道常数 K,酸度计即可直接给出待测溶液的 pH。需要注意的是,由式(4)求得的 pH_X 并非定义规定($pH = -lg a_{H^+}$)的 pH,而是以标准缓冲溶液为标准的相对值,通常称为 pH 标度。为减小测量误差,标定时应选用与试液 pH 相近的标准缓冲溶液校准酸度计,在测定过程尽可能保持溶液温度恒定。

技能目标是能学会检查 pH 玻璃电极性能,能用酸度计准确测定饮料 pH。

【仪器与试剂】

1. 仪器

pHS-2 型酸度计(或 ZD-2 型电位滴定仪)、pH 玻璃电极(或 pH 复合电极)、饱和甘汞电极、玻璃烧杯(50 mL)。

2. 试剂

(1) pH 为 4.00 的标准缓冲溶液(25 ℃):称取在 110 ℃烘干 1～2 h 的邻苯二甲酸氢钾($KHC_8H_4O_4$)10.21 g,在烧杯中溶解后,移至 1 000 mL 容量瓶中,稀释至刻度,摇匀。

(2) pH 为 6.86 的标准缓冲溶液(25 ℃):称取磷酸二氢钾(KH_2PO_4)3.39 g 和磷酸氢二钠(Na_2HPO_4)3.35 g,置于烧杯中,用水溶解,移至 1 000 mL 容量瓶中,稀释至刻度,摇匀。

(3) pH 为 9.18 的标准缓冲溶液(25 ℃):称取 3.80 g 硼砂($Na_2B_4O_7 \cdot 10H_2O$),在烧杯溶解后,移至 1 000 mL 容量瓶中,稀释至刻度(所用蒸馏水需煮沸以除去 CO_2),摇匀,转入洁净、干燥的塑料瓶中保存。

(4) 广范 pH 试纸。

【操作步骤】

(1) 接通酸度计(或电位滴定仪)电源,预热 30 min 以上,校正仪器温度。将 pH 玻璃电极(或 pH 复合电极)接仪器指示电极接口,饱和甘汞电极接仪器参比电极接口。

(2) pH 玻璃电极性能检查。

① 在 50 mL 烧杯中盛 20 mL 左右的 pH 为 4.00 的标准缓冲溶液,将电极浸入其中,选择"mV"挡。不时摇动烧杯,使指针稳定后读数,记下数据 E(单位为mV)。

② 用蒸馏水轻轻冲洗电极,用滤纸吸干。在 50 mL 烧杯中盛 20 mL 左右的 pH 为 9.18 的标准缓冲溶液,选择"mV"挡,不时摇动烧杯,使指针稳定后读数,记下数据 E(单位为mV)。

③ 同(2)的操作,更换为 pH 为 6.86 的标准缓冲溶液。

(3) 测定饮料 pH。

① 将电极用蒸馏水冲洗干净,用滤纸吸干。

② 先用广范 pH 试纸粗测溶液的 pH,再用与测得的溶液 pH 最接近的两种标准缓冲溶液校正仪器。

具体步骤如下:a.用温度计测出被测溶液的温度,按"温度"键,将测出的溶液温度值输入仪器中,按"确认"键;b.按仪器上"—/标定"键,液晶窗口的右下角显示"标定",将清洗过的电极插入 pH 为 6.86 的标准缓冲溶液中,等待仪器窗口电位显示稳定后即可(一点校正结束);c.取出电极,用蒸馏水清洗电极,将清洗干净的电极插入 pH 为 4.00(或 pH 为 9.18)的标准缓冲溶液中,等待仪器窗口电位显示稳定后,按"确认"键,完成二点标定,标定过程结束。

③ pH 的测量:按"pH/mV"键,使液晶窗口左上角显示"pH";用蒸馏水清洗电极,再用被测溶液清洗一次;用温度计测出被测溶液的温度,按"温度"键,将测出的溶液温度值输入仪器中,按"确认"键;将电极插入被测溶液中,搅拌溶液使溶液均匀后,读取液晶窗口显示稳定时的 pH。

④ 取下电极,用蒸馏水冲洗干净,妥善保存,实验完毕。

【数据记录及处理】

(1) 根据实验结果,用 E 作纵坐标,pH 作横坐标,绘制 E-pH 关系曲线,求其直线斜率,该斜率即为 pH 玻璃电极的 $S_{实}$。将 $S_{实}$ 与 $S_{理}$ 相比较,若 $S_{实}$ 偏离 $S_{理}$ 很多,则此电极不能使用。

(2) 记录所测试样溶液 pH。

【注意事项】

(1) pH 玻璃电极在使用前必须在蒸馏水中浸泡 24 h 左右,进行活化。注意电极使用的 pH 范围,不能在很浓的酸或碱液中使用。

(2) 酸度计的输入端(即测量电极插座)必须保持干燥、清洁。在环境湿度较高的场所使用时,应将电极插座和电极引线柱用干净纱布擦干。读数时电极引入导线和溶液应保持静止,否则会引起仪器读数不稳定。

(3) 标准缓冲溶液配制要准确无误,否则将导致测量结果不准确。

(4) 若要测定某固体样品水溶液的 pH,除特殊说明外,一般应称取 5 g 样品(称准至 0.01 g),用无 CO_2 的水溶解并稀释至 100 mL,配成试样溶液,然后再进行测量。

(5) 由于待测试样的 pH 常随空气中 CO_2 等因素的变化而改变,因此采集试样后应立即测定,不宜久存。

(6) 注意用电安全,合理处理、排放实验废液。

【思考与讨论】

(1) 测定溶液 pH 前,为什么要选用与待测溶液的 pH 相近的标准缓冲溶液来定位?

(2) 使用 pH 玻璃电极测定溶液 pH 时,应匹配何种类型的电位计?

实验 7-2　离子选择性电极法测定自来水中氟离子的含量(基础性实验)

【目的要求】

(1) 学习氟离子选择性电极测定氟离子浓度的原理和方法。

(2) 掌握用标准曲线法测定水中氟离子的方法。

【基本原理与技能】

离子选择性电极法是以离子选择性电极作为指示电极的电位分析法。离子选择性电极是对某些特定离子有选择性响应的电化学敏感元件。氟离子选择性电极(简称氟电极)由 LaF_3 单晶敏感膜(内掺有微量 EuF_2,利于导电)、内参比溶液(0.1 mol · L^{-1} NaF-0.1 mol · L^{-1}NaCl 混合溶液)和内参比电极(Ag-AgCl 电极)组成,其结构如图 7-2-3 所示。将氟电极浸入含 F^- 溶液中时,其敏感膜内、外两侧产生膜电位。

以氟电极作为指示电极,饱和甘汞电极作为参比电极,浸入试液组成工作电池:

$$Hg, Hg_2Cl_2 | KCl(饱和) \| F^- \text{ 试液} | LaF_3 | NaF, NaCl(均为 0.1 \text{ mol · } L^{-1}) | AgCl, Ag$$

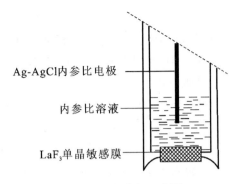

Ag-AgCl内参比电极

内参比溶液

LaF₃单晶敏感膜

图 7-2-3 氟电极示意图

工作电池的电动势与离子活度 a_{F^-} 的对数呈线性关系,即

$$E=K-0.059\ 11\lg a_{F^-} \quad (25\ ℃)$$

由活度与浓度的关系

$$a_{F^-}=\gamma c_{F^-} \quad (\gamma\ 为活度系数)$$

根据路易斯经验式

$$\lg\gamma_{\pm}=-\kappa\sqrt{I} \quad (\kappa\ 为常数,I\ 为离子强度)$$

测量时在试液中加入大量惰性电解质(如 $NaCl$、KNO_3 等),可维持溶液离子强度恒定,此时 $\gamma_{\pm}$ 可视为定值,工作电池的电动势与浓度 c_{F^-} 的对数也呈线性关系,即

$$E=k-0.059\ 11\lg c_{F^-} \quad (25\ ℃)$$

配制一系列不同浓度的 F^- 标准溶液,并测定其 E 值,作出 E-$\lg c_{F^-}$ 的标准曲线,即可用测出水样的 E_X 值,在标准曲线上求得水中氟的含量。

氟电极的适用酸度范围为 pH=5~6。若 pH 过低,易形成 HF 或 HF_2^-,降低 F^- 的浓度,从而影响氟电极电势;若 pH 过高,易引起单晶敏感膜中 La^{3+} 的水解,形成 $La(OH)_3$,影响电极的响应。故本实验用 HAc-NaAc 缓冲溶液来控制试液的 pH。氟电极测定试液浓度,在 10^{-6}~0.1 mol·L^{-1} 范围内呈线性响应,检测下限在 10^{-7} mol·L^{-1} 左右。另外,水中的氟离子非常容易与 Al^{3+}、Fe^{3+} 等离子配位,因此在测定时必须加入配位能力较强的配位体,如柠檬酸钠,掩蔽 Al^{3+}、Fe^{3+} 等离子,才能得到可靠、准确的结果。

技能目标是能用氟离子选择性电极准确测定自来水中氟离子含量。

【仪器与试剂】

1. 仪器

pHS-2 型酸度计或其他类型的酸度计、氟电极、饱和甘汞电极、电磁搅拌器、容量瓶(100 mL、1 000 mL)、吸量管(10 mL)、塑料烧杯(100 mL)。

2. 试剂

(1) 0.100 mol·L^{-1}F$^-$标准溶液：准确称取分析纯 NaF(120 ℃干燥 2 h 后，冷却)4.20 g，置于小烧杯中，用水溶解后转移至 1 000 mL 容量瓶中，用水稀释至刻度，摇匀，转入洗净后干燥的塑料瓶中备用。

(2) 总离子强度调节缓冲溶液(TISAB)：在 1 000 mL 烧杯中加入 500 mL 水和 57 mL 冰乙酸，加入 58 g NaCl、12 g 柠檬酸钠(Na$_3$C$_6$H$_5$O$_7$·2H$_2$O)，搅拌至完全溶解。将烧杯置于冷水中，用酸度计控制，缓慢滴加 6 mol·L^{-1}NaOH 溶液，至溶液的 pH＝5.0～5.5，冷却至室温，转入 1 000 mL 容量瓶中，用水稀释至刻度，摇匀，转入洗净后干燥的试剂瓶中。

【操作步骤】

1. 仪器的准备

接通仪器电源，预热 20 min 以上，校正仪器温度。将氟电极接仪器指示电极接口，饱和甘汞电极接仪器参比电极接口，选择"mV"挡。将两电极插入蒸馏水中，开动搅拌器，调节搅拌速度适中。清洗电极，若读数大于－300 mV(即空白电位)，则更换蒸馏水。如此反复清洗，直至读数小于－300 mV。（若仍不能使读数小于－300 mV，可用金相砂纸轻轻擦拭氟电极，继续清洗至－300 mV）

2. 标准曲线法

准确吸取 10.00 mL 0.100 mol·L^{-1}F$^-$标准溶液，置于 100 mL 容量瓶中，加入 10.0 mL TISAB，用水稀释至刻度，摇匀，得 pF 为 2.0(以下均用"pF"代表"－lgc_{F^-}")的溶液；准确吸取 10.00 mL pF 为 2.00 的溶液，置于 100 mL 容量瓶中，加入 9.0 mL TISAB，用水稀释至刻度，摇匀，得 pF 为 3.00 的溶液；仿照上述步骤，配制 pF 为 4.00、pF 为 5.00、pF 为 6.00 的溶液。将配制的系列标准溶液按浓度从低到高的顺序依次转入干燥的塑料小烧杯中，插入电极，开动搅拌器，调节好速度搅拌 3 min，至指针无明显移动时，读取各溶液的 E 值，并记录于表 7-2-1 中。

3. 水样测定

吸取 10.00 mL 水样，置于 100 mL 容量瓶中，加入 10.0 mL TISAB，用水稀释至刻度，摇匀，转入干燥的塑料小烧杯中。用蒸馏水清洗电极至空白电位－300 mV，按标准溶液的测定步骤，测定其 E$_X$值。

【数据记录及处理】

(1) 实验数据：
将所测电动势填写在表 7-2-1 中。

表 7-2-1　溶液的 E 值

pF	2.00	3.00	4.00	5.00	6.00
$E/(-\text{mV})$					

$E_X = $ ＿＿＿＿＿ mV。

（2）以 E 为纵坐标，pF 为横坐标，绘制 E-pF 标准曲线。

（3）在标准曲线上找出与 E_X 值相对应的 pF 值，求得原始试液中 F^- 的含量，以 $g \cdot L^{-1}$ 表示。

【注意事项】

（1）氟电极使用前应在盛有 1.0×10^{-3} mol·L^{-1} NaF 溶液的塑料烧杯中浸泡 $1 \sim 2$ h。饱和甘汞电极使用前应检查内电极是否浸入饱和 KCl 溶液中，若未浸入，应补充饱和 KCl 溶液。

（2）在用氟电极测定标准溶液与样品溶液时，电磁搅拌器的搅拌速度应保持一致。

（3）测量时浓度应由稀至浓。每次测定前要用被测试液清洗电极、烧杯及搅拌磁子。

（4）测定系列标准溶液后，应将电极清洗至原空白电位值，然后再测定未知液的 E_X 值。

（5）测定过程中更换溶液时"测量"键必须处于断开位置，以免损坏离子计。

（6）测定过程中搅拌溶液的速度应恒定。

（7）氟电极晶片上如有油污，用脱脂棉依次以酒精、丙酮轻拭，再用蒸馏水洗净。为了防止晶片内侧附着气泡，测量前让晶片朝下，轻击电极杆，以排除晶片上可能附着的气泡。

【思考与讨论】

（1）测定 F^- 浓度时，加入的 TISAB 由哪些成分组成？各起什么作用？

（2）测定系列标准溶液时，为什么按浓度从低到高的顺序进行？

（3）使用氟电极时应该注意哪些问题？

实验 7-3　乙酸的电位滴定分析及电离常数的测定（综合性实验）

【目的要求】

（1）学习电位滴定的基本原理和操作技术。

（2）运用 pH-V 曲线和 $\dfrac{\Delta\text{pH}}{\Delta V}$-V 曲线与二级微商法确定滴定终点。

【基本原理和技能】

乙酸（HAc）为一元弱酸，其 $pK_a=4.74$（文献值），当以氢氧化钠标准溶液滴定乙酸试液时，在化学计量点附近可观察到 pH 的突跃。

将玻璃电极与饱和甘汞电极插入试液，即组成下面的化学电池（如图 7-2-4 所示）：

AgCl,Ag ｜ HCl(0.1 mol · L^{-1}) ｜ 玻璃膜 ｜ HAc 试液 ‖ KCl(饱和) ｜ Hg$_2$Cl$_2$,Hg

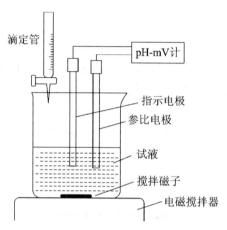

图 7-2-4　电位滴定装置

该化学电池的电动势在酸度计上反映出来并表示为滴定过程中的 pH，记录加入氢氧化钠标准溶液的体积 V 和相应的被滴定溶液的 pH，然后由 pH-V 曲线和 $\dfrac{\Delta\text{pH}}{\Delta V}$-V 曲线，求得终点时消耗的氢氧化钠标准溶液的体积。也可用二级微商法，于 $\dfrac{\Delta^2\text{pH}}{\Delta V^2}=0$ 处算出终点时氢氧化钠标准溶液的体积。根据氢氧化钠标准溶液的浓度、所消耗的体积和试液的体积，即可求得试液中乙酸的原始浓度，也可求得终点时弱酸盐的浓度，即 NaAc 的浓度 c_{NaAc}。根据酸碱质子理论，NaAc 是一种弱碱，其溶液的 pH 可根据下式计算：

$$[\text{OH}^-]=\sqrt{c_{\text{NaAc}}K_b}=\sqrt{c_{\text{NaAc}}\dfrac{K_W}{K_a}}$$

$$K_a=\dfrac{K_W c_{\text{NaAc}}}{[\text{OH}^-]}$$

电位滴定法主要用于被测溶液颜色深，不易观察滴定过程中指示剂颜色变化，或无适合的指示剂的滴定分析中。在滴定反应平衡常数较小，滴定突跃不明显时，常采用电位滴定法，然后进行一定的数据处理（如三切线法、一阶微商法、二阶微商法）确定滴定终点。

电位滴定法分析时间较长，如能使用自动电位滴定仪，采用计算机处理数据，则可达到简便、快速的目的。

技能目标是能用电位滴定法准确测定乙酸浓度，并能用电位滴定分析其电离常数。

【仪器与试剂】

1. 仪器

pH 复合电极、精密酸度计、磁力搅拌器、微量滴定管、烧杯（100 mL）、吸量管（5 mL）、移液管（10 mL）。

2. 试剂

$0.05\ mol \cdot L^{-1}\ Na_2HPO_4$-$0.05\ mol \cdot L^{-1}\ KH_2PO_4$ 标准缓冲溶液（pH＝6.86）、$0.05\ mol \cdot L^{-1}$邻苯二甲酸氢钾标准缓冲溶液（pH＝4.00）、$0.1\ mol \cdot L^{-1}$氢氧化钠溶液、$0.1\ mol \cdot L^{-1}$乙酸溶液、$0.100\ 0\ mol \cdot L^{-1}$草酸标准溶液。

【操作步骤】

(1) 连接好仪器，打开酸度计电源开关，预热 30 min。

(2) 用 pH＝4.00 和 pH＝6.86 两种标准缓冲溶液对仪器进行两点校正。要求仪器读数 pH 值和标准 pH 值之差在±0.05pH 单位之内。

(3) 准确移取 5.00 mL 草酸标准溶液于 100 mL 烧杯中，加蒸馏水 30 mL，放入搅拌磁子。将待标定的氢氧化钠溶液装入微量滴定管中，使液面在 0.00 mL 处。

(4) 开动搅拌器，调节至适当的搅拌速度，进行粗测，即测量在加入 0 mL，1 mL，2 mL，…，10 mL 氢氧化钠溶液时各点的 pH，将测量数据记录在表 7-2-2 中。根据测量的数据，初步判断发生 pH 突跃时所需氢氧化钠溶液的体积范围（ΔV_{ep}）。

(5) 重复步骤(3)和(4)的操作，然后进行细测，即在化学计量点附近取较小的等体积增量，以增加测量点的密度，并在读取滴定管读数时，读准至小数点后第二位。例如，在粗测时假设突跃所需氢氧化钠溶液体积范围，即 ΔV_e 为 8～9 mL，则在细测时，在加入 8.00 mL 氢氧化钠溶液后，以 0.10 mL 为体积增量，测量加入 8.00 mL，8.10 mL，…，9.00 mL 氢氧化钠溶液时各点的 pH。将相应的数据记录在表 7-2-3 中。

(6) 准确移取 10.00 mL 乙酸于 100 mL 烧杯中，加蒸馏水 30 mL，放入搅拌磁子。按照步骤(4)和(5)的操作，记录每个点对应的氢氧化钠溶液体积和被测溶液的 pH。将相应的数据记录在表 7-2-4 和表 7-2-5 中。

表 7-2-2　粗测氢氧化钠溶液

V/mL	0	1	2	3	4	5	6	7	8	9	10
pH											

表 7-2-3　细测氢氧化钠溶液

V/mL	
pH	
$\Delta pH/\Delta V$	
$\dfrac{\Delta^2 pH}{\Delta V^2}$	

表 7-2-4　粗测乙酸溶液

V/mL	0	1	2	3	4	5	6	7	8	9	10
pH											

表 7-2-5　细测乙酸溶液

V/mL	
pH	
$\Delta pH/\Delta V$	
$\dfrac{\Delta^2 pH}{\Delta V^2}$	

【数据记录及处理】

1. 分析氢氧化钠溶液

(1) 数据记录:

(2) 根据实验数据,计算各点对应的 ΔV 和 ΔpH 的值。

(3) 在坐标纸上或采用相关程序作 pH-V 曲线和 $\dfrac{\Delta pH}{\Delta V}$-$V$ 曲线,并确定滴定草酸时,达到滴定终点消耗氢氧化钠溶液的体积 V_{ep},或采用内插法计算出滴定终点时消耗氢氧化钠溶液的体积 V_{ep}。

(4) 由滴定终点时消耗氢氧化钠溶液的体积 V_{ep},计算氢氧化钠溶液的准确浓度 c_{NaOH}。

2. 分析乙酸溶液

(1) 数据记录:

（2）根据实验数据，计算各点对应的 ΔV 和 $\Delta \mathrm{pH}$ 的值。

（3）在坐标纸上或采用相关程序作 pH-V 曲线和 $\dfrac{\Delta \mathrm{pH}}{\Delta V}$-$V$ 曲线，并确定滴定乙酸时，达到滴定终点消耗氢氧化钠溶液的体积 V_{ep}，或采用内插法计算出滴定终点时消耗氢氧化钠溶液的体积 V_{ep} 和此时溶液的 pH。

（4）由滴定终点时消耗氢氧化钠溶液的体积 V_{ep}、c_{NaOH} 以及移取的乙酸溶液体积，计算乙酸溶液的原始浓度 c_{HAC}，计算公式如下：

$$c_{\mathrm{HAc}} = \frac{c_{\mathrm{NaOH}} V_{\mathrm{ep}}}{10.00 \ \mathrm{mL}}$$

（5）计算滴定终点时乙酸钠的浓度 c_{NaAc}，计算公式如下：

$$c_{\mathrm{NaAc}} = \frac{c_{\mathrm{NaOH}} V_{\mathrm{ep}}}{V_{\mathrm{ep}} + 10.00 \ \mathrm{mL}}$$

（6）由内插法计算出滴定终点时溶液的 pH，把它换算成 $[\mathrm{OH}^-]$，根据下式计算乙酸的电离常数：

$$K_{\mathrm{a}} = \frac{K_{\mathrm{W}} c_{\mathrm{NaAc}}}{[\mathrm{OH}^-]}$$

【注意事项】

（1）接近终点时要放慢滴定速度，一滴一滴或半滴半滴地加入。

（2）电极使用前必须浸泡，因为 pH 球泡表面有一层很薄的水合凝胶层，它只有在充分浸泡后才能与溶液中的 H^+ 具有稳定的良好响应。如急用，可把 pH 复合电极浸泡在 $0.1 \ \mathrm{mol \cdot L^{-1}}$ 盐酸中 1 h，再用蒸馏水冲洗干净，即可使用。测量浓度较大的溶液时，尽量缩短测量时间，用后仔细清洗，防止被测液黏附在电极上而污染电极。pH 复合电极不用时，可充分浸泡于 $3 \ \mathrm{mol \cdot L^{-1}}$ 氯化钾溶液中。切忌用洗涤液或其他吸水性试剂浸洗。

【思考与讨论】

（1）测定未知溶液 pH 时，为什么要用 pH 标准缓冲溶液进行校正？

（2）测得的乙酸的 K_{a} 与文献值比较有何差异？如有，说明原因。

（3）用氢氧化钠溶液滴定磷酸溶液，怎样计算 $K_{\mathrm{a_1}}$、$K_{\mathrm{a_2}}$、$K_{\mathrm{a_3}}$？

（4）如果不采用公式计算的方法确定乙酸的 K_{a}，只根据所作的 pH-V 曲线或 $\dfrac{\Delta \mathrm{pH}}{\Delta V}$-$V$ 曲线能不能得到乙酸的 K_{a}？若能，说明得到的具体方法和原因。

实验 7-4　硫酸铜电解液中氯离子的电位滴定(基础性实验)

【目的要求】

(1) 学习电位滴定法的基本原理,了解其应用范围,掌握硫酸铜电解液中氯离子含量的测定方法。

(2) 了解自动电位滴定仪的构造,学习手动和自动滴定法操作技术。

(3) 掌握用 $E\text{-}V$、$\Delta E/\Delta V\text{-}V$、$\Delta^2 E/\Delta V^2\text{-}V$ 曲线确定滴定终点的方法,并确定滴定终点电位值。

(4) 根据滴定剂 $AgNO_3$ 标准溶液的用量,计算硫酸铜电解液中氯离子的含量($g \cdot L^{-1}$ 和 $mol \cdot L^{-1}$)。

【基本原理与技能】

电位滴定法是根据滴定过程中化学计量点附近的电位突跃来确定终点的分析方法,能应用于酸碱滴定、沉淀滴定等各类滴定分析。

用电解法精炼铜时,硫酸铜电解液中的氯离子浓度不能过大,需要经常加以测定。由于硫酸铜溶液本身具有很深的蓝色,无法用指示剂来确定终点,因此不能用普通容量法进行滴定。

用电位滴定法测定氯离子时,以 $AgNO_3$ 标准溶液为滴定剂,在滴定过程中,氯离子和银离子的浓度发生变化,可用银电极或氯离子选择性电极作为指示电极,指示在化学计量点附近发生的电位突跃。

以 $AgNO_3$ 标准溶液为滴定剂测定硫酸铜电解液中氯离子含量的滴定反应式为

$$Ag^+ + Cl^- =\!=\!= AgCl \downarrow$$

本实验用银电极作指示电极,双盐桥饱和甘汞电极(217 型)作参比电极,组成原电池。因为测定的是氯离子(Cl^-),所以要用带硝酸钾盐桥的饱和甘汞电极作为参比电极,也可采用饱和硫酸亚汞电极,以避免氯离子的沾污。

滴定过程中,银电极电位随溶液中 Cl^-(或 Ag^+)浓度的变化而变化。

化学计量点前,银电极的电位取决于 Cl^- 浓度,即

$$E = E^{\ominus}_{AgCl/Ag} - 0.059\,1\,\lg c_{Cl^-}$$

化学计量点后,银电极的电位取决于 Ag^+ 浓度,即

$$E = E^{\ominus}_{Ag^+/Ag} + 0.059\,1\,\lg c_{Ag^+}$$

在化学计量点附近,Cl^-(或 Ag^+)浓度发生突变,致使银电极的电位发生突变。

滴定终点可由电位滴定曲线来确定。即 $E\text{-}V$ 曲线(突跃中点)、一次微商 $\Delta E/\Delta V\text{-}V$ 曲线($\Delta E/\Delta V$ 最大点)、二次微商 $\Delta^2 E/\Delta V^2\text{-}V$ 曲线($\Delta^2 E/\Delta V^2 = 0$ 点)。

技能目标是能用一级微商 $\Delta E/\Delta V\text{-}V$ 曲线和二级微商 $\Delta^2 E/\Delta V^2\text{-}V$ 曲线确定滴

定终点时消耗硝酸银溶液的体积。

【仪器与试剂】

1. 仪器

自动电位滴定仪、搅拌器、酸式(棕色)滴定管(10 mL)、银电极(216 型,事先用金相砂纸擦去表面氧化物)、饱和甘汞电极(217 型双盐桥,内盐桥为饱和 KCl 溶液,外盐桥为一定浓度的 KNO_3 溶液)、移液管(25 mL)、烧杯(150 mL)。

2. 试剂

(1) 0.050 mol·L^{-1} $AgNO_3$ 标准溶液:准确称取 8.500 g 硝酸银(AR),用水溶解后稀释至 1 L。硝酸银最好选用基准试剂,如选用分析纯,则此溶液最好用标准氯化钠溶液进行标定。

(2) 硫酸铜电解液(含氯离子):称取0.12~0.14 g NaCl,溶于2 000 mL 0.1 mol·L^{-1} 硫酸铜溶液中,即为硫酸铜电解液。

(3) 0.1 mol·L^{-1} KNO_3 溶液。

【操作步骤】

1. 手动电位滴定

将银离子选择性电极及饱和甘汞电极(带盐桥,盐桥套管内装 2/3 的 KNO_3 溶液)装在滴定台的夹子上。按使用说明书设置好仪器。准确吸取硫酸铜电解液 25.00 mL,置于 150 mL 烧杯中,加水约 25 mL,放入搅拌磁子,置于电磁搅拌器上。将两电极浸入试液,按下读数开关,读取初始电位,在滴定管中加入 $AgNO_3$ 标准溶液并调好零点。每加入一定体积的硝酸银溶液,记录一次电位值,读数时停止搅拌。开始滴定时,每次可加 1.00 mL;当达到化学计量点附近时(化学计量点前后约 0.5 mL),每次加 0.10 mL;过了化学计量点后,每次仍加 1.00 mL,一直滴加到 9.00 mL。

2. 自动电位滴定

根据手动滴定曲线($\Delta^2 E/\Delta V^2$-V 曲线),可求得终点电位。以此电位值为控制依据,进行自动电位滴定。

准确吸取硫酸铜电解液 25.00 mL,置于 150 mL 烧杯中,加水约 25 mL,放入搅拌磁子,置于搅拌器上。将两电极浸入试液。将滴定管装上 $AgNO_3$ 标准溶液,调节好液面后,开启搅拌器,按下"滴定开始"按钮,开始滴定。待"终点"灯提示后,滴定结束,读取滴定管读数。记下 $AgNO_3$ 标准溶液的用量。

实验结束,将仪器复原,洗净电极,擦干,干燥保存。

【数据记录及处理】

(1) 根据手动电位滴定的数据,绘制电位(E)对滴定剂体积(V)的滴定曲线以及

$\Delta E/\Delta V$-V、$\Delta^2 E/\Delta V^2$-V 曲线，并用二次微商法确定终点体积。

（2）根据滴定终点时所消耗的 $AgNO_3$ 标准溶液的体积，计算试液中 Cl^- 的质量浓度（以 $mol \cdot L^{-1}$、$g \cdot L^{-1}$ 表示）。计算公式如下：

$$氯离子含量(mol \cdot L^{-1}) = c_{AgNO_3} V_{AgNO_3} / V_样$$

$$氯离子含量(g \cdot L^{-1}) = c_{AgNO_3} V_{AgNO_3} M_{Cl^-} / V_样$$

【注意事项】

（1）双液接甘汞电极在使用前应拔去加在 KCl 溶液小孔处的橡皮塞，以保持足够的液压差，并检查 KCl 溶液是否足够；由于测定的是 Cl^-，为防止电极中的 Cl^- 渗入被测液而影响测定，需要加一定浓度的 KNO_3 溶液（如饱和 KNO_3 溶液等，本实验用 $0.1\ mol \cdot L^{-1} KNO_3$ 溶液）作为外盐桥。由于 Cl^- 不断渗入外盐桥，因此外盐桥内的 KNO_3 溶液不能长期使用，应在每次实验后将其倒掉。将盐桥套管洗净放干，在下次使用时重新加入 KNO_3 溶液。

（2）安装电极时，两支电极不要彼此接触，也不要碰到杯底或杯壁。

【思考与讨论】

（1）与化学分析法中的容量分析法相比，电位滴定法有何特点？

（2）本实验中为什么要用双液接甘汞电极而不用一般的甘汞电极？

（3）使用双液接甘汞电极时，应注意什么？

实验 7-5　氯离子选择性电极选择性系数的测定（基础性选做实验）

【目的要求】

（1）熟悉原电池的组成。

（2）掌握离子选择性电极选择性系数的概念、测定原理和方法。

（3）学会配制标准溶液，掌握酸度计的使用方法。

【基本原理与技能】

离子选择性电极是一种电化学传感器，它对特定的离子有电位响应。但任何一支离子选择性电极不可能只对溶液中的某特定离子有响应，对其他某些离子也会有响应，当把氯离子选择性电极浸入含有 Br^- 的溶液时，也会产生膜电位。当 Cl^- 和 Br^- 共存于溶液中时，Br^- 的存在必然对 Cl^- 的测定产生干扰。为了表明共存离子对电位的"贡献"，可用一个扩展的能斯特公式描述，即

$$E = K - \frac{2.303RT}{nF} \lg(a_i + K_{ij} a_j^{n/b})$$

式中：i——被测离子；

　　j——干扰离子；

　　n、b——被测离子、干扰离子的电荷数；

　　K_{ij}——电位选择性系数。

从上式可以看出，电位选择性系数越小，电极对被测离子的选择性越好。

K_{ij}可以用分别溶液法或混合溶液法测定，本实验采用混合溶液法测定K_{ij}。

混合溶液法是 i、j 离子共存于溶液中，实验中固定干扰离子 j 的活度 a_j，改变 i 离子的活度，配成系列标准溶液，测量电极在这些溶液中的电位值 E，绘制 $E\text{-}\lg a_i$ 曲线，如图 7-2-5 所示。曲线中的倾斜直线部分表明 a_i 显著大于 a_j，此时 j 离子对电位的贡献可以忽略，所以工作电池的电动势为

$$E_1 = K - \frac{2.303RT}{nF}\lg a_i$$

而当 $a_i \ll a_j$ 时，电极对 i 离子的响应可以忽略，此时工作电池的电动势为

$$E_2 = K - \frac{2.303RT}{nF}\lg(K_{ij}a_j^{n/b})$$

即图中近似水平的直线部分。延长两直线部分相交于 M 点，查得与 M 相对应的 a_i 值，在 M 点 $E_1 = E_2$，所以 $a_i = K_{ij}a_j^{n/b}$，即

$$K_{ij} = \frac{a_i}{a_j^{n/b}}$$

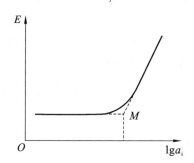

图 7-2-5　固定干扰法

本实验以 Br^- 为干扰离子，测定氯离子选择性电极的选择性系数 K_{Cl^-,Br^-}。

技能目标是能准确测定电极选择性系数，并根据电极选择性系数判断电极性能。

【仪器与试剂】

1. 仪器

pHS-2 型或其他型号酸度计、氯离子选择性电极、双盐桥饱和甘汞电极、电磁搅拌器、容量瓶（100 mL、250 mL）、吸量管（1 mL、5 mL、10 mL）。

2. 试剂

(1) 1.00 mol·L^{-1} NaCl 标准溶液:取优级纯 NaCl,置于高温炉中,在 500~600 ℃ 灼烧半小时,放置于干燥器中冷却,准确称取 14.61 g NaCl 于小烧杯中,用水溶解后转移至 250 mL 容量瓶中,配成水溶液(pCl$^-$=0)。

(2) 1.00 mol·L^{-1} NaBr 标准溶液:准确称取 25.73 g NaBr 于小烧杯中,用水溶解后转移至 250 mL 容量瓶中,配成水溶液。

(3) 总离子强度调节缓冲溶液:在 1.00 mol·L^{-1} NaNO$_3$ 溶液中,滴加浓 HNO$_3$,调节 pH 为 2~3,以 pH 试纸确定。

(4) 0.1 mol·L^{-1} KNO$_3$ 溶液:称取 10 g KNO$_3$,配成 1 L 水溶液。

【操作步骤】

(1) 吸取 1.00 mL 1.00 mol·L^{-1} NaBr 标准溶液,置于 100 mL 容量瓶中,加水稀释至刻度,摇匀,得 pBr$^-$ 为 2.0 的溶液。

(2) 在两只 100 mL 容量瓶中,分别加入 1.00 mol·L^{-1} NaCl 标准溶液 10.00 mL 和 1.00 mL,加水稀释至刻度,摇匀,得 pCl$^-$ 为 1.0、pCl$^-$ 为 2.0 的两种溶液。

(3) 在 100 mL 容量瓶中加入 10.00 mL pCl$^-$ 为 2.0 的溶液,稀释至刻度,摇匀,得 pCl$^-$ 为 3.0 的溶液。

(4) 取 7 只 100 mL 容量瓶,各加入 10.00 mL pBr$^-$ 为 2.0 的溶液和 10.00 mL 总离子强度调节缓冲溶液。

(5) 在实验步骤(4)的 7 只容量瓶中,按表 7-2-6 要求加入不同浓度、不同体积 (单位为 mL)的 Cl$^-$ 溶液,稀释至刻度,摇匀。

表 7-2-6　不同浓度 Cl$^-$ 溶液的加入体积

	编号	1	2	3	4	5	6	7
吸取	pCl$^-$=0	10.00	3.20					
	pCl$^-$=1.0			10.00	3.20			
	pCl$^-$=2.0					10.00	3.20	
	pCl$^-$=3.0							10.00
配成	pCl$^-$	1.0	1.5	2.0	2.5	3.0	3.5	4.0
	pBr$^-$	3.0	3.0	3.0	3.0	3.0	3.0	3.0

(6) 按 pHS-2 型酸度计操作步骤调试仪器,选择"mV"键。摘去饱和甘汞电极的橡皮帽,并检查内电极是否浸入饱和 KCl 溶液中,如未浸入,应补充饱和 KCl 溶液;在盐桥套管内加入 KNO$_3$ 溶液,约占套管容积的 2/3,用橡皮圈将套管连接在电极上,安装好电极。

(7) 将步骤(5)所得各溶液,由低浓度到高浓度逐个转入小烧杯中,浸入氯离子选择性电极和双盐桥饱和甘汞电极,放入搅拌磁子,开动搅拌器,调节至适当的搅拌速度,读取电极在各溶液中的电位值(mV)。

【数据记录及处理】

(1) 将测量数据填入表 7-2-7 中。

表 7-2-7　溶液中电位值

溶液编号	1	2	3	4	5	6	7
pCl^-	1.0	1.5	2.0	2.5	3.0	3.5	4.0
pBr^-	3.0	3.0	3.0	3.0	3.0	3.0	3.0
E/mV							

(2) 以电位值 E 为纵坐标,pCl^- 为横坐标,分别绘制干扰情况下的 $E\text{-}pCl^-$ 实验曲线。

(3) 延长实验曲线中两直线部分,得交点 M,并查出与 M 相对应的 pCl^-,并计算 $K_{Cl^-,Br^-} = \dfrac{c_{Cl^-}}{c_{Br^-}}$。

【注意事项】

(1) 配制溶液时,所量取各浓度溶液体积要准确。

(2) 使用双盐桥时,必须检查内参比溶液是否符合要求。

【思考与讨论】

(1) 若离子选择性电极的 K_{Cl^-,Br^-} 大于 1、等于 1 或小于 1,分别说明了什么问题?

(2) 本实验中为什么要选用双盐桥饱和甘汞电极?

实验 7-6　库仑滴定法测定药片中维生素 C 的含量(综合性选做实验)

【目的要求】

(1) 学习和掌握库仑滴定法的基本原理。

(2) 学会库仑分析仪的使用方法和有关操作技术。

(3) 学习和掌握用库仑滴定法测定维生素 C 的实验方法。

【基本原理与技能】

在酸性溶液中,I^- 可以发生电极反应生成 I_2。电解生成的 I_2 可以定量地与溶液中的维生素 C 产生化学反应,从而定量测定维生素 C 的含量。本实验使用 KLT-1 型通用库仑仪,加入较大量 KI 为支持电解质,以产生的 I_2 滴定维生素 C(Vc),当到达终点时,利用双极化电极(双铂电极)电流上升法指示终点。记录电解过程中所消耗的电量(Q),按法拉第定律,就可算出发生电解反应的物质的量,继而按维生素 C 与 I_2 反应的计量关系求得维生素 C 的含量。

电解反应:　Pt 阴极　　$2H_2O + 2e^- \Longrightarrow H_2\uparrow + 2OH^-$

　　　　　　Pt 阳极　　$2I^- \Longrightarrow I_2 + 2e^-$

滴定反应:　$I_2 + Vc \Longrightarrow Vc'(氧化产物) + 2I^-$

技能目标是能用库仑分析法准确测定药片中维生素 C 的含量。

【仪器与试剂】

1. 仪器

KLT-1 型通用库仑仪(附铂金电解池)、电磁搅拌器、洗瓶、吸量管(2 mL、5 mL)、胶头滴管、分析天平、洗耳球、容量瓶(50 mL)、微量移液器。

2. 试剂

$2\ mol \cdot L^{-1}$ KI 溶液、$0.1\ mol \cdot L^{-1}$ 盐酸、维生素 C 药片、淀粉。

【操作步骤】

1. 维生素 C 样品试液的制备

取市售维生素 C 药片一片,研磨至粉末状,准确称重后转入烧杯中,加入 5 mL $0.1\ mol \cdot L^{-1}$ 盐酸溶解,并转入 50 mL 容量瓶中,用 $0.1\ mol \cdot L^{-1}$ NaCl 溶液清洗烧杯,洗液一并转移到容量瓶中,最后用该氯化钠溶液稀释至刻度,摇匀,放置至澄清,备用。

2. 电解液的配制

取 5 mL $2\ mol \cdot L^{-1}$ KI 溶液、10 mL $0.1\ mol \cdot L^{-1}$ 盐酸,置于电解池内,用二次蒸馏水稀释至 50~60 mL,置于电磁搅拌器上搅拌均匀。取少量电解液,注入砂芯隔离的电极内,并使液面高于电解池的液面。

3. 仪器操作

(1) 准备:将所有按键全部释放,打开电源,预热 30 min。

(2) 接线:电解阳极(红)接电解池的双铂片电极,阴极(黑)接铂丝电极,将"工作/停止"开关置于"停止",指示电极两个夹子分别接在指示线路的两个独立的铂片上。

(3) 选用电流上升法指示终点。按下"电流"键、"上升指示"键,调节"补偿极化电位"在 0.4 mV 左右,使施加于指示电极间的电压约为 150 mV。将量程选择开关置于"5 mA"或"10 mA"处。

（4）校正终点：先用滴管滴加 3～4 滴维生素 C 样品试液于电解池内，启动电磁搅拌器，按下"启动"键，将"工作/停止"开关置于"工作"，按一下"电解"开关，终点指示灯灭表示电解开始。当电解到达终点时指示灯亮，电解自动停止。迅速将"工作/停止"开关置于"停止"，记下显示的电量。弹起"启动"键，显示器的数字自动消除（归零），这一步起着校正终点的作用。

4. 测量

用微量移液器准确移取 0.50 mL 澄清样品试液于电解池中，搅拌均匀后在不断搅拌下重新按下"启动"键，将"停止/工作"开关置于"工作"，按一下"电解"开关，进行电解滴定。到达终点后，电解到终点时指示灯亮，电解自动停止，记录库仑仪显示器上的数值，即为电解电量，其单位为毫库仑（mC）。将"工作/停止"开关置于"停止"，弹起"启动"键，显示器的数字自动消除。

5. 重复步骤 4

再测定两次，记录电解电量，求 3 次电解电量的平均值。

6. 复原仪器

将所有按键弹起，关闭电源，洗净电解池，存放备用。

【数据记录及处理】

根据法拉第定律，计算维生素 C 质量，即

$$m=\frac{M}{nF}Q=\frac{M}{nF}it$$

式中：m——维生素 C 质量，mg；

　　　M——维生素 C 的摩尔质量，176.1 g·mol^{-1}；

　　　n——电极反应中的电子转移数；

　　　F——法拉第常数，96 487 C·mol^{-1}；

　　　Q——电量，mC。

因为 Vc ∼ I$_2$ ∼ 2e$^-$，即 $n=2$，所以 $m=9.12\times10^{-4}Q$(mg)。因此，维生素 C 的含量可按下式计算：

$$w_{维生素C}=\frac{m}{m_{维生素药片}}\times100\%=\frac{9.12\times10^{-4}Q}{m_{维生素药片}}\times100\%$$

记录电解过程中的电量，即可求得药片中维生素的质量分数。

【注意事项】

（1）每次测定都必须准确量取试液。

（2）电极的极性切勿接错，万一接错，必须仔细清洗电极。

（3）保护管内应放溴化钾溶液。

（4）注意工作电极、辅助电极的预处理。

（5）维生素 C 在水溶液中已被溶解氧氧化,但在酸性 NaCl 溶液中较稳定。放置 8 h 的偏差为 $0.5\%\sim0.6\%$。若所用的蒸馏水预先用氮气除氧,效果更好。

（6）电解液以一次性使用为宜,如多次反复加入试液,会产生较大的误差。

【思考与讨论】

（1）库仑滴定法的原理是什么?

（2）库仑滴定的前提条件是什么?

（3）库仑滴定根据什么公式进行定量计算?

（4）配制维生素 C 试液的过程中,为什么要加入盐酸?

（5）为什么要进行终点校正?

（6）该滴定反应能否在碱性介质中进行?

实验 7-7　控制电流库仑分析法测定 $Na_2S_2O_3$ 溶液的浓度(综合性选做实验)

【目的要求】

（1）学习库仑滴定和永停法指示终点的基本原理。

（2）学习库仑滴定的基本操作技术。

【基本原理与技能】

化学分析法所用的标准溶液大部分是由另一种基准物质来标定的,而基准物质的纯度、预处理(如烘干、保干或保湿)、称量的准确度以及对滴定终点颜色的目视观察等,都对标定的结果有重要影响。库仑滴定法是通过电解产生的物质与标准溶液反应来对标准溶液进行标定,由于库仑滴定涉及的电流和时间这两个参数可进行精确的测量,因此该法准确性非常高,避免了化学分析中依靠基准物质的限制。例如对 $Na_2S_2O_3$、$KMnO_4$、KIO_3 和亚砷酸等标准溶液,都可采用库仑滴定法进行标定。

本实验是在 H_2SO_4 介质中,以电解 KI 溶液产生的 I_2 标定 $Na_2S_2O_3$ 溶液。在工作电极上以恒电流进行电解,发生下列反应：

阳极　$2I^- \longrightarrow I_2 + 2e^-$

阴极　$2H^+ + 2e^- \longrightarrow H_2$

工作阴极置于隔离室(玻璃套管)内,套管底部有一微孔玻璃板(如图 7-2-6 所示),以保持隔离室内外的电路畅通,这样的装置避免了阴极反应对测定的干扰。

阳极产物 I_2 与 $Na_2S_2O_3$ 发生以下反应：

$$I_2 + 2S_2O_3^{2-} \longrightarrow S_4O_6^{2-} + 2I^-$$

由于上述反应,在化学计量点之前,溶液中没有过量的 I_2,不存在可逆电对,因而当采用

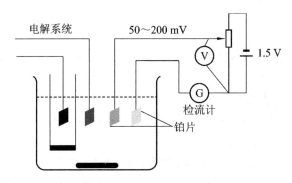

图 7-2-6 滴定终点装置示意图

双指示电极法指示滴定终点时,两个铂指示电极回路中无电流通过。当继续电解,产生的 I_2 与全部的 $Na_2S_2O_3$ 作用完毕,稍过量的 I_2 即可与 I^- 形成 I_2/I^- 可逆电对,此时在指示电极上发生下列电极反应:

指示阳极　　$2I^- \longrightarrow I_2 + 2e^-$

指示阴极　　$I_2 + 2e^- \longrightarrow 2I^-$

由于在两个指示电极之间保持一个很小的电位差(约 200 mV),因此此时在指示电极回路中立即出现电流的突跃,可以指示终点的到达。

正式滴定前,需进行预电解,以清除系统内还原性干扰物质,提高标定的准确度。

技能目标是能用控制电流库仑分析法测定 $Na_2S_2O_3$ 溶液的浓度。

【仪器与试剂】

1. 仪器

本实验可采用 KLT-1 型通用库仑仪或其他相应的仪器,也可采用自行组装的库仑滴定装置。

(1) 恒电流:DGA-12 型恒电流器或由 3~5 个 45 V 干电池与可变电阻串联构成。

(2) 电解池:200 mL 高型烧杯,工作阴极为 1 cm×1 cm 铂片电极,置于隔离室(下端有微孔玻璃板的玻璃套管)内;工作阳极为 1 cm×2 cm 铂片电极。也可以用玻碳电极作工作阳极,用不锈钢片代替铂片作工作阴极。指示电极为两支铂片电极,使用过程中铂片易弯曲变形,因此也可以改用电导电极,但灵敏度有所降低。

(3) 微安表(满刻度 50 μA)、毫安表(满刻度 5 mA)、电位器(22 kΩ)、可调电阻(最大阻值为 22 kΩ)、三极管(3DG6)、干电池(6 V)、单刀单掷开关、电磁搅拌器、秒表。

(4) 吸量管(1 mL、5 mL)、量筒(50 mL)。

2. 试剂

1 mol·L^{-1} H_2SO_4 溶液、200 g·L^{-1} KI 溶液、待标定的 $Na_2S_2O_3$ 溶液(浓度约为 0.01 mol·L^{-1})、10% HNO_3 溶液、蒸馏水。

【操作步骤】

(1) 清洗铂片电极。用热的 $10\%HNO_3$ 溶液浸泡铂片电极几分钟,先用自来水冲洗,再用蒸馏水冲干净后待用。

(2) 连接电极线路,铂工作阳极接恒电流源的正极;铂工作阴极接恒电流源的负极,并将它安装在玻璃套管(隔离室)中,玻璃套管下端具有多孔膜。电极的极性切勿接错,若接错必须仔细清洗电极。

(3) 在电解池中加入 5 mL H_2SO_4 溶液和 5 mL KI 溶液,并在玻璃套管中内加入上述两种溶液,且使套管内的液面略高于电解池中的液面。在电解池中放入搅拌磁子,插入 4 支铂片电极,加入约 50 mL 蒸馏水,确保电极完全浸没在液面下,开动电磁搅拌器。

(4) 以永停法指示终点,并调节加在铂指示电极上直流电压为 50~100 mV。

(5) 开启库仑滴定仪恒电流源开关,调节恒电流器的旋钮,使输出电流在 4~5 mA。此时铂工作阳极上有 I_2 产生,回路中有电流显示,立即用滴管向电解池中加入几滴待标定的 $Na_2S_2O_3$ 溶液,使电流回至原值,立即关闭恒电流源开关,停止电解,这一步骤能将 KI 溶液中的还原性杂质除去,称为预电解。

(6) 准确吸取 1.00 mL $Na_2S_2O_3$ 溶液于电解池中,开动电磁搅拌器,开启恒电流源开关,进行电解,同时按秒表计时,直至毫安表上有电流显示,立即关闭恒电流源开关,同时按停秒表,记录电解时间 t,完成一次测定。

(7) 重复操作步骤(6)的操作 1~2 次,电解液可反复使用多次,不必更换;若电解池中溶液过多,可倒掉部分后,继续使用。

(8) 关闭总电源,拆除电极接线,洗净电解池及电极,并注入去离子水。

【数据记录及处理】

(1) 记录实验数据。

① 每次取待标定的 $Na_2S_2O_3$ 溶液的体积:＿＿＿＿＿＿ mL。

② 列表记录 3 次测量的电解电流与电解时间,并求其平均值(表 7-2-8)。

表 7-2-8　电解电流与电解时间

编号	1	2	3	平均值
电解电流 i/mA				
电解时间 t/s				

(2) 计算 $Na_2S_2O_3$ 溶液的浓度,公式如下:

$$c_{Na_2S_2O_3}=\frac{it}{96\ 485V}$$

式中:$c_{Na_2S_2O_3}$——$Na_2S_2O_3$ 溶液的浓度,mol·L^{-1};

i——电流,mA;

t——电解时间,s;

V——试液体积,mL。

(3) 计算浓度的平均值和标准偏差。

【注意事项】

(1) 平行测定之前都要对电极和烧杯进行清洗,并且要进行预电解。

(2) 电极的接线切勿接错,万一接错,一定要清洗电极。

(3) 每次测定都必须准确移取试液。

【思考与讨论】

(1) 结合本实验,说明以库仑滴定法标定溶液浓度的基本原理。与化学分析中的标定方法相比较,本法有何优点?

(2) 本实验应从哪几方面着手,提高标定准确度?

(3) 为什么要进行预电解?

(4) 写出铂工作阳极和铂工作阴极上的反应。

实验 7-8　电导池常数及水纯度的测定(基础性实验)

【目的要求】

(1) 掌握电导法测定水纯度的基本原理和方法。

(2) 熟悉电导池常数的测定和电导率仪的使用方法。

(3) 了解电导率仪的结构。

【基本原理和技能】

在电解质溶液中,带电离子在电场的作用下移动而传递电荷,因此,具有导电作用。导电能力的强弱称为电导(G)。电导是电阻的倒数,根据欧姆定律有

$$G=\frac{1}{R}=\frac{A}{\rho l}=\frac{\kappa}{\theta}$$

上式表明,电导 G 与电极的横截面积 $A(\mathrm{cm}^2)$ 成正比,与电极的间距 $l(\mathrm{cm})$ 成反比。对于一个给定的电极而言,电极面积 A 与间距 l 都是固定不变的,故 l/A 是常数,称为电导池常数,以 θ 表示。$\kappa=\dfrac{1}{\rho}$,称为电导率。

电导率 κ 是溶液中电解质含量的量度指标,电解质含量高的水,电导率大。因此,用电导率可以判断水的纯度或测定溶液中电解质的浓度,也可以初步评价天然水受导

电物质的污染程度。25 ℃时,纯水的理论电导率为 $5.48×10^{-6}$ S·m^{-1},一般分析实验室使用的蒸馏水或去离子水的电导率要求小于 $1×10^{-4}$ S·m^{-1}。

用电导率仪测定溶液的电导率,一般使用已知电导池常数的电导电极,读出电导值后再乘以电极的电导池常数,即得被测溶液的电导率。

技能目标是能用电导法准确测定溶液的电导率。

【仪器与试剂】

1. 仪器

电导率仪、电导电极(铂光亮电极和铂黑电极)、温度计、恒温槽、容量瓶(1 000 mL)、烧杯(50 mL)。

2. 试剂

KCl 标准溶液(0.010 0 mol·L^{-1}):准确称取 120 ℃干燥 4 h 的 KCl(GR)0.745 6 g,加纯水(电导率$<1×10^{-5}$S·m^{-1})溶解后转入 1 000 mL 容量瓶,并稀释至标线。

【操作步骤】

将电导率仪插接电源线,打开电源开关,预热 10 min。

1. 电导池常数的测定

(1) 参比溶液法:清洗电极,将 0.010 0 mol·L^{-1} KCl 标准溶液 30 mL 注入 50 mL 烧杯中,把电极插入该溶液中,并接上电导率仪,调节仪器及溶液温度为 25 ℃,测其电导 G_{KCl},并按下式计算电导池常数:

$$\theta = \frac{\kappa_{KCl}}{G_{KCl}}$$

式中,κ_{KCl} 为 KCl 溶液的电导率。25 ℃时 0.010 0 mol·L^{-1} KCl 标准溶液的电导率参见表 7-2-9 所示。

表 7-2-9　0.010 0 mol·L^{-1} KCl 标准溶液的电导率

温度/℃	电导率/(S·cm^{-1})	温度/℃	电导率/(S·cm^{-1})
20	0.001 278	25	0.001 413
21	0.001 305	26	0.001 441
22	0.001 332	27	0.001 468
23	0.001 359	28	0.001 496
24	0.001 386	29	0.001 524

(2) 比较法:用 1 支已知电导池常数(θ_s)的电极、1 支未知电导池常数的电极,测量同一溶液的电导。测量时先清洗电极,在同样的温度下插入溶液中,依次把它们接到电导率仪上,分别测出其电导值 G_s、G_x,按下式计算电导池常数:

$$\theta = \theta_s \frac{G_s}{G_x}$$

2. 去离子水电导率的测定

(1) 用去离子水洗涤 50 mL 烧杯 3 次,取 30 mL 去离子水注入 50 mL 烧杯中,用温度计测量该水样的温度,将温度旋钮置于被测水样的实际温度相应的位置上。

(2) 将铂光亮电极插入被测水样中。

(3) 将"校正-测量"开关扳向"校正",调节"常数"旋钮为该电极的电导池常数的数值。

(4) 将"校正-测量"开关扳向"测量",将量程开关扳向合适的量程挡,待显示稳定后,仪器显示的数值即为被测水样在实际温度下的电导率。重复测量 3 次,取平均值。

3. 自来水电导率的测定

(1) 用待测自来水洗涤烧杯 3 次后,在烧杯中加入自来水样 30 mL。

(2) 将铂黑电极插入其中。

(3) 其他按照测定去离子水电导率的步骤进行,测其电导率。

【数据记录及处理】

(1) 电导池常数为 _____ cm^{-1}。

(2) 去离子水的电导率为 _____ $S \cdot cm^{-1}$。

(3) 自来水的电导率为 _____ $S \cdot cm^{-1}$。

【注意事项】

(1) 测定电导率采用交流电源,交流电源有高频(1 000 Hz)和低频(50 Hz)两种。测定电导率小的溶液使用低频,测定电导率大的溶液使用高频。

(2) 电导低(小于 5 μS)的溶液,用铂光亮电极;电导高(5 μS～150 mS)的溶液,用铂黑电极。电导池常数出厂时都有标记,一般不需测定。但电极在长期使用过程中,其面积及两极间距可能发生变化而引起电导池常数改变。因此,有必要学会如何测定电导池常数。

(3) 电导随温度升高而增大。通常情况下温度每升高 1 ℃,电导增加 2%～2.5%,因此在测量电导的过程中,温度必须保持不变。

(4) 电极插头应保持干燥、清洁。勿使硬物碰到电极铂片,以免改变电极距离,影响电极常数。

(5) 测量溶液电导时,一定要在搅拌均匀、读数稳定后,才可读取电导值。

【思考与讨论】

(1) 测定天然水和去离子水电导率时使用"低周",测定 0.010 0 mol·L^{-1}溶液时使用"高周",为什么?

(2)为什么要学习测定电导池常数？如何测定？

(3)为什么测定天然水电导率时,使用铂黑电极,而测定去离子水电导率时,使用铂光亮电极？

(4)为什么要使用交流电源测定溶液的电导率？

实验 7-9　单扫描极谱法测定食品中禁用色素苏丹红Ⅰ的含量——峰电流一阶导数法(综合性选做实验)

【目的要求】

(1)了解单扫描极谱法测定色素的基本原理。

(2)掌握单扫描极谱仪的使用方法。

【基本原理与技能】

单扫描极谱法与经典极谱法的主要不同之处如下:扫描速度不同,经典极谱法比较慢,约为 $0.2\ V\cdot min^{-1}$,而单扫描极谱法比较快,一般大于 $0.2\ V\cdot s^{-1}$;施加极化电压的方式和记录谱图的方法也不同,经典极谱法极化电压施加在连续滴落的多滴汞上才完成一个谱图,而单扫描极谱法仅施加在一滴汞的生长后期的 $1\sim2\ s$,瞬间内完成一个极谱图;记录方式不同,前者采用笔录式记录法,而后者较早时采用阴极射线示波管法,现在采用专用微机记录;定量分析依据的电流方程也不同,经典极谱法服从尤考维奇(Ilkovich)方程,而单扫描极谱法服从 Randles-Sevcik 方程。

对可逆电极反应过程,单扫描极谱仪上峰电流 i_p 可表示为

$$i_p = 2.69 \times 10^5 n^{3/2} D^{1/2} v^{1/2} Ac \tag{1}$$

而对滴汞电极,由于电极面积不断变化,其大小可表示为

$$A = 0.85\ m^{2/3} t_p^{2/3} \tag{2}$$

代入式(1)中,即为单扫描极谱法滴汞电极上的电流方程,即

$$i_p = 2.29 \times 10^5 n^{3/2} m^{2/3} t_p^{2/3} D^{1/2} v^{1/2} c \tag{3}$$

式中,i_p——峰电流,A;

$\quad n$——电子转移数;

$\quad m$——汞流速,$mg\cdot s^{-1}$;

$\quad t_p$——汞滴生长至电流峰出现的时间,s;

$\quad D$——扩散系数,$cm^2\cdot s^{-1}$;

$\quad v$——扫描速度,$V\cdot s^{-1}$;

$\quad c$——被测物质浓度,$mol\cdot L^{-1}$。

苏丹红Ⅰ的颜色鲜艳,是一种合成的油溶性红色染料。因为它具有致癌作用,属

第三类致癌物质,所以不允许用于食品。从苏丹红Ⅰ的化学结构式可以看出,该分子有一个可被电化学还原的偶氮基,发生如下的反应:

本实验中,在 pH 为 10 的硼砂缓冲介质中,苏丹红Ⅰ在汞电极(电位为-0.95 V (vs. SCE))上可产生一个灵敏的吸附还原极谱波,其峰电流的一阶导数值(i_p')与苏丹红Ⅰ的质量浓度在 $0.1\sim2.0$ mg·L^{-1} 范围内呈线性关系,即 $I_p'=Kc$,K 是与实验条件有关的常数,c 是苏丹红Ⅰ的浓度。峰电流一阶导数法分析苏丹红Ⅰ的检出限为 0.01 mg·L^{-1}。据此建立一种灵敏、快速、不受样品颜色影响的检测苏丹红Ⅰ的单扫描示波极谱方法。

技能目标是能用单扫描极谱法准确测定食品中禁用色素苏丹红Ⅰ的含量。

【仪器与试剂】

1. 仪器

MP22 型溶出伏安分析仪、三电极系统(悬汞电极为工作电极,饱和甘汞电极为参比电极,铂为对电极)、电子分析天平、带塞锥形瓶、水浴装置、超声波清洗器。

2. 试剂

(1) 苏丹红Ⅰ标准溶液:称取标准品 0.010 0 g,用无水乙醇溶解,移入 50 mL 容量瓶中,稀释至刻度,配成 200 mg·L^{-1} 储备液。使用时用水稀释,配成标准工作溶液。

(2) 硼砂-氢氧化钠缓冲溶液(pH=10):50 mL 0.05 mol·L^{-1} 硼砂溶液与 43 mL 0.2 mol·L^{-1} 氢氧化钠溶液混合,加水稀释至 200 mL。

(3) 乙醇。

【操作步骤】

1. 标准曲线的绘制

准确移取一定量的苏丹红Ⅰ标准溶液,置于 10 mL 电解池中,加入 2.5 mL 硼砂-氢氧化钠缓冲溶液(pH=10),用水稀释至 10.0 mL,混匀,配制成浓度分别为 0.1 mg·L^{-1}、0.5 mg·L^{-1}、1 mg·L^{-1}、1.5 mg·L^{-1}、2 mg·L^{-1} 的标准工作溶液。按照浓度从低至高的顺序,依次在溶出伏安分析仪上进行阴极化扫描。

2. 参数设置

参数设置如下:

起始电位-0.4 V;电位扫描区间$-0.7\sim-1.2$ V;扫描速度100 mV·s^{-1};静置时间2 min。记录常规波和一阶导数极谱图。测量常规波的峰电流和峰电位、导数波的峰高度,绘制峰高度与浓度之间的标准曲线。

3. 试样分析

称取加入一定量苏丹红Ⅰ的辣椒酱、腐乳产品2.000 g,置于带塞锥形瓶中,用乙醇超声波萃取3次(每次10 mL,萃取10 min),合并萃取液,水浴蒸发至干,用2 mL乙醇溶解,加入2.5 mL缓冲溶液,按上述实验方法进行极谱测定。记录一阶导数极谱图,测量峰高度,计算样品中苏丹红Ⅰ的含量。

【数据记录及处理】

(1) 列表记录步骤1、步骤2的测量结果。

(2) 绘制标准曲线,并计算样品中被测物质的含量。

【注意事项】

(1) 汞有剧毒,因此在提高储汞瓶时要在教师指导下进行。

(2) 测试完成后,清理产生的废汞,并回收。

【思考与讨论】

(1) 单扫描极谱法的主要特点是什么?

(2) 导数波方式测量有何优点?

(3) 解释单扫描极谱波呈平滑峰形的原因。

实验 7-10　催化极谱法测定自来水中微量钼的含量(综合性选做实验)

【目的要求】

(1) 学习利用极谱催化波进行定量测定的基本原理。

(2) 学习极谱催化波定量分析的实验方法。

【基本原理与技能】

经典极谱法是通过测量扩散电流的大小来确定被测离子的含量,但是检测的灵敏度不够高,一般只能测定浓度在10^{-5} mol·L^{-1}以上的组分。若将极谱还原过程与化学反应动力学结合起来,利用所产生的极谱催化波进行定量分析,可以大大提高测定灵敏度,检测下限可达$10^{-11}\sim10^{-9}$ mol·L^{-1}。

本实验是在0.07 mol·L^{-1} H$_2$SO$_4$-0.14 mol·L^{-1} KClO$_3$和0.02 mol·L^{-1}酒石

酸钾钠(KNa-Tar,Tar 表示酒石酸)底液中,通过极谱催化波测定微量元素钼的含量。在一定电位下,发生下列电极反应:

$$Mo(V)\text{-}Tar + e^- ⟶ Mo(IV)\text{-}Tar$$

由于 $KClO_3$ 在酸性介质中为强氧化剂,能将上述电极反应的还原产物 $Mo(IV)$-Tar 立即氧化:

$$6Mo(IV)\text{-}Tar + ClO_3^- + 6H^+ ⟶ 6Mo(V)\text{-}Tar + Cl^- + 3H_2O$$

产生的 Mo(V)-Tar 又可在滴汞电极上被还原,在电极表面附近形成电极反应—化学反应—电极反应的往复循环,使极谱电流大为增强。该极谱电流受化学反应速率控制。而在实验的电位范围内,$KClO_3$ 不会发生电极反应。在这一循环过程中,钼的浓度在反应前后几乎未起变化,实际消耗的是 $KClO_3$,所以可把钼看做催化剂。由催化反应而增加的电流称为催化电流,在一定的催化剂浓度范围中,催化电流(i_p)与催化剂浓度(c)成正比,即 $i_p = Kc$,K 是与实验条件有关的常数,c 是钼的浓度,此式可作为定量分析的基础。催化电流远比单纯的扩散电流大,故测定的灵敏度大为提高。

在无吸附现象时,极谱催化波的形成与经典极谱波相同。本实验中钼-酒石酸配阴离子吸附于电极表面,因而所得的极谱催化波呈对称峰形。通过测量峰电流(通常用峰高代替),即可测定钼的含量。

技能目标是能用催化极谱法准确测定自来水中微量钼。

【仪器与试剂】

1. 仪器

883 型(或其他型号)笔录式极谱仪、滴汞电极、饱和甘汞电极、6 V 稳压电源、10 mL电解杯(或烧杯)、容量瓶(25 mL)、吸量管(5 mL、10 mL)。

2. 试剂

(1) Mo(VI)标准储备液:准确称取分析纯 $Na_2MoO_4 \cdot 2H_2O$ 0.25 g,用水溶解并定容至 100 mL,溶液含 Mo(VI)1.00 mg・mL^{-1}。

(2) Mo(VI)标准应用液:将 Mo(VI)标准储备液先稀释至含 Mo(VI)4.00 μg・mL^{-1},再稀释至含 Mo(VI)0.200 μg・mL^{-1}(使用前临时配制)。

(3) 0.35 mol・L^{-1} KClO$_3$ 溶液:准确称取分析纯 $KClO_3$ 10.723 g,溶解于水,定容至 250 mL。

(4) 0.20 mol・L^{-1} 酒石酸钾钠溶液:准确称取分析纯 $NaKC_4H_4O_6 \cdot 4H_2O$ 5.644 g,溶解于水,并定容至 100 mL。

(5) 0.7 mol・L^{-1} H$_2$SO$_4$ 溶液:量取分析纯浓 H_2SO_4 4.0 mL,小心加入盛有水的烧杯中,稀释后定容至 100 mL。

(6) 含钼的未知试液:约含 Mo(VI)10^{-6} mol・L^{-1}。

(7) 纯 N_2:99.99%。

【操作步骤】

(1) 调节极谱仪,预热,电压范围选 $+1\sim-2$ V。

(2) 在 7 只 25 mL 容量瓶中,按表 7-2-10 所列体积加入各种溶液,然后定容至 25 mL。

(3) 依次将溶液 1~7 倒入电解杯中,通入 N_2 5 min 除氧,然后在 $+0.1\sim-0.8$ V 范围内作电压扫描,记录极谱图。

(4) 在 25 mL 容量瓶中,按表 7-2-10 溶液 1 的用量加入 H_2SO_4、KNa-Tar 和 $KClO_3$ 溶液,再加入含钼的未知试液 2.50 mL,定容后,测绘极谱图。

(5) 实验结束,做好清理工作。

表 7-2-10　溶液配制　　　　　　　　(单位:mL)

序号	1	2	3	4	5	6	7
H_2SO_4	2.5	2.5	2.5	2.5	2.5	2.5	2.5
KNa-Tar	2.5	2.5	2.5	2.5	2.5	0	2.5
$KClO_3$	10.0	10.0	10.0	10.0	10.0	10.0	0
Mo(Ⅵ)(0.200 $\mu g \cdot mL^{-1}$)	1.00	2.00	5.00	7.50	10.00	5.00	0
Mo(Ⅵ)(4.00 $\mu g \cdot mL^{-1}$)	0	0	0	0	0	0	5.00

【数据记录及处理】

(1) 测量各极谱图的催化电流的峰高(mm),对于未加 KNa-Tar 的溶液 6,测量其极谱图上峰顶距基线的高度 H。

(2) 以溶液 1~5 所加入 Mo(Ⅵ)标准应用液的体积为横坐标,相应的峰高为纵坐标,作标准曲线。

(3) 测量未知试液极谱图的峰高,从标准曲线查得相应于 Mo(Ⅵ)标准应用液的体积,进而计算钼的含量,以每毫升原始试液含钼的微克数表示。

(4) 将溶液 6 与溶液 3 的极谱图相比较,可以得出什么结论?

(5) 将溶液 7 与溶液 5 的极谱图相比较,可以得出什么结论?

【注意事项】

(1) 汞有剧毒,因此在提高储汞瓶时要在教师指导下进行。

(2) 测试完成后,清理产生的废汞,并回收。

【思考与讨论】

(1) 利用极谱催化波测定微量金属含量,为什么比经典极谱法有更高的灵敏度?

（2）本实验中为什么要加入 $KClO_3$？

（3）酒石酸钾钠在本实验中起什么作用？

实验 7-11　铋膜电极溶出伏安法测定水中铜、锌、铅、镉的含量（综合性实验）

【目的要求】

（1）熟悉溶出伏安法的基本原理。

（2）掌握铋膜电极溶出伏安法测定水中铜、锌、铅、镉含量的方法。

（3）了解一些新技术在溶出伏安法中的应用。

【基本原理与技能】

溶出伏安法的测定包括两个基本过程，即首先将工作电极控制在某一条件下，使被测物质在电极上富集，然后施加线性变化电压于工作电极上，使被富集的物质溶出，同时记录电流与电极电位的关系曲线，根据峰电流的大小确定被测物质的含量。

溶出伏安法分为阳极溶出伏安法、阴极溶出伏安法和吸附溶出伏安法。本实验采用阳极溶出伏安法测定水中的 Cu^{2+}、Zn^{2+}、Pb^{2+}、Cd^{2+}，其基本过程可表示为

$$M^{2+}(Cu^{2+}\text{等})+2e^- +Bi \underset{溶出}{\overset{富集}{\rightleftharpoons}} M(Bi)$$

使用玻碳电极为工作电极，采用同位镀铋膜测定技术。在分析溶液中加入一定量的铋盐（通常为 $10^{-5}\sim10^{-4}$ mol·L^{-1}Bi(NO_3)$_3$），当被测物质在所加电压下富集时，铋与被测物质同时在玻碳电极的表面上析出，形成铋膜。然后在反向电位扫描时，被测物质从铋中氧化"溶出"而进入电解质溶液中，产生"溶出"电流峰。

在一定条件下，溶出峰电流（i_p）与金属离子浓度（c）成正比，即

$$i_p = Kc$$

式中 K 为常数，在实际测量时通常用峰高（h）代替峰电流。根据氧化波高度确定被测物的含量。

为使富集部分被测物质的量与溶液中的总量之间维持恒定的比例关系，实验中富集电位及时间、静置时间、扫描速率、电极的位置和搅拌状况等，都应保持严格相同。

在酸性介质中，当电极电位控制为 -1.25 V 时，Zn^{2+}、Cd^{2+}、Pb^{2+}、Cu^{2+} 与 Bi^{3+} 同时在玻碳电极上形成铋膜。然后当阳极化扫描从 -1.2 V 至 0 V 时，可得到 4 个清晰的溶出电流峰。锌、镉、铅、铜的波峰电位分别约为 -1.0 V、-0.6 V、-0.4 V、-0.2 V(vs. SCE)，如图 7-2-7 所示。本法可测定浓度低至 10^{-11} mol·L^{-1} 的金属离子。

技能目标是能用铋膜电极溶出伏安法分别测定水中铜、锌、铅、镉的浓度。

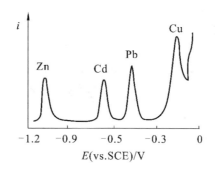

图 7-2-7　锌、镉、铅、铜阳极溶出伏安曲线

【仪器与试剂】

1. 仪器

LK98 Ⅱ 微机电化学分析系统;玻碳工作电极、饱和甘汞参比电极、铂对电极组成测量电极;容量瓶(50 mL);电磁搅拌器;吸量管(1 mL、5 mL、10 mL);移液管(25 mL)。

2. 试剂

(1) Zn^{2+}、Cd^{2+}、Pb^{2+}、Cu^{2+} 标准溶液(1.0×10^{-2} mol·L^{-1})。

(2) 5×10^{-3} mol·$L^{-1} Bi(NO_3)_2$ 溶液、1 mol·L^{-1} 盐酸。

(3) 含一定量 Zn^{2+}、Cd^{2+}、Pb^{2+}、Cu^{2+} 的工业废水。

【操作步骤】

1. 预处理工作电极

将玻碳电极在 $6^{\#}$ 金相砂纸上小心轻轻打磨至光亮,然后用 0.05 μm 粉抛光成镜面。用蒸馏水多次冲洗,最好是用超声波清洗 1~2 min。用滤纸吸去附着在电极上的水珠。

2. 配制试液

取 2 份 25.00 mL 水样,置于 2 只 50 mL 容量瓶中,分别加入 5 mL 1 mol·L^{-1} 盐酸、1.0 mL 5×10^{-3} mol·$L^{-1} Bi(NO_3)_3$ 溶液。在其中一只容量瓶中依次加入 1×10^{-2} mol·$L^{-1} Zn^{2+}$、Cd^{2+}、Pb^{2+}、Cu^{2+} 标准溶液各 0.1 mL,用蒸馏水稀释至刻度,摇匀。

3. 测定

取未添加 Zn^{2+}、Cd^{2+}、Pb^{2+}、Cu^{2+} 标准溶液的水样 10 mL,置于电解池中,插入电极系统。启动电磁搅拌器,将工作电极电位恒定于 −1.25 V,电解富集,准确计时,富集 3 min。停止搅拌,静置 30 s。以扫描速度为 150 mV·s^{-1} 从 −1.2 V 至 0 V 阳极化扫描,扫描后清洗电极的电位为 +0.05 V,清洗时间为 30 s。将这些参数在仪器上全部预先设置,启动仪器程序,仪器自动完成清洗、电解富集、静置、溶出,并最终显示$-1.2 \sim 0$ V电位范围内的溶出曲线(i-E)。此过程重复测定两次。记录测得的4种金属离子的峰电流和峰电位值。

按上述操作手续,测定加入 Zn^{2+}、Cd^{2+}、Pb^{2+}、Cu^{2+} 标准溶液的水样,同样测定两次,记录测得的4种金属离子的峰电流和峰电位值。

测量完成后,置工作电极电位于$+0.1$ V处,开动电磁搅拌器清洗 3 min,以除掉电极上的铋膜。取下电极,清洗干净。

【数据记录及处理】

(1) 列表记录锌、镉、铅、铜的阳极溶出峰电位(vs. SCE)和峰电流。

(2) 取两次测定的平均峰高,按下述公式计算水样中锌、镉、铅、铜离子的浓度:

$$c_x = \frac{h c_s V_s}{(H-h)V}$$

式中:c_x——水样中金属离子的浓度,mol·L^{-1};

$\quad h$——水样中测得的金属溶出峰高度,mm;

$\quad H$——水样加入标准溶液后测得的溶出峰高度,mm;

$\quad c_s$——加入标准溶液的浓度,mol·L^{-1};

$\quad V_s$——加入标准溶液的体积,mL;

$\quad V$——水样的体积,mL。

【注意事项】

(1) 富集过程中开启电磁搅拌器,静置过程中关闭电磁搅拌器。

(2) 三电极与电化学分析仪的接线柱连接后避免相互碰触,以免发生短路。

(3) 上述利用标准加入法计算水样中锌、镉、铅、铜离子浓度的公式中,$c_s = 1.0 \times 10^{-2}$ mol·L^{-1},$V_s = 0.1$ mL,$V = 25.00$ mL。

【思考与讨论】

(1) 溶出伏安法有哪些特点?

(2) 哪几步实验操作应严格控制?

(3) 溶出伏安法为什么有较高的灵敏度?

实验 7-12　循环伏安法测定神经递质多巴胺的含量(综合性选做实验)

【目的要求】

(1) 学习循环伏安法测定的基本原理。

(2) 熟悉循环伏安法测量的实验技术。

(3) 了解循环伏安法在生产生活中的应用。

【基本原理与技能】

循环伏安法(CV)是一种常用的电化学研究方法。由于它仪器简单、操作简便、谱图解析直观,因此常常是进行实验的首选方法。该法是将循环变化的、以三角波形扫描的电压施加于工作电极与参比电极之间,记录工作电极上得到的电流与施加电压的关系曲线,根据曲线形状可以判断电极反应的可逆程度、研究化合物电极过程的机理、双电层、吸附现象和电极反应动力学。由于经典汞电极有毒,目前一些固体电极,如铂、金、玻碳、碳纤维微电极以及新发展的化学修饰电极等,都可用做循环伏安法测量的工作电极。

如以等腰三角形的脉冲电压加在工作电极上,得到的电流-电压曲线包括两个分支,如果前半部分电位向阴极方向扫描,电活性物质在电极上还原,产生还原波,那么后半部分电位向阳极方向扫描时,还原产物又会重新在电极上氧化,产生氧化波。因此一次三角波扫描,完成一个还原和氧化过程的循环,故该法称为循环伏安法,其电流-电压曲线称为循环伏安图。如果电活性物质可逆性差,则氧化波与还原波的高度不同,对称性也较差。可逆氧化还原电对两峰之间的电位差值为

$$\Delta E_p = E_{pa} - E_{pc} \approx \frac{0.056}{n}$$

式中:E_{pa}、E_{pc}——阳极峰、阴极峰电位。

多巴胺是具有电化学活性的物质,在玻碳电极(工作电极)上具有很好的电化学循环伏安响应,属于两电子转移的过程,如图 7-2-8 所示。多巴胺在玻碳电极上具有一对氧化还原峰,阳极峰电流和阴极峰电流分别用 i_{pa} 和 i_{pc} 表示,阳极峰电位和阴极峰电位分别用 E_{pa} 和 E_{pc} 表示。根据峰电位可以进行定性分析,计算峰电位之间的差值,判断多巴胺在玻碳电极上反应的可逆性。而氧化峰电流(i_p)是定量分析的依据。多巴胺的氧化峰电流在电极上的响应符合 Cottell 方程,即在一定条件下,多巴胺的氧化峰电流(i_p)与多巴胺浓度(c)成正比,其关系式为

$$i_p = Kc$$

式中 K 为常数,在实际测量时通常用峰高(h)代替氧化峰电流。根据氧化波高度确定被测物的含量。

技能目标是能用循环伏安法准确测定神经递质多巴胺。

【仪器与试剂】

1. 仪器

LK98Ⅱ微机电化学分析系统(选择循环伏安法);玻碳工作电极、饱和甘汞参比电极、铂对电极组成测量电极;容量瓶(25 mL);吸量管(1 mL、5 mL、10 mL)。

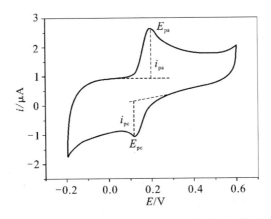

图 7-2-8　0.05 mmol·L⁻¹多巴胺（以 pH 为 7.0 的磷酸盐缓冲溶液为底液）
在玻碳电极上以 50 mV·s⁻¹的速度扫描的循环伏安图

2. 试剂

（1）多巴胺储备液（0.1 mol·L⁻¹）。

（2）pH 为 7.0 的 0.1 mol·L⁻¹磷酸盐缓冲溶液（Na₂HPO₄-KH₂PO₄）。

【操作步骤】

1. 预处理工作电极

将玻碳电极在 6# 金相砂纸上小心轻轻打磨至光亮，然后用 0.05 μm 粉抛光成镜面。用蒸馏水多次冲洗，最好是用超声波清洗 1～2 min。用滤纸吸去附着在电极上的水珠。

2. 配制一系列多巴胺标准溶液

在 5 只 25 mL 的容量瓶中，分别加入 0.1 mol·L⁻¹多巴胺储备液 0 mL、0.25 mL、0.5 mL、1 mL、2.5 mL，再加入 10 mL 0.1 mol·L⁻¹磷酸盐缓冲溶液，用蒸馏水稀释至刻度，摇匀。

3. 循环伏安测量

将配制的一系列多巴胺标准溶液逐一转移至电解池中，插入干净的电极系统。参数设置：起始电位在 −0.2 V，终止电位为 0.6 V，扫描速度为 50 mV·s⁻¹。按照设置的这些参数，将多巴胺按浓度从低到高依次测量，进行循环伏安扫描。记录多巴胺的浓度与对应阳极峰电流值，绘制标准曲线。

将 2 mL 盐酸多巴胺注射液移入 25 mL 容量瓶中，加入 10 mL 0.1 mol·L⁻¹磷酸盐缓冲溶液，用蒸馏水稀释至刻度，摇匀。将配制好的多巴胺样品转移至电解池中，按上述条件进行循环伏安扫描，记录其阳极峰电流。

【数据记录及处理】

(1) 列表总结多巴胺的测量结果(i_{pa}、E_{pa}、E_{pc})。

(2) 计算 ΔE_p,判断多巴胺在玻碳电极上反应的可逆性。

(3) 绘制多巴胺的阳极峰电流 i_{pa} 与相应浓度 c 的关系曲线,计算多巴胺针剂样品的浓度。

【注意事项】

(1) 多巴胺溶液在空气中放置时易被氧化,因此实验使用的多巴胺溶液应新鲜配制,使用后储存于 4 ℃冰箱中。

(2) 电极打磨后,可在 10 mmol·L^{-1}铁氰化钾($K_3Fe(CN)_6$)溶液中进行循环伏安表征;当峰电位差在 70 mV 以下时,表明电极打磨干净。

(3) 本实验所用电化学分析仪开机时会自动自检,自检完成后方可进行实验。

(4) 实验完毕,关闭仪器,取出电极并清洗干净,将饱和甘汞电极置于饱和 KCl 溶液中存放。

【思考与讨论】

(1) 对多巴胺的循环伏安图中每个阶段的电流变化与起伏,怎么解释?

(2) 由多巴胺的循环伏安图,解释它在电极上的可能反应机理。

(3) 有哪些可以提高多巴胺电化学反应可逆性的途径?

(4) 循环伏安法是不是一种理想的定量分析的技术?

实验 7-13　微分电位溶出伏安法测定生物样品中铅和镉的含量(综合性选做实验)

【目的要求】

(1) 熟悉微分电位溶出伏安法的基本原理。

(2) 掌握汞膜电极的使用方法。

【基本原理与技能】

微分电位溶出伏安法是在经典电位溶出伏安法的基础上发展起来的一种电化学分析方法,由于对溶出信号进行了微分处理,其灵敏度较普通电位溶出伏安法大大提高,适用于痕量元素测定。微分电位溶出伏安法是在恒定电位下预电解富集,以非化学计量方式将待测元素富集到工作电极上;然后断开电路,靠溶液中的氧化剂使汞齐化金属氧化成离子进入溶液中,溶出过程中没有电流流过工作电极。整个分析过程包括两个基本过程：

(1) 富集过程(恒电位预电解)　$M^{n+} + ne^- + Hg \longrightarrow M(Hg)$

(2) 溶出过程(断开恒电位,化学溶出)　$M(Hg) + Hg^{2+} \longrightarrow M^{n+} + 2Hg + (n-2)e^-$

汞齐化金属在溶出过程中,按照其氧化还原顺序进行,氧化溶出所用的时间与被测定元素浓度成正比,即经典电位溶出伏安法的 E-t 曲线方程：

$$E = E^{\ominus} + \frac{RT}{nF} \frac{2L}{(nD)^{\frac{1}{2}}} + \frac{RT}{nF} \frac{t^{\frac{1}{2}}}{\tau - t} \tag{1}$$

式中：E——电极电位；

L——汞膜厚度；

D——金属在汞膜中的扩散系数；

τ——过渡时间；

t——溶出时间；

其他符号具有通常意义。

若对式(1)进行微分,写成倒数表达式,就是微分电位溶出分析(DPSA),即

$$\frac{dt}{dE} = \frac{2nF}{RT} \frac{\tau - t}{\tau + t} \tag{2}$$

当 $t = \tau/2$ 时,即在待测金属的半波电位上,dt/dE 有极大值。

$$\left[\frac{dt}{dE}\right]_{max} = \frac{\tau}{3} \frac{nF}{RT} \tag{3}$$

$(dt/dE)_{max}$ 经放大器放大后,记录 $(dt/dE)_{max}$-E 曲线,即为微分电位溶出伏安信号。通过准确测定其峰电位,可以作为定性分析的依据,依据峰高可以进行定量分析,即在一定条件下,铅或镉的峰高(h)与其浓度(c)成正比,其关系式为

$$h = Kc$$

本法使用玻碳电极为工作电极,采用同位镀汞膜测定技术。这种方法是在分析溶液中加入一定量的汞盐(通常是 $10^{-5} \sim 10^{-4}$ mol·L^{-1} Hg(NO$_3$)$_2$),当被测物质在所加电压下富集时,汞与被测物质同时在玻碳电极的表面上析出,形成汞膜(汞齐)。然后以溶液中溶解氧作为氧化剂,使被测物质从汞膜中氧化"溶出"。

汞膜在酸性溶液中具有较稳定的特性,选定 pH 为 3～4 的酸性介质为底液。铅溶出峰的峰电位为 -0.45 V,而镉的为 -0.64 V 左右(vs. SCE),如图 7-2-9 所示,并在较宽的浓度范围内,峰高与浓度呈线性关系,可作为定量分析的依据。

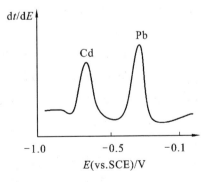

图 7-2-9　铅、镉的微分电位溶出伏安图

【仪器与试剂】

1. 仪器

LK98 Ⅱ 微机电化学分析系统(选择微分电位溶出分析法);玻碳工作电极、饱和甘汞参比电极、铂对电极组成电极测量系统;电磁搅拌器;容量瓶(50 mL);电子分析天平;锥形瓶(50 mL);烧杯(50 mL);移液管(10 mL、50 mL)。

2. 试剂

(1) 2 mg·mL^{-1} Pb^{2+}标准溶液。

(2) 2 mg·mL^{-1} Cd^{2+}标准溶液。

(3) 5×10^{-3} mol·L^{-1}硝酸汞溶液。

(4) 10%的 NaOH 溶液。

(5) 浓硝酸,H$_2$O$_2$ 溶液。

【操作步骤】

1. 预处理工作电极

将玻碳电极在 6$^\#$ 金相砂纸上小心轻轻打磨至光亮,然后用 0.05 μm 粉抛光成镜面。用蒸馏水多次冲洗,最好是用超声波清洗 1～2 min。用滤纸吸去附着在电极上的水珠。

2. 样品处理和测试

(1) 样品处理:以摄食了 Pb^{2+} 和 Cd^{2+} 污染的配合饵料的鲈鱼为生物样品,对体内所积累的 Pb^{2+} 和 Cd^{2+} 进行样品前处理。每尾鲈鱼鱼肌肉取 5.00 g,肝脏取全量,置于 50 mL 锥形瓶中。经 HNO$_3$-H$_2$O$_2$ 体系消化至呈透明无色或淡黄色,冷却,用水定容于 50 mL 容量瓶中。

(2) 样品测试:选择标准加入法进行定量分析。

用 50 mL 烧杯取定容后的消化液 10 mL,加 10 mL 水稀释,用 10%NaOH 溶液调 pH 至 3～4,摇匀,插入三电极体系。以 $E_电$ 为－1.2 V 电解富集,启动搅拌器,准确计时,富集 3 min。然后停止搅拌,静置 30 s 后溶出。选择 $E_上$＝－1.0 V,$E_下$＝－0.1 V,并设＋0.05 V 清洗电位,清洗时间为 30 s。启动仪器程序,仪器自动完成清洗、电解富集、静置、溶出,并显示－1.0～－0.1 V 电位范围内的溶出曲线(dt/dE-E),重复测定两次。记录测得的峰高和峰电位值。

用移液管向样品消化液中依次加入 50 mL Cd^{2+} 标准溶液和 50 mL Pb^{2+} 标准溶液,按照上述设定程序重复测定两次,记录测得的峰高和峰电位值。

测量完成后,置工作电极电位在＋0.1 V 处,开动电磁搅拌器清洗 3 min,以除掉电极上的汞。取下电极,清洗干净。

【数据记录及处理】

(1) 列表记录所测定的实验结果。

(2) 取两次测定的平均峰高,计算样品中 Cd^{2+} 和 Pb^{2+} 的浓度,以 $g \cdot mL^{-1}$ 表示。

【注意事项】

(1) 注意电磁搅拌器的开关时机,要严格控制整个实验过程中的条件一致,如电解电位、电解时间、静置时间等。

(2) 使用电分析工作站时,注意接线柱与电极的连接要正确。绿色线连接工作电极,红色线连接对电极,黄色线连接参比电极。

(3) 本实验用到的都是重金属离子(Hg^{2+}、Cd^{2+} 和 Pb^{2+}),一旦入口,易发生中毒。实验时应严禁入口。

【思考与讨论】

(1) 结合本实验,说明微分电位溶出伏安法的原理。

(2) 实验中为什么必须将各实验条件保持一致?

实验 7-14　循环伏安法测定饮料中葡萄糖的含量(综合性实验)

【目的要求】

(1) 加深对循环伏安法的理解。

(2) 掌握电化学分析系统的基本操作。

(3) 学会用循环伏安法进行样品分析的实验技术。

【基本原理和技能】

用电极电解被测物质的溶液,根据所得到的电流-电压曲线来进行物质分析的方法称为伏安法。循环伏安法是一种特殊的氧化还原分析方法,它是将循环变化的电压施加于工作电极和参比电极之间,记录工作电极上得到的电流和所施加电压的关系曲线的伏安法,也称为三角波线性电位扫描方法。

循环伏安法常在三电极电解池里进行。当一快速变化的电压信号施加于电解池上,在正向扫描(电位变负)时,在工作电极上发生还原反应产生阴极电流而指示电极表面附近待测组分浓度变化的信息;在反向扫描(电位变正)时,被还原的物质重新氧化产生阳极电流。这样所得到的电流-电位(i-E)曲线,称为循环伏安曲线。在循环伏安曲线图中所显示的一对峰,称为氧化还原峰。

在一定条件下,氧化还原峰高度(h)与氧化还原组分的浓度(c)成正比,即 $h=$

Kc,可利用其进行物质的定量分析。

技能目标是能用循环伏安法准确测定饮料中葡萄糖的含量。

【仪器与试剂】

1. 仪器

电化学分析系统(LK98Ⅱ型或其他型号);三电极工作系统(Ag-AgCl 电极为参比电极;铂电极为对电极,也称辅助电极;铜电极为工作电极);精密酸度计或电位计;超声波清洗仪。

2. 试剂

葡萄糖标准溶液:称取 0.990 0 g 葡萄糖固体,用 0.1 mol · L^{-1} NaOH 溶液溶解后,配制成 0.10 mol · L^{-1} 葡萄糖溶液。

$K_3Fe(CN)_6$、KCl、NaOH、H_2SO_4、CH_3COOH、CH_3COONa。

所用试剂均为分析纯。

【操作步骤】

1. 电极处理

铜电极的表面是粗糙的,并且有许多杂质附着在上面,而电化学实验的灵敏度极高,任何杂质的存在都会影响实验结果,所以在实验前必须对电极表面进行处理。处理步骤如下:砂纸打磨→超声波清洗→循环扫描。

2. 电极连接

对于三电极工作系统(如图 7-2-10 所示),W 为工作电极(即绿色的夹子接铜电极),R 为参比电极(即黄色的夹子接 Ag-AgCl 电极),a 为辅助电极(即红色的夹子接铂电极)。在教师指导下,正确连接各电极,开启仪器开关。

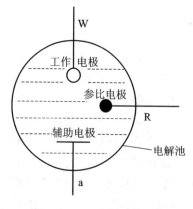

图 7-2-10　三电极工作系统

3. 实验参数的设定

打开计算机,同时启动操作系统;在"方法选择"中选择"线性扫描技术"下的"循环伏安法",选择各种实验参数,然后"开始实验"。

实验中各参数如下:灵敏度 100 μA;滤波 50 Hz;放大倍率 1;初始电位 0.800 V;开关电位 1 设为 -1.000 V;开关电位 2 设为 0.800 V;扫描速度 20 mV · s^{-1};循环次数 3;等待时间 2 s。

4. 葡萄糖系列标准溶液的配制与测量

吸取适量 0.10 mol · L^{-1} 葡萄糖标准溶液,按照一定的比例,用 0.1 mol · L^{-1} NaOH 溶液稀释成 0.01 mmol · L^{-1}、0.1 mmol · L^{-1}、0.5 mmol · L^{-1}、

1.0 mmol • L^{-1}、5.0 mmol • L^{-1}、8.0 mmol • L^{-1}、10.0 mmol • L^{-1}、15.0 mmol • L^{-1}、20.0 mmol • L^{-1}、30.0 mmol • L^{-1} 的葡萄糖待测系列标准溶液。

　　按照浓度从低到高的顺序进行测量,依次在循环伏安曲线上测量峰电流(峰高)。

　　5. 试样的处理和测量

　　市售含糖饮料,如可口可乐、雪碧、百事可乐、鲜橙汁饮品、绿茶等,其含糖量一般比较高,实验前要用 0.1 mol • L^{-1} NaOH 溶液按 1∶100 的比例稀释。将稀释后的适量试样溶液置于测量杯中,在上述条件下进行循环伏安扫描,在循环伏安曲线上测量峰电流(峰高)。

【数据记录及处理】

　　1. 数据记录

　　(1) 将葡萄糖系列标准溶液的实验数据记录在表 7-2-11 中。

表 7-2-11　葡萄糖系列标准溶液的峰高

浓度/(mmol • L^{-1})	0.01	0.1	0.5	1.0	5.0	8.0	10.0	15.0	20.0	30.0
峰高/mm										

　　(2) 试样稀释溶液中葡萄糖的峰高为 _____ mm。

　　2. 葡萄糖标准曲线的绘制

　　以表 7-2-11 中所记录的峰高为纵坐标,浓度为横坐标,绘制葡萄糖的标准曲线。确定曲线回归方程及相关系数。

　　3. 试样稀释溶液中葡萄糖浓度的确定

　　将试样稀释溶液中葡萄糖的峰高代入回归方程,计算试样稀释溶液中葡萄糖的浓度,将此浓度乘以稀释倍数(100),即为饮料中葡萄糖浓度。

【注意事项】

　　(1) 铜电极的表面是粗糙的,并且有许多杂质附着在上面,所以在实验前必须对电极表面进行处理,然后在 0.1 mol • L^{-1} NaOH 溶液中进行循环伏安扫描。根据得到的循环伏安曲线判断铜电极处理是否合适。

　　(2) 三电极的连接要正确,让指导教师检查无误后再开始实验。

　　(3) 每次扫描之间,为使电极表面恢复初始条件,应将电极提起后再放入溶液中或用搅拌磁子搅拌溶液,等溶液静止 1~2 min 再扫描。

【思考与讨论】

　　(1) 循环伏安法定量分析的依据是什么? 本实验采用标准曲线法定量时应注意哪些事项? 除了标准曲线法还有一种标准加入法,试述标准加入法的原理。

　　(2) 影响峰电流的因素有哪些? 如何控制好这些因素?

第八章　气相色谱法

第一节　气相色谱法概述

气相色谱法(gas chromatography,GC)是以气体为流动相的色谱分析方法。分析对象是气体或可挥发(沸点低于 450 ℃)物质。气相色谱法实际上是一种物理分离方法,基于不同物质物理或物理化学性质的差异,在固定相(色谱柱)和流动相(载气)构成的两相体系中具有不同的分配系数(或吸附性能),当两相作相对运动的时候,这些物质随流动相一起迁移,并在两相间进行反复多次的分配(吸附-脱附或溶解-析出),使得那些分配系数只有微小差别的物质,在迁移速度上产生了很大的差别,经过一段时间后,各组分彼此分离。被分离物质顺序通过检测装置时,逐一给出每个物质的信息,一般是一个对称或不对称的色谱峰。通过出峰时间(保留时间,即峰的位置,用于定性分析)和出峰面积(或出峰高度,用于定量分析),可以对被分离的物质进行定性和定量分析。

气相色谱法的优点是分离效能高,尤其是使用毛细管柱,每米总柱效可达 10^6 理论塔板数。它还具有选择性好、分析速度快、灵敏度高等优点,可以对同位素、空间异构体、光学异构体等进行有效分离。它的局限性主要表现在对被分离物质组分的定性分析上,如果没有标准样品供对照,将很难实现对样品的定性分析。

1. 气相色谱仪的结构与流程

气相色谱仪是实现气相色谱分析的仪器,按其使用的色谱柱分为普通填充柱气相色谱仪和毛细管柱气相色谱仪。气相色谱仪流程如图 8-1-1 所示。

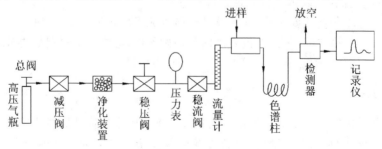

图 8-1-1　气相色谱仪流程

目前国内外气相色谱仪的型号和种类有很多,但它们均由以下六大部分组成:载气系统、进样系统、分离系统、检测系统、数据处理和记录系统、温度控制系统。

(1) 载气系统:为色谱分析提供纯净、连续稳定的流动相(载气),仪器所需要的载气由高压气瓶(如氮气、氦气、氩气钢瓶)或气体发生器(如氢气发生器)供给,常用的载气有氮气、氢气、氦气和氩气等。气体若由高压气瓶供给,气瓶中高压气体需经过减压阀降到所需要的压力,通过净化装置(内装硅胶、活性炭等)除去气体中的油气水分,再经过稳压阀和稳流阀连续调节气体流量,使气体流量稳定,最后由流量计来测量柱前流速。经过减压和稳压后,载气以恒定的速度进入汽化室、色谱柱、检测器后放空。氢气作载气时主要用于热导池检测器,氮气作载气时主要用于氢火焰离子化检测器。

(2) 进样系统:进样就是用注射器(或其他进样装置)将样品迅速而定量地注入汽化室内汽化,再被载气带入色谱柱内分离。要想获得良好的分离效果,进样速度应极快,样品应在汽化室内瞬间汽化。常用注射器规格如下:气体试样用 0.5～10 mL 注射器;液体试样用 0.5～50 μL 微量注射器。

(3) 分离系统(色谱柱):气相色谱仪的分离系统是色谱柱,由于混合物中各组分的分离在这里完成,所以它是气相色谱仪的"心脏"。色谱柱由柱管和装填在其中的固定相组成。柱管可用不锈钢、铜、玻璃和聚四氟乙烯等材料制成,可根据试样有无腐蚀性、反应性及柱温的要求,选用适当材料制作的色谱柱。

常用的填充柱内径为 2～6 mm,长 1～6 m,形状为 U 形或螺旋形。毛细管柱又叫空心柱,一般以石英玻璃为材料,其内径为 0.1～0.5 mm,长 10～100 m,盘成紧密螺旋形,其内壁经过特殊处理,涂渍了一层均匀的固定液薄膜。毛细管柱渗透性好、分离效率高、分析速度快,但柱容量低、进样量小,要求检测器灵敏度高,并且制备较难。

(4) 检测系统:把从色谱柱流出的各个组分的浓度(或质量)信号转换成电信号的装置。气相色谱法检测器种类较多,原理和结构各异,其中最常用的是热导池检测器(thermal conductivity detector, TCD)、氢火焰离子化检测器(hydrogen flame ionization detector, FID)、电子捕获检测器(electron capture detector, ECD)、火焰光度检测器(flame photometric detector, FPD)等。

(5) 数据处理和记录系统:包括放大器、记录仪或数据处理装置等。由于检测器产生的电信号十分微弱,因此必须用运算放大器进行电流-电压转换并放大信号,再由记录仪记录下代表各组分的色谱图,供定性定量分析用,也可通过微机处理机进行数据处理。使用这种仪器相当方便,测定快速、准确,一般误差≤0.5%。

(6) 温度控制系统:温度是气相色谱分析中最重要、最敏感的工作条件之一,要求对进样系统的汽化室、检测器和色谱柱分别进行严格的温度控制,控温精度均在±0.1 ℃。仪器上有三套独立的自动温度控制电路及其辅助设备,分别使汽化室、检测器恒定在适当温度,使柱温恒定或者按程序升温。温度控制系统的主要元件有铂电阻或热电偶等热敏元件、电子放大器、可控硅、电热器等,柱箱中还有排风扇。通常用温度计和测温毫伏计显示温度的高低。

气相色谱仪的工作过程如下。混合试样在汽化室瞬间汽化,载气携带样品进入色谱柱。由于各组分在两相间分配系数不同,经多次分配后,按时间顺序流出色谱柱,进入检测器,检测器将各组分的浓度信号转变成电信号,在色谱流出曲线中表示为色谱峰面积,峰面积与载气中组分的浓度成正比。在一定的色谱条件下,可以用保留值进行定性,用峰面积进行定量。

气相色谱法是一种效能高、选择性好、分析速度快、灵敏度高、操作简便以及应用范围广泛的分离分析方法。在气相色谱适用的温度范围内,具有 $20\sim1\,300$ Pa 蒸气压或沸点在 450 ℃ 以下,热稳定性好,相对分子质量在 400 以下的有机物,原则上均可采用气相色谱法进行分析。

2. 气相色谱定性和定量分析方法

1) 气相色谱定性分析法

气相色谱定性分析就是要确定各色谱峰所代表的化合物。由于各种物质在一定的色谱条件下均有确定的保留时间,因此保留值可作为一种定性指标。目前各种色谱定性方法都是基于保留值的。但是不同物质在同一色谱条件下,可能具有相似或相同的保留值,即保留值并非专属的。因此,仅根据保留值对一个完全未知的样品定性是困难的。如果在了解样品的来源、性质、分析目的的基础上,对样品组成作初步的判断,再结合下列的方法,则可确定色谱峰所代表的化合物。

(1) 利用纯物质保留时间对照定性:在一定的色谱条件下,一个未知物只有一个确定的保留时间。因此,将已知纯物质在相同的色谱条件下的保留时间与未知物的保留时间进行比较,就可以定性鉴定未知物。若二者的保留时间相同,则未知物可能就是已知的纯物质;若不同,则未知物不是该纯物质。此法如图 8-1-2 所示。

纯物质对照法定性只适用于对组分性质已有所了解、组成比较简单,且有纯物质的未知物。

(2) 利用加入纯物质增加峰高定性:当试样组分比较复杂、色谱峰间距太小、操作条件又不易控制、准确测定保留值有一定的困难或保留值很难重现时,可以将纯物质加到试样中。如果发现有新峰或在未知峰上有不规则的形状(例如峰略有分叉)出现,则表示两者并非同一物质;如果混合后峰高增大且半峰宽并没有明显的变宽,则表示两者很可能是同一物质。图 8-1-3(b)与(a)相比,添加某一纯组分后,发现 5 号峰的峰高明显增加了,其他峰高基本没有变化,说明 5 号峰同添加的纯组分可能是同一物质。

(3) 利用文献保留值对照定性:在没有标准纯物质时,可以利用参考书或文献报道的保留值数据定性。在完全相同的条件下测定试样组分的保留值,与文献报道的保留值进行比较,若相同,则可能与文献上所指明的物质是同一物质。在该种方法中最常用的是相对保留值和保留指数两个参数。

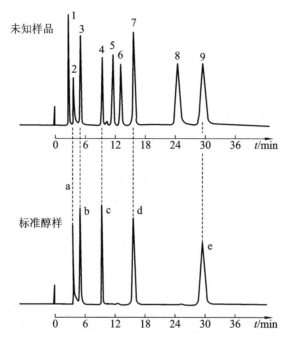

图 8-1-2　用已知纯物质与未知样品对照比较进行定性分析

1～9—未知物的色谱峰；a—甲醇峰；b—乙醇峰；c—正丙醇峰；d—正丁醇峰；e—正戊醇峰

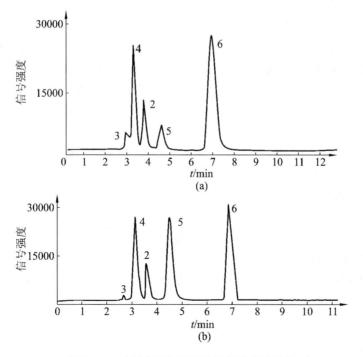

图 8-1-3　试样中加入纯组分后色谱峰的变化

(4) 联用技术定性:单靠色谱法来定性存在一定局限性。近年来,利用色谱的强分离能力与红外吸收光谱法、质谱法、核磁共振波谱法的强鉴定能力相结合,对于较复杂的混合物先经色谱柱分离为单组分,将具有定性能力的分析仪器(如 IR、NMR、MS、AAS、AES 等仪器)作为色谱分析法的检测器,可以获得比较准确的信息而进行定性分析。目前使用最广泛的是色谱和质谱的联用技术(色质联用技术),该联用技术所得到的分析数据可通过电子计算机快速处理及检索。色质联用技术是当前解决复杂未知物定性问题的最有效工具之一,为未知物的定性分析开创了广阔的前景。

2) 气相色谱定量分析方法

气相色谱定量分析的依据是在一定条件下,试样中组分 i 的质量(m_i)或其在载气中的浓度与它在色谱图上的峰面积(A_i)或峰高(h_i)成正比,即与检测器产生的响应信号成正比。

$$m_i = f_i' A_i$$
$$m_i = f_i' h_i$$

式中,f_i' 为比例常数,称为校正因子(correction factor)。

色谱定量分析时,通常采用峰面积定量,只有在色谱操作条件(色谱柱温度、流动相流速等)严格不变及在一定进样量范围内,半峰宽与进样量无关时,才可用峰高定量。所以目前以峰高定量不如以峰面积定量用得普遍。

为了获得准确的定量分析结果,除了被测组分要获得很好的分离外,还要解决以下问题:准确测量色谱峰的峰面积;确定峰面积与组分含量之间的关系,即准确求出 f_i';选用合适的定量计算方法。

峰面积的测量准确与否直接关系到定量分析的准确度。自动积分仪能自动测出曲线所包围的面积,是最方便的测量工具,速度快,线性范围广,精密度一般可达 $0.2\% \sim 2\%$,对小峰或不对称峰也能得出较准确的结果。数字电子积分仪能以数字的形式把峰面积和保留时间打印出来。现在色谱仪大都配有微机,它不仅具有积分仪的所有功能,还能对色谱仪进行实时控制,对色谱输出信号进行自动数据采集和处理,选择分析方法和分析条件,报告定量、定性分析结果,使分析测定的精密度、灵敏度、稳定性和自动化程度都大为提高。

(1) 定量校正因子。

色谱定量分析是基于被测物质的量与其峰面积的正比例关系。但是由于同一检测器对不同的物质具有不同的响应值,因此相等量的不同物质的峰面积往往不相等,这样就不能用峰面积来直接计算物质的含量。为了使检测器产生的响应信号能真实地反映物质的含量,就要对响应值进行校正,因此引入定量校正因子,以校正峰面积,使之能真实地反映组分的含量。

由 $m_i = f_i' A_i$ 可得

$$f_i' = \frac{m_i}{A_i}$$

式中, f'_i 为绝对校正因子, 也就是单位峰面积所代表物质的质量。绝对校正因子有量纲(有单位), 其值与检测器的性能(TCD、FID、ECD、FPD)、待测组分的性质(相对分子质量、官能团、分子结构等)、操作条件(载气流速、柱温等)、载气种类与性质(N_2、H_2、He)有关, 且在实际操作中, 由于气相色谱仪注入准确已知量的 m_i 比较困难, 因此综合以上因素, f'_i 不易准确测定, 因而很少使用。在色谱定量分析中常用相对校正因子, 即某物质(i)与一标准物质(s)的绝对校正因子的比值, 用 f_i 表示, 即

$$f_i = \frac{f'_i}{f'_s} = \frac{m_i A_i}{m_s A_s}$$

平常所指的文献查得的校正因子都是相对校正因子。相对校正因子只与检测器类型有关, 而与色谱操作条件、柱温、流动相线速度、固定液的性质等无关。

所以在实际应用中, 色谱分析法真正使用的定量依据是

$$m_i = f_i A_i$$

对于不同的检测器, 常用不同的标准物质确定相对校正因子, 如热导池检测器用苯, 氢火焰离子化检测器用正庚烷作为标准物质。

根据被测组分使用的计量单位类型, 相对校正因子又分为质量相对校正因子、物质的量相对校正因子、体积相对校正因子, 目前最常用的是质量相对校正因子。

许多化合物的相对校正因子可以从文献中查到, 当查不到时, 需要通过实验测定。测定相对校正因子最好用色谱纯试剂, 如果没有纯品, 也要确知该化合物的含量。测定时, 准确称取一定量的待测组分和标准物质, 混合均匀后取一定量进样分析, 求出各自的峰面积, 根据 $f_i = \dfrac{f'_i}{f'_s} = \dfrac{m_i A_i}{m_s A_s}$ 计算待测物质的相对校正因子。

(2) 定量方法。

根据实际操作不同, 色谱定量分析法主要有外标法、内标法和归一化法。

① 外标法(external standard method): 外标法又称定量进样-标准曲线法。所谓外标法, 就是应用欲测组分的纯物质(对照品)来制作标准曲线, 这与分光光度法中的标准曲线法是相同的。此时用欲测组分的纯物质加稀释剂(对液体试样用溶剂稀释, 气体试样用载气或空气稀释)配成不同质量分数(浓度)的标准溶液, 取相同体积的标准溶液进样分析, 从所得色谱图上测出响应信号(峰面积), 然后绘制响应信号对质量分数(浓度)的标准曲线。分析试样时, 取和制作标准曲线时同样体积的试样溶液进样, 测得该试样的响应信号, 由标准曲线回归方程计算出试样中待测组分的质量分数(浓度)。通常截距近似为零, 若截距较大, 说明存在一定的系统误差。

此法的优点是不使用相对校正因子, 准确度较高, 操作简单, 计算方便, 准确度主要取决于进样量的重现性和操作条件的稳定性。

当被测试样中各组分浓度变化范围不大时, 可不绘制标准曲线, 而用单点校正法(比较法)。配制一个和被测组分质量分数(浓度)十分接近的标准物质溶液, 定量进样, 由被测组分和标准物质溶液的峰面积比来求被测组分的质量分数(浓度), 即

$$\frac{w_i}{w_{is}} = \frac{A_i}{A_{is}}, \quad w_i = \frac{A_i}{A_{is}} w_{is}$$

式中,w_{is} 和 A_{is} 分别为标准物质溶液中对应 i 组分的质量分数(浓度)和峰面积,w_i 和 A_i 分别为被测溶液中对应 i 组分的质量分数(浓度)和峰面积。

在单点校正法中,为了减小分析误差,应尽量使标准物质溶液对应的组分的质量分数(浓度)与试样中对应的组分的质量分数(浓度)相近,进样量也应尽量保持一致。

② 内标法(internal standard method):当试样中各组分含量相差悬殊,或只需要测定试样中某个或某几个组分,而且试样中所有组分不能全部出峰时,可采用此法。

所谓内标法,是将一定量的纯物质作为内标物,加入准确称量的试样中并混合均匀,然后进样分析,根据被测物和内标物的质量及其在色谱图上相应的峰面积和相对校正因子,计算待测组分的质量分数。例如要测定试样中组分 i 的质量分数 w_i 时,可在试样中加入已知质量为 m_s 的内标物,试样总质量为 m,则

$$\frac{m_i}{m_s} = \frac{f_i A_i}{f_s A_s}$$

$$m_i = \frac{f_i A_i}{f_s A_s} m_s$$

$$w_i = \frac{m_i}{m} \times 100\% = \frac{f_i A_i}{f_s A_s} \times \frac{m_s}{m} \times 100\%$$

式中,A_i 和 A_s 分别为试样中组分 i 和内标物的峰面积,f_i 和 f_s 分别为试样中组分 i 和内标物的相对校正因子。

若以内标物为基准来确定组分 i 的相对校正因子,则 $f_s = 1$,此时计算公式可简化为

$$w_i = \frac{m_i}{m} \times 100\% = \frac{f_i A_i}{A_s} \times \frac{m_s}{m} \times 100\%$$

内标物的选择是内标法定量分析的关键。选择的基本原则如下:内标物与待测组分的物理及物理化学性质(如挥发性、化学结构、极性以及溶解度等)相近或相似;内标物的色谱峰应在待测物组分色谱峰附近或几个待测组分色谱峰之间,并与待测组分完全分离;内标物是试样中不存在的纯物质,且在给定条件下具有一定的化学稳定性;内标物与试样互溶,且不发生化学反应。

内标法的优点如下:内标物加入试样中,一同进样分析,在进样量不超限(不超出色谱柱的负载范围)时,定量分析结果与进样量无关;只要待测组分和内标物出峰,且分离度合乎要求,就可定量分析,与其他组分是否出峰无关;适宜于复杂试样及微量组分的定量分析。

内标法的缺点是每次均需准确称量试样和内标物的质量,且要通过实验确定加入内标物的质量,有时找不到合适的内标物。

【例 8-1】　用内标法测定二甲苯氧化母液中乙苯和二甲苯含量,精密称取试样 1.500 0 g,加入内标物壬烷 0.150 0 g,混匀进样,测得数据如下:

组分	壬烷	乙苯	对二甲苯	间二甲苯	邻二甲苯
A	98	70	95	120	80
f	1.02	0.97	1.00	0.96	0.98

求各组分含量。

解　由公式 $w_i = \dfrac{f_i A_i}{f_s A_s} \times \dfrac{m_s}{m} \times 100\%$，其中

$$\frac{1}{f_s A_s} \times \frac{m_s}{m} = \frac{1}{1.02 \times 98} \times \frac{0.150\,0}{1.500\,0} = 0.001$$

有

$$w_i = 0.001 f_i A_i \times 100\%$$

则

$$w_{乙苯} = 0.001 \times 0.97 \times 70 \times 100\% = 6.79\%$$
$$w_{对二甲苯} = 0.001 \times 1.00 \times 95 \times 100\% = 9.50\%$$
$$w_{间二甲苯} = 0.001 \times 0.96 \times 120 \times 100\% = 11.52\%$$
$$w_{邻二甲苯} = 0.001 \times 0.98 \times 80 \times 100\% = 7.84\%$$

为了减少称取试样和计算数据的麻烦,可用内标标准曲线法定量测定,这是一种简化的内标法。由公式 $w_i = \dfrac{f_i A_i}{f_s A_s} \times \dfrac{m_s}{m} \times 100\%$ 可见,若称量同样量的试样,加入恒定量的内标物,则此式中

$$\frac{f_i}{f_s} \times \frac{m_s}{m} \times 100\% = 常数$$

此时可写成

$$w_i = \frac{A_i}{A_s} \times 常数$$

亦即待测组分的质量分数与 $\dfrac{A_i}{A_s}$ 成正比,以 $\dfrac{A_i}{A_s}$ 对 w_i 作图将得一直线(如图 8-1-4 所示)。

制作标准曲线时,先将待测组分的纯物质配成不同质量分数的系列标准溶液,取固定量(质量或体积)的系列标准溶液,分别加入等质量的内标物,混合均匀后进样分析,测得 A_i 和 A_s 值,以 $\dfrac{A_i}{A_s}$ 对 w_i 作图。分析待测组分时,取和制作标准曲线同样量的试样溶液,加入同样量的内标物,混合均匀后进样,测定峰面积比 $\left(\dfrac{A_x}{A_s}\right)$,从内标标准曲线上确定

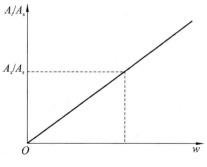

图 8-1-4　内标标准曲线

待测组分的质量分数。若待测组分不同质量分数的系列标准溶液相对密度比较接

近,用量取相同体积代替称量,则方法更为简便。此法不必测出相对校正因子,消除了某些操作条件的影响,适合于液体试样的常规分析。

③ 归一化法(normalization method):当试样中所有组分都能流出色谱柱,并在色谱图上显示色谱峰时,可用归一化法计算组分的质量分数。假设试样中含有 n 个组分,其质量分别为 $m_1, m_2, \cdots, m_n$,各组分质量的总和为 m,各组分质量分数的总和为 100%,其中 i 组分的质量分数 w_i 可用下式计算:

$$w_i = \frac{m_i}{m} \times 100\% = \frac{m_i}{m_1 + m_2 + \cdots + m_n} \times 100\%$$
$$= \frac{f_i A_i}{f_1 A_1 + f_2 A_2 + \cdots + f_n A_n} \times 100\%$$

在进行同系物分析时,对于沸点很接近的各组分,由于它们的相对校正因子相近,则上述公式可简化为

$$w_i = \frac{m_i}{m} \times 100\% = \frac{A_i}{A_1 + A_2 + \cdots + A_n} \times 100\%$$

归一化法的优点是操作简便、准确,当操作条件、进样量、流动相线速度等变化时,对分析结果影响较小。缺点是在确保试样中所有组分都出峰且分离良好时才可使用。

第二节 气相色谱法实验项目

实验 8-1 气相色谱分离条件的选择(基础性实验)

【目的要求】

(1) 掌握气相色谱仪分离条件的选择方法。

(2) 了解操作条件对柱效、分离度的影响。

【基本原理与技能】

根据 Van Deemter 方程式 $H = A + B/u + Cu$ 可知,在色谱柱确定后,涡流扩散项常数(A)、分子扩散项常数(B)、传质阻力项常数(C)均已固定。影响分离的操作条件主要是载气的线速度(u,单位为 $cm \cdot s^{-1}$)和色谱柱温度。最佳载气线速度可通过测量柱后载气不同体积流速(F_0,单位 $mL \cdot min^{-1}$)下的塔板高度 H $\left(H = \frac{L_{柱长}}{n_{塔板数}}, n_{塔板数} = 5.54 \left(\frac{t_R}{W_{1/2}} \right)^2, t_R \text{ 是保留时间}, W_{1/2} \text{ 是半峰宽} \right)$,以及该体积流速下载气的平均线速度($u = \frac{L_{柱长}}{t_M}, t_M$ 是死时间),以 H 为纵坐标,u 为横坐标,绘制 H-u 关系,曲线上塔板高度最小时的线速度即为载气最佳线速度。色谱柱温度可通过测

量不同柱温条件下,两相邻组分的分离度来选择。载气的线速度和色谱柱温度对分离的影响是共同的,在实际工作中,为缩短测定时间,往往可以在不影响组分分离的情况下,采用比最佳线速度稍大的流速即实用最佳线速度来进行色谱分析。

技能目标是能正确掌握色谱分离条件的选择。

【仪器与试剂】

1. 仪器

气相色谱仪,带氢火焰离子化检测器;皂膜流速计;秒表;全自动氢气发生器;空气发生器;氮气高压气瓶;微量注射器($1\ \mu L$、$20\ \mu L$)。

2. 试剂

0.05%苯的二硫化碳溶液、0.05%甲苯的二硫化碳溶液、0.05%苯和0.05%甲苯的二硫化碳溶液。

苯、甲苯、二硫化碳均为色谱纯试剂。

【操作步骤】

(1) 气相色谱条件。

① 色谱柱:不锈钢柱(柱长 2 m,内径 2 mm);固定液为 5%邻苯二甲酸二壬酯(60~80 目)。

② 载气:高纯氮气,流速为 $50\ \mathrm{mL} \cdot \mathrm{min}^{-1}$。

③ 柱温:80 ℃。汽化室温度:150 ℃。检测器温度:150 ℃。

④ 检测器:氢火焰离子化检测器。氢气-空气比为1∶100。

(2) 在开启仪器之前,对照仪器读懂气相色谱仪的操作说明。

(3) 在教师指导下,开启仪器。

(4) 根据实验条件,将色谱仪按仪器的操作说明调节至可进样状态,待仪器上电路和气路系统达到平衡后,色谱工作站上基线平直时,即可进样。

(5) 在气相色谱仪气体出口处连接皂膜流速计。

(6) 测定柱后流速。

挤压皂膜流速计下端的橡皮泡,使形成的皂膜被入口的气流携带沿管壁移动,用秒表记下皂膜从刻度 0 到 10 时所用的时间,按下式计算载气的体积流速 F_0($\mathrm{mL} \cdot \mathrm{min}^{-1}$):

$$F_0 = \frac{10\ \mathrm{mL}}{t}$$

(7) 载气流速对柱效的影响。

在确保上述色谱条件符合要求的前提下,调节载气柱后体积流速 F_0 分别为 $10\ \mathrm{mL} \cdot \mathrm{min}^{-1}$、$20\ \mathrm{mL} \cdot \mathrm{min}^{-1}$、$30\ \mathrm{mL} \cdot \mathrm{min}^{-1}$、$40\ \mathrm{mL} \cdot \mathrm{min}^{-1}$、$50\ \mathrm{mL} \cdot \mathrm{min}^{-1}$、$60\ \mathrm{mL} \cdot \mathrm{min}^{-1}$,并在不同载气体积流速下,分别注入 $20\ \mu L$ 空气和 $0.5\ \mu L$ 0.05%苯

的二硫化碳溶液,记录色谱图,确定空气的死时间 t_M、苯的保留时间 t_R 及半峰宽 $W_{1/2}$(均以 min 表示)。重复一次,根据所得数据,选择载气的最佳线速度 u。

(8) 柱温对分离度的影响。

根据步骤(7)的结果,选择载气的最佳线速度,分别在柱温为 70 ℃、80 ℃、90 ℃ 时,向色谱仪注入 1 μL 苯和甲苯的二硫化碳混合溶液,记录色谱图,计算分离度,选择适宜柱温。

(9) 实验结束后,先关闭氢气发生器电源开关、空气发生器电源开关,重新设定气相色谱仪柱温、汽化室温度和检测器温度均为 25 ℃,待它们的温度降至 25 ℃ 时,再关闭气相色谱仪的电源开关,最后关闭氮气气瓶的开关。

【数据记录及处理】

(1) 载气柱后体积流速对柱效的影响。

按表 8-2-1 记录数据,并绘制 H-u 曲线,确定载气最佳线速度。

表 8-2-1　载气体积流速对柱效的影响

$F_0/(\text{mL}\cdot\text{min}^{-1})$	10	20	30	40	50	60
t_M/min						
t_R/min						
$W_{1/2}/\text{min}$						
$n_{塔板数}$						
H/cm						
$u/(\text{cm}\cdot\text{s}^{-1})$						

(2) 柱温对分离度的影响。

按表 8-2-2 记录数据,并计算分离度,确定最适宜柱温。

表 8-2-2　柱温对分离度的影响

柱温/℃	组分	t_R/min	W/min	$R=\dfrac{2(t_{R2}-t_{R1})}{W_1+W_2}$
70	苯			
	甲苯			
80	苯			
	甲苯			
90	苯			
	甲苯			

(3) 从 H-u 曲线上确定的载气最佳线速度是＿＿＿＿＿＿＿＿,在该线速度下对应

的色谱柱的理论塔板数是 _____ 。

（4）苯和甲苯的相对保留值是 _____ 。

【注意事项】

（1）应严格遵循气相色谱仪开、关机原则，即开机时"先通气，后通电"，关机时"先断电，后关气"。通电前必须检查气路的气密性。

（2）待基线稳定后方可进行实验。

【思考与讨论】

（1）影响分离度的因素有哪些？提高分离度的途径是什么？

（2）使用气相色谱仪时应注意哪些问题？

（3）分离度是不是越高越好？为什么？

实验 8-2　TCD 气相色谱法测无水乙醇中水的含量（基础性实验）

【目的要求】

（1）学习气相色谱仪（TCD）的基本原理和构造。

（2）掌握用甲醇做内标物分析无水乙醇中水的含量的原理。

（3）熟悉色谱柱的选择和检测参数设置。

（4）学会计算无水乙醇中水的含量的方法。

【基本原理和技能】

内标法是色谱分析法中一种常用的、准确度较高的定量方法。该法是向一定量的样品（m）中准确加入一定量的内标物（m_s），混匀后进行气相色谱分析，然后根据色谱图上待测组分的峰面积（A_i）和内标物的峰面积（A_s）与其对应的质量之间的关系，求出待测组分的含量。内标法的特点是不要求样品中所有组分都出峰，定量结果比较准确，不必准确进样。该法适用于微量组分，特别是微量杂质的含量测定。无水乙醇中微量水分的测定便是一例，由于杂质水分与主成分乙醇含量相差悬殊，用归一化法无法测定，但用内标法则很方便。只需在样品中加入一种与杂质量相当的内标物甲醇，增加进样量突出杂质峰，根据杂质峰与内标物峰面积之比，便可求出无水乙醇中杂质水分的含量。

由

$$m_i = f_i A_i, \quad m_s = f_s A_s$$

知

$$\frac{m_i}{m_s} = \frac{f_i A_i}{f_s A_s}$$

$$m_i = m_s \frac{f_i A_i}{f_s A_s}$$

$$w_i = \frac{m_i}{m_{\text{试样}}} \times 100\% = \frac{m_s}{m_{\text{试样}}} \times \frac{f_i A_i}{f_s A_s} \times 100\%$$

式中：m_i、f_i、A_i——待测组分水的质量、相对校正因子和峰面积；

      m_s、f_s、A_s——内标物甲醇的质量、相对校正因子和峰面积。

本实验根据水和乙醇的沸点等性质不同将它们分离，选用甲醇作为内标物，通过热导池检测器检测分离后的色谱图，由色谱图提供的峰面积计算无水乙醇中水的含量。

技能目标是能用内标法准确测定无水乙醇中的微量水分。

【仪器与试剂】

1. 仪器

气相色谱仪(TCD)及辅助设备、微量注射器(5 μL)、电子分析天平、容量瓶(100 mL)。

2. 试剂

(1) 无水乙醇：在无水乙醇(分析纯)中，加入 500 ℃加热处理过的 5A 分子筛(或加入无水硫酸镁)密封放置一天，以去除无水乙醇(分析纯)中的微量水分，得到纯的乙醇作溶剂用。

(2) 无水甲醇(色谱纯)：在无水甲醇(色谱纯)中，加入 500 ℃加热处理过的 5A 分子筛(或加入无水硫酸镁)密封放置一天，以去除无水甲醇中的微量水分，得到纯的甲醇作内标物用。

(3) 普通乙醇样品(化学纯，待测物)。

(4) 超纯水。

【操作步骤】

(1) 气相色谱条件。

① 色谱柱：不锈钢色谱柱 GDX-203 或 GDX-104(60～80 目，柱长 2 m，内径 2 mm)。

② 载气：高纯氢气，流速为 30 mL·min^{-1}。

③ 柱温：120 ℃。汽化室温度：150 ℃。检测器温度：140 ℃。

④ 检测器：热导池检测器，桥电流为 150 mA。

(2) 在开启仪器之前，对照仪器读懂气相色谱仪的操作说明。

(3) 在教师指导下，开启仪器。

(4) 根据实验条件，将色谱仪按仪器的操作说明调节至可进样状态，待仪器上电路和气路系统达到平衡后，色谱工作站上基线平直时，即可进样。

(5) 水和甲醇相对校正因子的测定。

准确称取超纯水及内标物甲醇各 0.25 g(精确至 0.000 1 g)，混合、溶解后，转移至 100 mL 容量瓶中，用无水乙醇作溶剂稀释至刻度，密封并摇匀。在实验条件满足要求后(基线平稳)，吸取 1 μL 上述混合溶液注入汽化室进行分离和分析，平行测量

3 次,将色谱图上水、甲醇的保留时间和峰面积等数据记录在表 8-2-3 中。

（6）样品溶液的配制和测定。

准确量取待测普通乙醇样品 100 mL,在电子分析天平上精确称取其质量 $m_{普通乙醇样品}$ （精确至 0.000 1 g）。另用减量法精密称取无水甲醇 0.25 g（精确至 0.000 1 g）,加入已称重的普通乙醇样品中,混合均匀,供分析用。在与测定水和甲醇相对校正因子相同的色谱条件下,用制备的上述溶液清洗注射器 3~4 次,然后吸取 1 μL 进行色谱分析,平行测定 3 次,将色谱图上水、甲醇的保留时间和峰面积记录在表 8-2-4 中。依照内标法计算公式,求出普通乙醇样品中水分的含量。

（7）分析结束后,先关掉桥电流开关,等检测器温度降至 100 ℃ 以下后再关闭载气开关,最后关闭色谱仪电源开关。

【数据记录及处理】

（1）相对校正因子测定数据（见表 8-2-3）。

表 8-2-3　相对校正因子测定数据

组分	质量/g	t/min				A				$\dfrac{f_水}{f_甲醇}$
		1	2	3	平均值	1	2	3	平均值	
甲醇										
水										

（2）样品溶液测定数据（见表 8-2-4）。

表 8-2-4　样品溶液测定数据

组分	t/min				A			
	1	2	3	平均值	1	2	3	平均值
甲醇（内标物）								
水（待测物）								

（3）处理公式:

$$w_{H_2O} = \frac{f_水}{f_甲醇}\frac{A_水}{A_甲醇} \times \frac{m_{甲醇}}{m_{普通乙醇样品}} \times 100\%$$

式中: w_{H_2O}——水的质量分数;

$f_水$、$A_水$——样品中水的相对校正因子和峰面积;

$f_甲醇$、$A_甲醇$——样品中甲醇的相对校正因子和峰面积;

$m_{甲醇}$——在测量样品时准确称量的甲醇质量,g;

$m_{普通乙醇样品}$——在测量样品时准确称量的普通乙醇样品的质量,g。

【注意事项】

（1）使用微量注射器进液体样时，注射器应与进样口垂直。一手捏住针头迅速刺穿硅橡胶垫，另一手平稳地推进针芯，使针头尽可能插得深一些，切勿使针尖碰着汽化室内壁。迅速将样品注入后立即拔针。

（2）避免钨丝温度过高而烧断。

（3）确保载气净化系统正常工作。

（4）注意试剂的沸点，确定哪个峰是水，哪个峰是甲醇。

【思考与讨论】

（1）气相色谱 TCD 分析技术的优点和缺点有哪些？将该种分析方法与其他你所知道的分析手段进行比较。

（2）气相色谱仪（TCD）包括哪几大部分？它们是怎样工作的？

实验 8-3　FID 气相色谱归一化法测定混合烷烃中正己烷、正庚烷和正辛烷的含量（基础性实验）

【目的要求】

（1）学习气相色谱仪（FID）的基本原理和使用方法。

（2）学习气相色谱定性、定量的分析方法。

（3）了解气相色谱测定混合烷烃的原理和方法。

【基本原理与技能】

样品通过载气进入色谱柱，样品中各种组分就会与固定相发生相互作用，与固定相作用小的成分在色谱柱内滞留的时间短，前移的速度快而先出峰，与固定相作用大的成分在色谱柱内滞留的时间长，前移的速度慢而后出峰，从而实现混合烷烃中正己烷、正庚烷和正辛烷的分离，分离后的组分依先后顺序进入检测器进行检测，将检测到的每一组分对应的质量（浓度）大小转换成可测量的电信号（峰面积或峰高）的大小（便于读取）。组分的质量（浓度）与其对应的峰面积（峰高）成正比。

本实验分析的样品为烷烃混合物，是非极性物质。流动相为氮气，烷烃与固定液之间主要是色散作用力，故试样中各组分按沸点由低到高的顺序流出色谱柱。因此分析时需要选择合适的固定相和温度，以便使混合烷烃中的正己烷、正庚烷和正辛烷彻底分离。

火焰离子化检测仪（flame ionization detector，FID）是气体色谱检测仪中对烃类

(如丁烷、己烷)灵敏度最好的一种检测仪器,广泛用于挥发性较强的烃类化合物及其他碳氢化合物的检测。

本实验根据对照品的保留时间对混合烷烃中各组分进行定性分析,根据色谱峰面积进行定量分析。对于相对分子质量相差不大的同系物,由于它们的相对校正因子相差很小,因此,可以使用归一化法进行定量,其计算公式可表示为

$$w_i = \frac{m_i}{m} \times 100\% = \frac{f_i A_i}{\sum f_i A_i} \times 100\% = \frac{A_i}{\sum A_i} \times 100\%$$

式中:m_i——待测组分质量;

　　f_i——待测组分的相对校正因子(正己烷、正庚烷和正辛烷三种烷烃的相对校正因子近似相等);

　　A_i——待测组分的峰面积;

　　$\sum A_i$——所有组分峰面积的加和。

技能目标是能用 FID 气相色谱法正确测定混合烷烃中正己烷、正庚烷和正辛烷的含量。

【仪器与试剂】

1. 仪器

气相色谱仪(FID)、氢气发生器、空气发生器、氮气高压气瓶、其他辅助设备、微量注射器(5 μL)、电子分析天平。

2. 试剂

(1) 对照品溶液:正己烷(色谱纯)、正庚烷(色谱纯)、正辛烷(色谱纯)。

(2) 样品溶液:混合烷烃样品溶液(实验室可用正己烷、正庚烷、正辛烷三种烷烃按不同体积比混合即可)。

(3) 甲醇(色谱纯)。

【操作步骤】

(1) 气相色谱条件。

① 色谱柱:不锈钢色谱柱(15%DNP、102 白色硅藻土担体,60~80 目,ϕ3 mm×2 m)。

② 载气:高纯氮气,流速为 40 mL·min^{-1}。

③ 柱温:80 ℃。汽化室温度:120 ℃。检测器温度:180 ℃。

④ 检测器:氢火焰离子化检测器,氢气-空气(1:100)。

(2) 在开启仪器之前,对照仪器读懂气相色谱仪的操作说明。

(3) 在教师指导下,开启仪器。

(4) 根据实验条件,将色谱仪按仪器的操作说明调节至可进样状态,待仪器上电

路和气路系统达到平衡后,色谱工作站上基线平直时,即可进样。

(5) 混合标准溶液中各组分保留值和相对校正因子的测定。

取干燥的小瓶,在电子分析天平上准确称其质量,加入约 10 滴分析纯正己烷,再准确称其质量,计算加入正己烷的质量(m_i)。以同样方法,分别再向小瓶中加入约 10 滴分析纯正庚烷、正辛烷,并计算正庚烷、正辛烷各自的质量。用微量注射器吸取上述混合标准溶液 5.0 μL 清洗注射器 3~4 次,在实验条件不变的前提下吸取 1.0 μL 混合标准溶液进行分析,右手拿注射器,左手扶正注射针,垂直状态下将针全部插入进样口内,迅速将混合标准溶液推入汽化室内,同时用鼠标点击工作站上对应的通道,待三种烷烃的色谱峰完全出完后,用鼠标点击"结束"停止分析,记录色谱图各组分的保留时间和峰面积,平行测定 3 次。以正庚烷为基准,依照相对校正因子计算公式,分别求各组分的相对校正因子,并将结果记录在表 8-2-5 中。

(6) 空气死时间的测定。

用微量注射器吸取 5.0 μL 空气,按照步骤(5)相同的进样方式,测定空气的死时间 t_M。

(7) 待测混合烷烃试样的分析。

用微量注射器吸取 5.0 μL 待测的混合烷烃样品溶液清洗注射器 3~4 次,然后吸取 1.0 μL 该混合烷烃样品溶液,在相同实验条件下进样分析,确定色谱流出曲线(色谱图)上各色谱峰对应的组分、各组分保留时间和峰面积,将测定数据记录在表 8-2-6 中,平行测定 3 次。然后再根据归一化定量法,计算待测混合烷烃样品溶液中各组分的质量分数。

(8) 分析结束后,先关闭氢气发生器再关闭空气发生器,用复位键按钮把原先设定的柱箱、汽化室、检测器温度重新调整到 40 ℃左右,待色谱仪上各控制点温度降到 40 ℃左右后再关闭氮气流动相。最后关闭色谱仪电源开关,关闭色谱工作站。

【数据记录及处理】

(1) 混合标准溶液测定数据(表 8-2-5)。

表 8-2-5　保留时间和相对校正因子测定数据

组分	质量/g	t_R/min				A				f
		1	2	3	平均值	1	2	3	平均值	
正己烷										
正庚烷										
正辛烷										

(2) 待测混合溶液测定数据(表 8-2-6)。

表 8-2-6 样品保留时间和相应峰面积

成分	正己烷	正庚烷	正辛烷
t_R/min			
A			
$w/(\%)$			

(3) 空气的死时间 $t_M =$ ____ min。

(4) 正己烷容量因子 = _____，正庚烷容量因子 = _____，正辛烷容量因子 = _____。

【注意事项】

(1) 在未接上色谱柱时，不要打开氢气阀门。

(2) 注意氢气、空气和氮气的比例，一般三者比例接近 1:10:1。

(3) 设置的检测器温度不应低于色谱柱实际工作的最高温度，一般应高于柱温 10～20 ℃。

【思考与讨论】

(1) 气相色谱中，载气的作用是什么？

(2) 定量方法还有哪些？面积归一化法定量有什么特点？

实验 8-4 程序升温气相色谱法测定废水中苯的系列化合物——内标标准曲线法（综合性选做实验）

【目的要求】

(1) 了解归一化法、外标法、内标法定量分析的特点和适用原则。

(2) 学习内标标准曲线法定量的方法。

(3) 熟悉气相色谱仪的性能。

(4) 练习色谱仪器的操作。

【基本原理与技能】

对比试样与纯物质色谱图，根据试样色谱图是否具有与纯物质相同保留值的色谱峰，来确定试样中是否含有该物质及在色谱图中的位置。或将纯物质加入试样中，观察各组分色谱峰的相对变化，来进行判断。

试样中各组分质量 m_i 与检测器的响应信号(色谱图上表现为峰面积 A_i 或峰高 H_i)成正比,即

$$m_i = f_i' A_i$$

利用色谱工作站的微型计算机控制系统,既可对峰面积进行积分,还能对色谱输出信号进行自动数据采集和处理,并以报告形式给出定量的分析结果。常用的几种定量方法是归一化法、外标法、内标法。

1. 内标法

准确称取一定量的试样(m),加入一定量内标物(m_s)。有关计算公式如下:

$$\frac{m_i}{m_s} = \frac{f_i A_i}{f_s A_s}$$

$$m_i = m_s \frac{f_i A_i}{f_s A_s}$$

$$w_i = \frac{m_i}{m} \times 100\% = \frac{m_s \dfrac{f_i A_i}{f_s A_s}}{m} \times 100\% = \frac{m_s}{m} \frac{f_i A_i}{f_s A_s} \times 100\%$$

内标法在实际应用中,常采用内标标准曲线法。

2. 内标标准曲线法

实际作内标标准曲线时,内标物的浓度是固定不变的,而待分析物的浓度是呈梯度的。这样待分析物的响应值(峰面积)与内标物的响应值之比也应该是呈梯度的。利用待分析物与内标物峰面积的比值对待分析物的浓度所作的标准曲线称为内标标准曲线。

具体分析过程如下:

(1) 用溶剂(萃取溶剂)将内标物配成一定浓度的内标溶液,备用;

(2) 用内标溶液将待分析物标准品配成一定浓度的标准溶液,备用;

(3) 用内标溶液将待分析物标准溶液稀释成一定浓度梯度的标准溶液(所有不同浓度的标准溶液中都含有内标物,且在所有不同浓度的标准溶液中内标物的浓度都相同);

(4) 测试各标准溶液,分别记录待分析物和内标物的峰面积,以待分析物与内标物峰面积比为纵坐标,待分析物的浓度为横坐标,绘制标准曲线,并求得回归方程;

(5) 测定样品溶液(用内标溶液制备),取得其中待分析物和内标物的峰面积,求得峰面积比值;

(6) 利用回归方程或校正因子,计算该组分的含量。

技能目标是能用内标标准曲线法准确控制好实验条件,并在最佳条件下准确测定废水中苯的系列物质。

【仪器与试剂】

1. 仪器

气相色谱仪(FID)、微量注射器(10 μL)、毛细管柱(弱极性柱,推荐 DB-5、RTX-5;规格:30 m×0.25 mm×0.25 μm)、容量瓶(100 mL)、分液漏斗。

2. 试剂

苯(标准品,色谱纯),甲苯(标准品,色谱纯),邻、间、对二甲苯标准品(色谱纯),乙苯(色谱纯,内标物),正己烷,容量瓶(100 mL)。

【操作步骤】

1. 色谱条件

汽化室、检测器温度:220 ℃。

柱温:50 ℃维持 5 min 后,按 8 ℃•min^{-1}升温到 110 ℃。

载气:N_2。

分流比:20。

检测器:FID。

2. 标准溶液的配制

(1) 内标溶液的配制。

准确称取一定量乙苯标准品,置于 100 mL 容量瓶中,加色谱纯正己烷适量,振摇使其完全混合,最后用乙苯稀释至刻度,摇匀,制备成浓度为 5.00 μg•mL^{-1}的内标溶液,备用。

(2) 苯、甲苯、对二甲苯、邻二甲苯、间二甲苯混合系列标准溶液的配制。

分别准确称取一定量的苯、甲苯、对二甲苯、邻二甲苯、间二甲苯标准品,置于 3 只 100 mL 容量瓶中,用上述制备的内标溶液作溶剂,配制成浓度为 10.00 μg•mL^{-1}、5.00 μg•mL^{-1}、2.50 μg•mL^{-1}的苯、甲苯、对二甲苯、邻二甲苯、间二甲苯混合系列标准溶液,备用。

3. 样品溶液的制备

准确量取一定体积的废水样品,置于 100 mL 容量瓶中,用上述制备的内标溶液作溶剂稀释至刻度,盖上瓶塞反复振荡,最后把混合均匀的样品溶液置于分液漏斗中进行萃取,静置 10 min 后进行分离。取有机相样品溶液进样分析。

4. 标准品保留时间的测定

在程序升温的条件下,分别取苯、甲苯、对二甲苯、邻二甲苯、间二甲苯和乙苯标准品 0.5 μL,注入气相色谱仪,测定苯、甲苯、对二甲苯、邻二甲苯、间二甲苯标准品和内标物乙苯的保留时间。

5. 含量测定

1）混合系列标准溶液的测定

在程序升温的条件下,取苯、甲苯、对二甲苯、邻二甲苯、间二甲苯混合系列标准溶液 2 μL,注入气相色谱仪测定,根据保留时间先确定苯、甲苯、对二甲苯、邻二甲苯、间二甲苯和内标物乙苯的色谱峰,然后分别记录它们的峰面积,填写在表 8-2-7 中。

2）内标法标准曲线的绘制

测定三个不同浓度的混合标准溶液,以 $A_i/A_{内}$ 为纵坐标,浓度为横坐标,分别绘制苯、甲苯、对二甲苯、邻二甲苯、间二甲苯内标法对应的标准曲线。

3）样品的测定

在程序升温的条件下,吸取上述样品萃取分离的有机相溶液 2 μL,注入气相色谱仪测定,先根据保留时间确定样品溶液中各组分对应的色谱峰,然后分别记录各组分的峰面积,填写在表 8-2-8 中。

【数据记录及处理】

1. 内标标准曲线的制作(表 8-2-7)

表 8-2-7　混合标准溶液中各组分峰面积

浓度 C /$(\mu g \cdot mL^{-1})$	苯 A_1	甲苯 A_2	乙苯（内标物） $A_{内}$	邻二甲苯 A_3	间二甲苯 A_4	对二甲苯 A_5
10.00						
5.00						
2.50						

苯的内标曲线方程:＿＿＿＿＿＿＿＿＿＿＿＿＿＿＿＿。

甲苯的内标曲线方程:＿＿＿＿＿＿＿＿＿＿＿＿＿＿＿。

邻二甲苯的内标曲线方程:＿＿＿＿＿＿＿＿＿＿＿＿＿＿。

间二甲苯的内标曲线方程:＿＿＿＿＿＿＿＿＿＿＿＿＿＿。

对二甲苯的内标曲线方程:＿＿＿＿＿＿＿＿＿＿＿＿＿＿。

2. 被测样品含量的测定

（1）数据记录(表 8-2-8)。

表 8-2-8　样品溶液各组分峰面积

测定对象	苯 A_1	甲苯 A_2	乙苯（内标物） $A_{内}$	邻二甲苯 A_3	间二甲苯 A_4	对二甲苯 A_5
样品						

（2）计算。

① 以表中的数据分别计算样品中苯（A_1）、甲苯（A_2）、邻二甲苯（A_3）、间二甲苯（A_4）、对二甲苯（A_5）与内标物乙苯（$A_内$）的面积比 $A_i/A_内$。

② 将上述各组分对应的 $A_i/A_内$ 分别代入各自的内标曲线方程计算出含量。

【注意事项】

（1）内标溶液的配制中，内标溶液的浓度由待测样品的浓度来确定（一般为1:1）。因此，要先做预实验来确定。

（2）标准溶液和样品溶液是由内标溶液制备的，所以内标物的浓度在所有溶液中都相等。

（3）在一个程序升温结束后，需等待色谱仪回到初始状态并稳定后，才能进行下次进样分析。

【思考与讨论】

（1）在气相色谱定量分析中，为什么要用内标法？

（2）试说明内标标准曲线法定量的特点。

实验 8-5　程序升温毛细管色谱法分析白酒中微量成分的含量（综合性选做实验）

【目的要求】

（1）了解毛细管色谱法在复杂样品分析中的应用。

（2）了解程序升温色谱法的操作特点。

（3）进一步熟悉内标法定量。

【基本原理和技能】

程序升温是指色谱柱的温度，按照适宜的程序连续地随时间呈线性或非线性升高。在程序升温中，采用较低的初始温度，使低沸点组分得到良好分离，然后随着温度不断升高，沸点较高的组分就逐一流出。通过程序升温可使高沸点组分较快地流出，因而峰形尖锐，与低沸点组分类似。

白酒中微量芳香成分十分复杂，可分为醇、醛、酮、酯、酸等多类物质，共百余种。它们的极性和沸点变化范围很大，以致用传统的填充柱色谱法不可能做到一次性同时分析它们。采用毛细管色谱技术并结合程序升温操作，利用 PRG-20M 固定液的交联石英毛细管柱，以内标法定量，就能直接进样分析白酒中的醇、酯、醛、有机酸等几十种物质。

技能目标是能用程序升温气相色谱法准确测定白酒中微量成分的含量。

【仪器与试剂】

1. 仪器

带程序升温的气相色谱仪、氢火焰离子化检测器、色谱工作站、色谱柱(Econo Cap Caxbowax,30 m×0.25 mm×0.25 μm)、微量注射器、容量瓶(10 mL)。

2. 试剂

乙醛、乙酸乙酯、甲醇、正丙醇、正丁醇、异戊醇、己酸乙酯、乙酸正戊酯(内标物)、乙醇。以上试剂均为分析纯。

【操作步骤】

1. 色谱参考条件

按气相色谱仪操作方法使仪器正常运行,并调节至以下条件:

汽化室温度:250 ℃。

检测器温度:250 ℃。

载气(N_2)线速度为 20 cm·s^{-1},氢气和空气的流量分别为 30 mL·min^{-1} 和 300 mL·min^{-1},分流比1:50,辅助气的流量 20 mL·min^{-1}。

柱温:起始温度 60 ℃,保持 2 min,然后以 5 ℃·min^{-1}升温至 180 ℃,保持 3 min。

2. 混合标准溶液的配制

在 10 mL 容量瓶中,预先加入约 3/4 体积的 60％(体积分数)乙醇水溶液,然后分别加入 4.0 μL 乙醛、乙酸乙酯、甲醇、正丙醇、正丁醇、异戊醇、己酸乙酯和乙酸正戊酯(内标物),用乙醇水溶液稀释至刻度,摇匀备用。

3. 加标白酒样品的制备

用待分析的白酒样品荡洗 10 mL 容量瓶,准确移取 4.0 μL 乙酸正戊酯(内标物)至该容量瓶中,用白酒样品稀释至刻度,摇匀备用。

4. 混合标准溶液的分析

(1) 打开总电源,打开载气(N_2)开关或启动氮气压缩机,调整到合适流量。

(2) 打开仪器开关,启动计算机,进入 Windows 界面后点击色谱工作站软件图标,进入色谱工作站。

(3) 设定汽化室温度、检测器温度、柱初始温度及程序升温要求(此时不要启动或按下程序升温键),等待系统升温。

(4) 打开空气(若使用空气压缩机,则不需此步骤)和氢气开关,调整至合适流量,点火,基线运行。

（5）待基线平直后,即可准备进样分离分析。

（6）注入 1.0 μL 混合标准溶液至色谱仪中,同时按下程序升温键,开始执行升温程序,用色谱工作站记录所得色谱图中各组分保留时间和峰面积,并重复进样两次。

（7）用标准物对照,确定上述色谱图中各组分对应的色谱峰。

5. 加标白酒样品的分析

在同步骤 4(1)到(4)完全一样的实验条件下,注入 1.0 μL 加标白酒样品至色谱仪中,同时按下程序升温键,开始执行升温程序,用色谱工作站记录所得色谱图中各组分保留时间和峰面积,并重复进样两次。根据保留时间先确定各色谱峰对应的组分,然后再根据峰面积用内标法分析各组分的含量。

6. 关机

实验完毕后,保持基线运行状态半小时左右。关闭氢气及空气开关(若使用空气压缩机,则此时不得关闭),熄灭火焰。

设定汽化室温度、检测器温度、柱温都为室温(25 ℃),等待系统降至室温后再关闭色谱仪电源开关。最后关闭载气开关(若使用空气压缩机,此时可以关闭),并切断总电源。

【数据记录及处理】

（1）利用色谱工作站对混合标准溶液的色谱图进行图谱优化和积分,并确定各色谱峰的名称,同时计算出各组分对内标物的相对校正因子。

（2）利用色谱工作站对加标白酒样品的色谱图进行图谱优化和积分,利用混合标准溶液的各组分对内标物的相对校正因子,计算白酒样品中需分析的各组分含量的平均值和标准偏差,并以列表的形式总结实验结果。

【注意事项】

（1）在一个程序升温结束后,需等待色谱仪回到初始状态并稳定后,才能进行下次进样。

（2）如果测定的各组分沸点差异很大,应采用多内标法定量。

【思考与讨论】

（1）简述采取程序升温的优点。

（2）实验完毕需要关闭色谱仪时应注意哪些问题?

实验 8-6　气相色谱外标法测定白酒中甲醇的含量（综合性选做实验）

【目的要求】

（1）学习气相色谱仪的组成，掌握其基本操作方法。

（2）掌握外标法测定样品的原理和方法。

【基本原理和技能】

酿造白酒的过程中，不可避免地有甲醇产生。利用气相色谱可分离、检测白酒中的甲醇含量，通常采用外标法进行测定。

外标法是在与待测样品相同的色谱条件下单独测定标准物质，将得到的色谱峰面积与待测组分的色谱峰面积进行比较，求得被测组分的含量。通过配制一系列组成与待测样品相近的标准溶液，按标准溶液色谱图，可求出每个组分浓度或含量与相应峰面积的标准曲线。按照相同色谱条件进行测试，获得待测样品色谱图并得到相应组分的峰面积，根据标准曲线可求出待测样品的浓度或含量。但它是一种绝对定量校正法，标样与测定组分为同一化合物，分离、检测条件的稳定性对定量结果影响很大。为获得高定量准确性，标准曲线经常重复校正是必需的。在实际分析中，可采用单点校正法。只需配制一个与测定组分浓度相近的标样，根据物质含量与峰面积呈线性关系，当测定试样与标样体积相等时，则有

$$m_i = \frac{A_i}{A_s} m_s$$

式中：m_i、m_s——试样、标样中测定化合物的质量（浓度或含量）；

A_i、A_s——试样、标样中测定化合物的峰面积。单点校正操作要求定量进样或已知进样体积。

外标法要求仪器重复性很好，适于大量地分析样品。因为仪器随着使用会有所变化，所以需要定期进行标准曲线校正。外标物与被测组分同为一种物质，但要求外标物有一定的纯度，分析时外标物的浓度或含量应与被测物浓度或含量接近，以利于保证定量分析的准确性。

本实验白酒中甲醇含量的测定采用单点校正法，即在相同的操作条件下，分别将等量的试样和含甲醇的标准溶液进行色谱分析，由保留时间可确定试样中是否含有甲醇，比较试样和标准溶液中甲醇的峰面积，可确定试样中甲醇含量。

【仪器与试剂】

1. 仪器

气相色谱仪（FID）、石英毛细管柱、微量注射器（10 μL）。

2. 试剂

甲醇（色谱纯）、乙醇（分析纯）、待分析的白酒。

【操作步骤】

1. 色谱条件

载气为氮气，流量 40 mL·min^{-1}；氢气流量 40 mL·min^{-1}；空气流量 450 mL·min^{-1}；进样量 1 μL；柱温 100 ℃；汽化室温度 150 ℃；检测器温度 150 ℃。

2. 标准溶液的配制

用 60%（体积分数）的乙醇水溶液为溶剂，分别配制浓度为 0.10 g·L^{-1}、0.20 g·L^{-1}、0.30 g·L^{-1}、0.40 g·L^{-1}、0.50 g·L^{-1}、0.60 g·L^{-1} 的甲醇系列标准溶液。

3. 进样分析及信息采集

（1）开启载气钢瓶，通氮气。打开氢气发生器及空气发生器。

（2）打开色谱仪主机电源开关，打开色谱工作站。在色谱工作站中设定各项温度条件以及气体流量条件，然后升温至设置温度。

（3）启动点火程序，确保离子化室点火成功。开启色谱工作站采样菜单，观察基线平稳程度，待基线平稳后才可进样分析。

（4）用 10 μL 微量注射器先取 1 μL 标准溶液进样分析，得到色谱图，记录甲醇的保留时间。在相同条件下进 1 μL 待分析的白酒，得到色谱图，根据保留时间确定白酒中的甲醇峰。

（5）关闭氢气发生器和空气发生器。

（6）从色谱工作站上降低汽化室、检测器温度，待温度降至 50 ℃，关闭载气，退出色谱工作站，关闭色谱仪电源开关。

【数据记录及处理】

（1）确定样品中测定组分的色谱峰位置及峰面积。

（2）按下式计算白酒样品中甲醇含量：

$$w_i = \frac{A_i}{A_s} w_s$$

式中：w_i——白酒样品中甲醇的质量浓度，g·L^{-1}；

w_s——标准溶液中甲醇的质量浓度,$g \cdot L^{-1}$;

A_i——白酒样品中甲醇的峰面积;

A_s——标准溶液中甲醇的峰面积。

【注意事项】

(1) 使用氢气气源或使用芳香烃类易燃试剂时,应禁止明火和吸烟。

(2) 为获得较高的精密度和较好的色谱峰形状,进样时速度要快,并且每次进样速度、留针时间应保持一致。

【思考与讨论】

(1) 外标法定量的特点是什么? 它的主要误差来源有哪些?

(2) 氢火焰离子化检测器是否对任何物质都有响应? 为什么?

第九章　高效液相色谱法

第一节　高效液相色谱法概述

高效液相色谱法（HPLC）又称高压液相色谱法、高速液相色谱法，是20世纪60年代末70年代初发展起来的一种分离分析技术。随着科学技术的不断发展，高效液相色谱法也在不断地被改进和完善，目前已经成为应用极为广泛的化学分离分析的重要手段。高效液相色谱法在经典液相色谱法的基础上，引入了气相色谱（GC）的理论，在技术上采用了高压泵、高效固定相和高灵敏度检测器等装置，使得分离效率、检测灵敏度和分析速度都比经典液相色谱法有了显著的提高。

与气相色谱法相比，高效液相色谱法不受样品挥发性和热稳定性及相对分子质量的限制，只要求把样品制成溶液即可，非常适合分离分析高沸点、大分子、强极性、热不稳定性化合物和离子型化合物。此外，高效液相色谱的流动相不仅起到使样品沿色谱柱移动的作用，而且与固定相一样，与样品分子发生选择性相互作用，这就为控制和改善分离条件提供了一个额外的可变因素，因此可使用的范围进一步扩大，被广泛地用于氨基酸、蛋白质、糖类、有机酸、生物碱、抗生素、维生素、农药、高聚物以及各种无机物的分离与分析。

1. 高效液相色谱仪的结构

以液体为流动相而设计的色谱分析仪器称为液相色谱仪。采用高压输液泵、高效固定相和高灵敏度检测器等装置的液相色谱仪称为高效液相色谱仪。高效液相色谱仪种类繁多，但不论何种类型的高效液相色谱仪，基本上都分为四个部分：高压输液系统、进样系统、分离系统和检测系统。此外，还可以根据一些特殊的要求，配备一些附属装置，如梯度洗脱、自动进样、自动收集及数据处理装置等。图9-1-1是高效液相色谱仪的结构示意图，其工作过程如下：高压泵将贮液瓶（罐）的溶剂经进样器送入色谱柱中，然后从检测器的出口流出；当待分离样品从进样器进入时，流经进样器的流动相将其带入色谱柱中进行分离，然后按先后顺序进入检测器，记录仪将进入检测器的信号记录下来，即得到液相色谱图。

1）高压输液系统

高效液相色谱仪的输液系统包括贮液瓶（罐）、高压输液泵、梯度洗脱装置等。

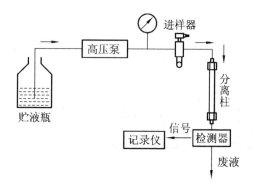

图 9-1-1　高效液相色谱仪的结构示意图

(1) 贮液瓶(罐)：用来供给足够数量的合乎要求的流动相，以完成分析工作。它一般是以不锈钢、玻璃或聚四氟乙烯衬里为材料，目前大多数仪器配置的流动相贮液瓶为棕色玻璃瓶。贮液瓶应高于泵体，一般置于仪器顶端，以保持一定的输液压差。溶剂体积一般以 0.5~2 L 为宜。溶剂使用前必须脱气。因为色谱柱是带压操作的，而检测器是在常压下工作，若流动相中含有的气体(如 O_2)未除去，则流动相通过色谱柱时其中的气泡会受到压力而被压缩，流出色谱柱进入检测器时，在常压环境下气泡将重新释放出来，此时就会造成检测器噪声变大，使基线不稳，严重时会造成分析灵敏度下降，仪器不能正常工作，这在梯度洗脱时尤为突出。常用的脱气方法有低压脱气法(电磁搅拌，水泵抽空，可同时加热或向溶剂吹氮气)、吹氮气脱气法和超声波脱气法(常用方法)等。脱气后的流动相液体应密封保存，以防止外部气体(O_2、CO_2)重新溶入。

所有溶剂在转入流动相容器以前必须经过 0.45 μm 滤膜过滤。

(2) 高压输液泵：高压输液泵是高效液相色谱仪的重要部分，它将流动相输入分离系统，使样品在分离系统中完成分离过程。它应具备的特性如下：流量稳定；输出压力高；流量范围宽；耐酸、碱和缓冲溶液腐蚀；压力变动小，死空间小，易于清洗和更换溶剂及具有梯度洗脱功能等。

高压输液泵按排液性能可分为恒压泵和恒流泵。按工作方式又可分为液压隔膜泵、气动放大泵、螺旋注射泵和往复柱塞泵等四种，前两种为恒压泵，后两种为恒流泵。恒压泵可以输出稳定不变的压力，但当系统的阻力变化时，输出的压力虽然不变，流量却随阻力而变；恒流泵则无论柱系统压力如何变化，都可保证其流量基本不变。在色谱分析中，柱系统的阻力总是要变的。因而恒流泵比恒压泵显得更为优越，目前使用较普遍。然而，恒压操作时能在泵和柱系统所允许的最大压力下冲洗柱系统，既方便又安全。因而有些恒流泵也带有恒压输流的功能，以满足多种需要。

往复柱塞泵是目前在高效液相色谱仪中采用最广泛的一种泵(如图 9-1-2 所示)。因为这种泵的柱塞往复运动频率较高，所以对密封环的耐磨性及单向阀的刚性和精度要求都很高。密封环一般采用聚四氟乙烯材料制作，单向阀的球、阀座及柱塞则采用人造宝石材料制作。往复柱塞泵有单柱塞、双柱塞(又分为并联式、补偿式或串联式、压吸入式等)和三柱塞等类型。

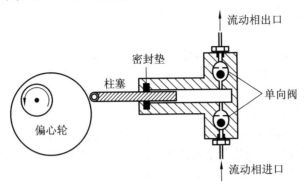

图 9-1-2 往复柱塞泵

(3) 梯度洗脱装置:HPLC 有等梯度洗脱和梯度洗脱两种洗脱方式。前者保持流动相的组成(配比)不变,后者则在洗脱过程中随时间的变化把两种或两种以上的溶剂按一定的比例混合,连续或阶段地改变流动相组成,以调整流动相的极性、pH或离子强度,达到改变被分离组分的相对保留值的目的。相应的装置就叫做梯度洗脱装置。如同气相色谱中的程序升温,梯度洗脱给高效液相色谱分离带来很大的方便,它可以提高分离度、缩短分析时间、降低最小检出量并提高分析精度。梯度洗脱对于复杂混合物,特别是保留性能较差的混合物的分离是极为重要的手段。梯度洗脱可分为低压梯度洗脱和高压梯度洗脱(如图 9-1-3 所示)。

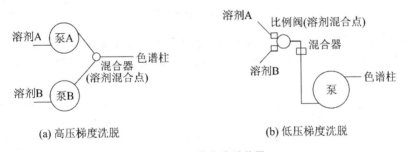

(a) 高压梯度洗脱   (b) 低压梯度洗脱

图 9-1-3 梯度洗脱装置

① 低压梯度装置:低压梯度又称外梯度,特点是先混合后加压。它是在常压下预先按一定的程序将溶剂混合后再用泵输入色谱柱系统,亦称为泵前混合。三元(三种不同溶剂)低压梯度装置是目前较为广泛采用的低压梯度装置,可进行三元梯度洗脱,重复性较好。

② 高压梯度装置:高压梯度又称为内梯度,特点是先加压后混合。它由两台高压输液泵、梯度程序器(或计算机及接口板控制)、混合器等部件组成。两台泵分别将两种极性不同的溶剂输入混合器,经充分混合后进入色谱柱系统,这是一种泵后高压混合形式。高压梯度所采用的泵多为往复柱塞泵,由此获得的流量精度高、梯度洗脱曲线重复性好。

　　值得注意的是，梯度洗脱技术的应用引起了流动相化学成分的变化，使得某些检测器不适应，从而导致仪器噪声增大，甚至无法工作。

　　2）进样系统

　　进样系统是将待分析样品引入色谱柱的装置，要求重复性好，死体积小，保证柱中心进样，进样时色谱柱系统流量波动要小，便于实现自动化等。

　　通常有以下几种进样方式。

　　（1）注射器进样（如图9-1-4所示）：用1～100 μL高效液相色谱专用注射器抽取一定量的样品，经橡胶进样隔垫注入专门设计的与色谱柱相连的进样头或柱头内。对使用水-醇体系作流动相的色谱可使用硅橡胶隔垫，对使用多种弱极性有机溶剂作流动相的色谱使用亚硝基氟橡胶隔垫。这种进样方式操作简单，成本低，进样量可由进样器控制，能够获得比较高的柱效。但进样量不宜大，且压力不能超过15 MPa，若超过15 MPa，则会引起流动相泄漏。

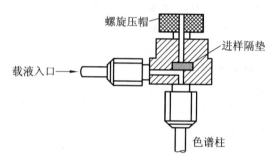

图 9-1-4　注射器进样装置

　　（2）六通阀进样（如图9-1-5所示）：六通阀进样器是高效液相色谱系统中最理想的进样器，六通阀进样装置由高压流通阀和定量管组成，可以直接用于高压（20 MPa）下把样品送入色谱柱中。当进样阀手柄置"取样"位置，用特制的平头注射器吸取比定量管体积稍多的样品溶液，从"1"处注入定量管，多余的样品溶液由"6"排出。再将进样阀手柄顺时针旋转60°置于"进样"位置，流动相将样品溶液携带进入色谱柱。该种方式进样不需要停流，进样量由固定体积的定量管或微量进样器（常压）控制。六通阀进样比注射器进样效率下降约10%，但重复性好。

　　（3）自动进样器进样：在程序控制器或微机控制下，可自动进行取样、进样、复位、样品管路清洗和样品盘的转动等一系列操作，全部按预定程序自动进行，一次可进行几十个甚至上百个样品的自动分析。操作者只需将样品按顺序装入贮样机构即可。比较典型的自动进样装置有圆盘式自动进样器、链式自动进样器和笔标式自动进样器。但此装置一次性投资很高，目前在国内尚未得到广泛应用。

　　3）色谱分离系统（色谱柱）

　　色谱柱应具备耐高压、耐腐蚀、抗氧化、密封不漏液和柱内死体积小等性能，达到柱效高、柱容量大、分析速度快、柱寿命长等要求。常用内壁抛光的不锈钢管作色谱柱的柱管，使用前先用氯仿、甲醇、水依次清洗柱管，再用50%的 HNO_3 溶液对内壁

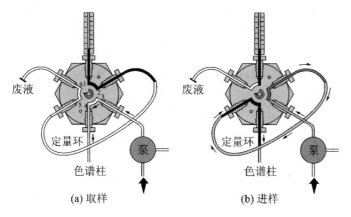

图 9-1-5　六通阀进样装置

作钝化处理。现在色谱柱生产工艺已很成熟,生产商也很多,因此一般购买成品色谱柱使用。

　　色谱柱按内径不同可分为微量柱、分析柱和制备柱。一般微量柱内径小于 1 mm,分析柱内径为 2～5 mm,制备柱内径较大,可达 25 mm 以上。常用的分析柱内径为 4.6 mm 或 3.9 mm,长度为 25 cm 或 15 cm。

　　目前用于 HPLC 分析的填料基体一般为粒度 3～5 μm 或 5～10 μm 的全多孔球形硅胶或无定形硅胶。之后又发展出无机氧化物基体(如三氧化二铝、二氧化钛、三氧化钨)、高分子聚合物基体(如苯乙烯-二乙烯基苯共聚微球、丙烯酸酯或甲基丙烯酸酯的聚合物微球)和脲醛树脂微球,它们多为 3～10 μm 的全多孔微球。基体表面活化后,经与硅烷偶联剂等发生化学反应,形成不同的固定相(此种固定相也称化学键合相),按照固定相极性强弱分为正相色谱柱和反相色谱柱。与含氨基($-NH_2$)、氰基($-CN$)、醚基($-C-O-C-$)的硅烷化试剂反应,生成表面具有氨基、氰基、醚基的极性固定相,这种色谱柱为正相色谱柱,与含烷基链(C_4、C_8、C_{18})或苯基的硅烷化试剂反应,生成表面具有烷基或苯基的非极性固定相,这种色谱柱为反相色谱柱。由于柱效受柱内外因素,特别是柱外因素影响,因此为使色谱柱达到应有效率,除系统死体积要小外,需要有合理的柱结构及柱装填方法。色谱柱的柱管一般采用优质不锈钢制作,高效液相色谱柱的装填方法分为干法和湿法(匀浆法)两种。按使用目的的不同,色谱柱可分为分析型和制备型。

　　4) 检测系统

　　检测器的作用是将色谱柱流出物中样品组成和浓度的变化转化为可供检测的信号,从而定性和定量。用于高效液相色谱中的检测器应具有灵敏度高、适用性强、线性范围宽、响应快、死体积小等特点,还应该对温度和流速的变化不敏感。常用的检测器有紫外吸收检测器、二极管阵列检测器、荧光检测器、示差折光检测器和电化学检测器。

检测器分为两大类：通用型检测器和选择性检测器。通用型检测器是对试样和洗脱液总的物理性质和化学性质有响应。选择性检测器仅对待分离组分的物理化学特性有响应。通用型检测器检测的范围广，但是由于它对流动相也有响应，因此易受环境温度、流量变化等因素的影响，造成较大的噪声和漂移，限制了检测的灵敏度，不适于进行痕量分析，并且通常不能用于梯度洗脱操作。选择性检测器灵敏度高，受外界影响小，可用于梯度洗脱操作。但由于其选择性，只对某些化合物有响应，限制了它的应用范围。通常一台性能完备的高效液相色谱仪，应当具备一种通用型检测器和几种选择性检测器。

（1）紫外吸收检测器（ultraviolet photometric detector，UVD）：紫外吸收检测器是高效液相色谱法中应用最广泛的一种检测器，适用于对紫外光或可见光有吸收的样品的检测。它分为固定波长型、可调波长型和紫外-可见分光型。固定波长型紫外吸收检测器常采用汞灯的 254 nm 或 280 nm 谱线，许多有机官能团可吸收这些波长的光。紫外-254 检测器是一种目前使用最广泛的固定波长型紫外吸收检测器，它的典型结构如图 9-1-6 所示。

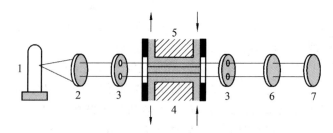

图 9-1-6　紫外-254 检测器的结构示意图

1—低压汞灯；2—透镜；3—遮光板；4—测量池；5—参比池；6—紫外滤光片；7—双紫外光敏电阻

① 光源：通常使用低压汞灯。经测定，其辐射能量的 $80\% \sim 90\%$ 是 254 nm 的紫外光，这个波长适用于相当多的有机化合物。

② 检测池：多用 H 形的结构。池体由测量池和参比池组成，流动相自中间进入后，立即分成相等的两路经两侧流入光通道，然后在出口处再汇聚成一路流出。为了减少色谱峰展宽，测量池的体积通常小于 10 μL，池内径小于 1 mm，光路长度为 10 mm。参比池起到补偿作用，可以填充流动相或空气。池体材料常用不锈钢。

③ 接收元件：可以是光电倍增管、光电管或光敏电阻。相应的电子线路也有多种形式，采用光敏电阻作接收元件时，测量路线是普通的惠斯通电桥；采用光电管或光电倍增管时，测量线路是微电流放大器。

紫外-254 检测器的特点如下：灵敏度高，检测限为 10^{-10} g·mL^{-1}，可准确、方便地进行定量分析；线性范围宽，对温度和流动相流速波动不敏感，可用于梯度洗脱，应用范围广，使用方便，可用于多种类型有机物的检测，对在 254 nm 附近有吸收的物质具有一定的灵敏度，但对那些在 254 nm 附近没有吸收的物质不够敏感，甚至不能检测。

可调波长型紫外吸收检测器的光路与固定波长型基本一致,但光源采用氘灯或氢灯,它可在 200~400 nm 范围内提供连续光源,可用一组滤光片来选择所需的工作波长。虽然氢灯或氘灯的功率近 20 W,但是分配在某个波长的能量不大,因此它的灵敏度要比紫外-254 检测器略低。

紫外-可见分光型检测器实质上就是装有流动相的紫外-可见分光光度计,但是对波长的单色性要求不高,光谱宽度可达 10 nm,波长精度约±1 nm。光源用氘灯或钨灯,在紫外区工作时用氘灯,在可见区工作时切换为钨灯。设定光栅的不同角度进行波长调节。

可调波长型和紫外-可见分光型检测器由于扩大了工作波长的范围,因此应用范围更加广泛。

(2) 二极管阵列检测器(photo-diode array detector,PDAD):这是一种新型检测器,其本质仍为紫外吸收检测器,不同的是进入流通池的不再是单色光,得到的信号可以是在所有波长上的色谱信号。图 9-1-7 是这种检测器的光路示意图。

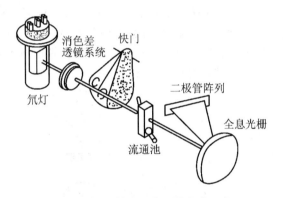

图 9-1-7　二极管阵列检测器光路示意图

光源发出的紫外或可见光经消色差透镜系统聚焦后,在流通池中被流动相中的组分进行特征吸收,分光后被一个由多个光电二极管组成的阵列所检测,每一个光电二极管检测一窄段的谱区。这种检测器的二极管的全部阵列能够在很短的时间(10 ms)内扫描一次,数据收集速度非常快,分辨率高。整个系统的动作中,只有快门(用来测暗电流)是移动的部件,其余固定不动,故保证了检测器的重复性和可靠性。它可绘制出随时间 t 变化的光谱吸收曲线(吸光度 A 随波长 λ 变化的曲线),因而可获得吸光度、波长、时间信息的三维立体色谱图(如图 9-1-8 所示),不仅可以此进行定性分析,还可以用化学计量学方法辨别色谱峰的纯度及分离情况。

(3) 荧光检测器(fluorescence detector, FLD):荧光检测器是一种高灵敏度(比紫外吸收检测器高 3~4 个数量级)、高选择性的检测器,检测限为 $10^{-14} \sim 10^{-12}$ g·mL^{-1},对温度和流动相流速波动不敏感,可用于梯度洗脱。荧光检测器是利用某些试样组分具有的荧光特性来进行检测的,荧光强度与组分浓度成正比。它不如紫外吸收检

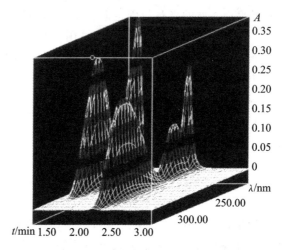

图 9-1-8　吸光度、波长、时间关系图

测器应用那么广泛,因为能产生荧光的化合物比较有限。许多生物物质包括某些代谢产物如药物、氨基酸、胺类、维生素、酶等都可用荧光检测器检测。有些化合物本身不产生荧光,但可与荧光试剂发生反应生成荧光衍生物,这时就可用荧光检测器进行检测。图 9-1-9 是荧光检测器的光路示意图。

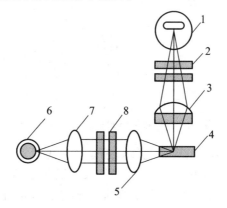

图 9-1-9　荧光检测器的光路示意图
1—光电倍增管;2—发射滤光片;3—透镜;4—样品流通池;
5—透镜;6—光源;7—透镜;8—激发滤光片

　　荧光检测器的光源发出的激发光经滤光片 8 选择特定波长的光线作为激发光。样品池内的试样组分受激发后发出荧光,为避免激发光的干扰,只取与激发光成直角方向的荧光,经滤光片 2 分光后由光电倍增管 1 接收下来。

　　(4)示差折光检测器(differential refractive index detector,DRID):示差折光检测器是一种通用型检测器。它是根据样品流路(含有被测组分的流动相)和参比流路(只有纯流动相)之间折光率的差值来进行检测的。常用的示差折光检测器有偏转式和反射式两种。示差折光检测器虽然能检测大多数物质,但其灵敏度比较低,同时受温度、流量的影响比较大，需要严格控制温度，而且不适用于梯度洗脱。

（5）电化学检测器（electrochemical detector，ED）：对那些无紫外吸收或不能发生荧光，但具有电活性的物质，可用电化学检测器检测。其工作原理是根据物质在某些介质中电离后所产生的电学参数变化来测定物质的含量。它的主要部件是电导池。目前电化学检测器只有安培、电导、极谱和库仑四种检测器。许多具有电化学氧化还原性的化合物，如电活性的硝基、氨基等有机物及无机阴阳离子等可用电化学检测器测定。如在分离柱后采用衍生技术，其应用范围还可扩展到非电活性物质的检测。它已在有机和无机阴阳离子、动物组织中的代谢物质、食品添加剂、环境污染物、生物制品及药物测定中获得广泛的应用。

电化学检测器所用的流动相必须具有导电性（流动相中必须含有电解质），因此一般使用极性溶剂或水溶液，主要是盐的缓冲溶液作流动相。在多数情况下只能检测具有电活性的物质。由于电极表面可能发生吸附、催化氧化-还原现象，因此都有一定的寿命，目前尚没有一种通用和可靠的方法使电极表面获得再生。它对温度和流速的变化也比较敏感。该检测器不适用于梯度洗脱。

在高效液相色谱中，检测器是一个薄弱环节，目前没有一种即通用又具有高灵敏度的检测器。UVD、PDAD、FLD、ED 都属于选择型检测器；DRID 属于通用型检测器，但灵敏度低，使用有一定局限性。

液相色谱法的附属装置包括脱气、梯度洗脱、再循环、柱恒温、自动进样、馏分收集、在线固相萃取、柱后衍生及数据处理等装置，这些装置一般属选用部件。

2. HPLC 定性和定量分析方法

高效液相色谱法的定性同气相色谱，主要是根据保留值进行定性；高效液相色谱法的定量主要使用的是外标法和内标法，很少使用归一化法，其原因是高效液相色谱法所分析的对象往往比较复杂，在实际分析时只要所分析成分的色谱峰出来就可以了，对于不分析的成分没必要让它们的色谱峰出来。具体的外标法和内标法在此不再一一赘述。

第二节　高效液相色谱法实验项目

实验 9-1　高效液相色谱法测定人血浆或泰诺感冒片中扑热息痛含量（综合性实验）

【目的要求】

（1）熟悉高效液相色谱仪的性能和操作方法。

（2）掌握六通阀的结构及工作原理。

（3）掌握外标法定量分析方法的原理。

【基本原理与技能】

扑热息痛又称对乙酰氨基酚,商品名称有百服宁、必理通、泰诺、醋氨酚等。该品国际非专有药名为 paracetamol。它是最常用的非抗炎解热镇痛药,解热作用与阿司匹林相似,镇痛作用较弱,无抗炎抗风湿作用,是乙酰苯胺类药物中最好的品种,特别适合于不能应用羧酸类药物的病人,用于感冒、牙痛等症。健康的人在口服药物 15 min 以后,药物就已进入人的血液。1~2 h 内,在人的血液中药物的浓度达到极大值。用高效液相色谱法测定人的血液中药物浓度,可以研究药物在人体内的代谢过程及不同厂家的药物在人体内的吸收情况的差异。扑热息痛的弱酸溶液在 254 nm 波长处有最大吸收,可用于定量测定。在扑热息痛的生产过程中,有可能引入对氨基酚中间体,这些杂质也有紫外吸收。如果用紫外分光光度法测定,杂质会对含量测定的准确性造成影响。因此,可采用具有分离能力的高效液相色谱法将被测物和杂质分离后测定,则杂质对被测物含量测定的干扰即被消除。

本实验采用扑热息痛纯品(对照品或一级标准物质)进行定性,找出健康人体血浆或药品中扑热息痛成分在色谱图中的位置,然后将扑热息痛的对照品(或一级标准物质,下同)配制成不同浓度的系列标准溶液,在实验条件不变的前提下准确定量进样,得到系列对照品色谱图,根据色谱图上扑热息痛峰面积与其浓度绘制外标法标准曲线,得到相应标准曲线方程。在相同操作条件下,对扑热息痛样品溶液准确定量进样,得到样品溶液色谱图,由该色谱图确定样品溶液中扑热息痛峰面积,并根据标准曲线方程计算样品溶液中扑热息痛的浓度。若样品组成不复杂、测试条件比较稳定,可使用外标比较法,即配制一个与待测样品溶液浓度接近的对照品溶液,先将对照品溶液进行色谱分析,再对制备的样品溶液进行色谱分析,根据下式即可确定样品中扑热息痛的含量:

$$w_{扑热息痛} = \frac{A_{样品}}{A_{对照品}} \times \frac{m_{对照品}}{m_{样品}} \times 100\%$$

技能目标是能用高效液相色谱法准确测定血浆或药品中扑热息痛的含量。

【仪器与试剂】

1. 仪器

电子分析天平;酸度计;磁力加热搅拌器;超声波发生器;高效液相色谱仪,配紫外吸收检测器;不锈钢色谱柱(Econosphere C$_{18}$,15 cm×4.6 mm,d_p=3 μm);色谱工作站;平头微量注射器(50 μL);容量瓶;微孔纤维滤膜(0.45 μm);量筒(50 mL)。

2. 试剂

(1)扑热息痛对照品(中国食品药品检定研究院制造)。

(2)甲醇(色谱纯)、磷酸二氢钾(分析纯)。

（3）药品：泰诺感冒药片或其他含扑热息痛的感冒药片。

（4）超纯水。

【操作步骤】

1. 开机

按仪器操作说明启动高效液相色谱仪。

2. 色谱条件

柱温：30 ℃。

流动相：甲醇-0.05 mol·L^{-1}磷酸二氢钾水溶液（pH＝3.00）（体积比为15∶85）。

流量：1.0 mL·min^{-1}。

检测波长：254 nm。

3. 扑热息痛对照品溶液的制备

精密称取在105 ℃干燥至恒重的扑热息痛对照品50 mg，置于100 mL容量瓶内，加甲醇25 mL振摇溶解，用超纯水稀释至刻度，摇匀。精密吸取上述溶液5.0 mL，置于50 mL容量瓶中，用甲醇-水（体积比为25∶75）稀释至刻度，摇匀后制得50 μg·mL^{-1}扑热息痛对照溶液，备用。

4. 扑热息痛系列标准溶液的制备

分别移取50 μg·mL^{-1}扑热息痛对照品溶液0.50 mL、1.00 mL、2.00 mL、5.00 mL、10.00 mL，置于5只50 mL容量瓶中，用甲醇-水（体积比为25∶75）定容。配制成0.50 μg·mL^{-1}、1.00 μg·mL^{-1}、2.00 μg·mL^{-1}、5.00 μg·mL^{-1}和10.00 μg·mL^{-1}扑热息痛系列标准溶液，摇匀备用。

5. 泰诺感冒药品溶液的制备

取泰诺感冒药片10片，在研钵中研细，精密称取适量（约相当于扑热息痛50 mg），置于100 mL容量瓶中；加甲醇25 mL，再加入适量超纯水，在超声波发生器内用超声波处理约30 min，用超纯水稀释至刻度；摇匀后用0.45 μm微孔纤维滤膜过滤，取滤液5.0 mL移入50 mL容量瓶中，用甲醇-水（体积比为25∶75）稀释至刻度，摇匀备用。

6. 扑热息痛系列标准溶液的测定

待基线稳定后，分别注入20 μL扑热息痛系列标准溶液（按照浓度由小到大的顺序），记录色谱图，确定色谱图中扑热息痛成分的色谱峰，记录不同浓度扑热息痛标准溶液对应的峰面积。

7. 泰诺感冒药品溶液的测定

在相同实验条件下，注入20 μL泰诺感冒药品溶液，记录泰诺感冒药品溶液的色谱图，确定色谱图中扑热息痛成分的色谱峰，记录该色谱峰的峰面积。

【数据记录及处理】

1. 数据记录

将数据记录于表 9-2-1 中。

表 9-2-1　相应浓度及峰面积

标准溶液编号与样品	1	2	3	4	5	样品
浓度 c						
峰面积 A						

2. 标准曲线

以扑热息痛系列标准溶液的浓度为横坐标，以对应的峰面积为纵坐标，绘制标准曲线，得到标准曲线回归方程：_____。

3. 样品含量

将泰诺感冒药品溶液的峰面积 A 代入标准曲线回归方程，求得泰诺感冒药品溶液中扑热息痛的浓度。根据取样量及稀释比即可求得泰诺感冒药片中扑热息痛的含量（$mg \cdot g^{-1}$）。

【注意事项】

(1) 每次精密量取 20 μL，由六通阀的定量环来定量（所用的定量环标量为 20 μL）。进样均采用全量注入法，即采用 100 μL 微量进样器取样 80 μL，将样品装填在定量环中，然后进样。

(2) 进样时，注意操作的一致性。将微量进样器通过导针孔扎入六通阀时，一定要到位；将样品注入六通阀时，速度要适宜，不能太快。

【思考与讨论】

(1) 液相色谱是怎样达到在高压状态下不停流而将样品送入色谱系统中的？

(2) 在液相色谱分析中，怎样才能保证准确进样？

实验 9-2　反相高效液相色谱法测定饮料中咖啡因的含量（综合性实验）

【目的要求】

(1) 熟悉高效液相色谱仪的基本结构，理解反相高效液相色谱法的原理和应用。

(2) 掌握外标法定量分析方法的原理。

【基本原理与技能】

高效液相色谱的定性和定量分析与气相色谱分析相似,在定性分析中,采用保留值定性,或与其他定性能力强的仪器分析法(如质谱法、红外吸收光谱法等)联用。在定量分析中,采用测量峰面积的归一化法、内标法或外标法等。

本实验采用外标法测定饮料中咖啡因的含量。

外标法是以试样的标准品作对照物质,通过对比标准品和待测组分的响应信号求待测组分含量的定量方法。

(1)标准曲线法:用待测组分的标准品配制一系列浓度不同的标准溶液,准确进样,测量峰面积,再绘制峰面积-浓度标准曲线。然后在相同的色谱操作条件下分析待测试样,从色谱图上测出试样的峰面积(或峰高),由上述标准曲线查出待测组分的含量。

(2)外标一点法:$m_i = \dfrac{A_i}{A_s} m_s$。为了降低外标一点法的实验误差,应尽量使配制的对照品溶液的浓度与样品中组分的浓度相近。

外标法是最常用的定量方法。其优点是操作简便,不需要测定校正因子。其准确性主要取决于进样的重现性和色谱操作条件的稳定性。

咖啡因(caffeine)又名咖啡碱,属甲基黄嘌呤化合物,化学名称为 1,3,7-三甲基黄嘌呤,具有提神醒脑等刺激中枢神经作用,但易上瘾。因此,各国制定了咖啡因在饮料中的食品卫生标准。到目前为止,我国仅允许咖啡因加入可乐型饮料中,其含量不得超过 150 mg・kg^{-1}。

咖啡因分子式为 $C_8H_{10}O_2N_4$,结构式如图 9-2-1 所示。

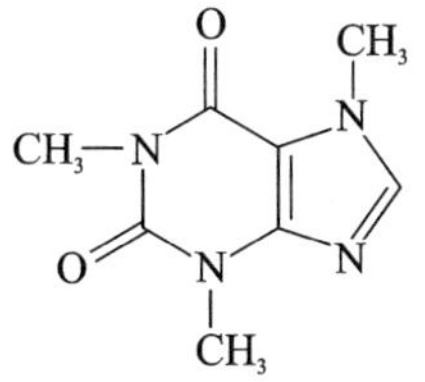

图 9-2-1　咖啡因结构式

咖啡因的甲醇溶液在特定波长下有最大吸收,其吸收值与咖啡因浓度成正比。本实验采用反相高效液相色谱法,以 C_{18} 键合相色谱柱将饮料中的咖啡因与其他组分(如单宁酸、咖啡酸、蔗糖等)分离,选用紫外吸收检测器检测,以咖啡因系列标准溶液的色谱峰面积对其浓度作标准曲线,再根据试样中的咖啡因峰面积,由标准曲线计算出它的浓度。

【仪器与试剂】

1. 仪器

二元紫外检测高效液相色谱仪(测定波长 275 nm)、平头微量注射器(25 μL)、超声波清洗器、C_{18} 键合相色谱柱(250 mm ×4.6 mm,5 μm)、滤膜(0.45 μm)、移液管(25 mL)、容量瓶(10 mL)、吸量管(5 mL)。

2. 试剂

(1) 甲醇(色谱纯)、二次蒸馏水、咖啡因对照品。

(2) 1 000 μg·mL^{-1} 咖啡因标准储备液:将咖啡因对照品在 110 ℃下烘干 1 h。准确称量 0.100 0 g 咖啡因,用色谱纯甲醇溶解,定量转移至 100 mL 容量瓶中,用甲醇稀释至标线。

(3) 咖啡因系列标准溶液:分别用吸量管吸取 0.20 mL、0.40 mL、0.60 mL、0.80 mL、1.00 mL、1.20 mL 1 000 μg·mL^{-1} 咖啡因标准储备液于 10 mL 容量瓶中,用色谱纯甲醇稀释至标线,制得咖啡因浓度分别为 20 μg·mL^{-1}、40 μg·mL^{-1}、60 μg·mL^{-1}、80 μg·mL^{-1}、100 μg·mL^{-1}、120 μg·mL^{-1} 的系列标准溶液,备用。

(3) 市售可口可乐或百事可乐饮料。

【操作步骤】

(1) 按仪器操作说明启动高效液相色谱仪。

(2) 色谱条件。

柱温:室温。

流动相:甲醇-水溶液(体积比为 60∶40)。

流量:1.0 mL·min^{-1}。

检测波长:275 nm。

进样器:六通阀,配 10 μL 定量管。

(3) 准备足够的流动相,用 0.45 μm 滤膜过滤。置于超声波清洗器上脱气 15 min。

(4) 启动高压泵,打开检测器的电源,打开色谱工作站,待仪器联机成功后,在色谱工作站中编辑测试方法并调用该方法。

(5) 用流动相平衡分析柱和检测器,待基线稳定后即可进样分析。按咖啡因系列标准溶液浓度递增的顺序,依次等体积进样 10 μL,测得每一浓度咖啡因标准溶液的色谱峰,每份标准溶液进样两次,要求两次峰面积数据基本一致,记录各色谱峰的保留时间和峰面积,取平均值。

(6) 准确移取 25.00 mL 可口可乐或百事可乐样品溶液于 50 mL 容量瓶中,在超声波清洗器内用超声波处理 15 min 后,取脱气试样溶液 5.00 mL 于 10 mL 容量瓶中,用流动相定容,定容后的试样溶液经 $0.45~\mu m$ 滤膜过滤,取 $10~\mu L$ 滤液进样分析两次。根据标准物的保留时间确定饮料中的咖啡因组分的色谱峰,要求两次峰面积数据基本一致,记录保留时间和峰面积,取平均值。

(7) 分析完毕后,按规定清洗分析柱和系统 1 h,关闭高压泵及所有电源开关。退出色谱工作站。

【数据记录及处理】

(1) 处理色谱数据,将标准溶液及饮料中咖啡因的保留时间及峰面积列于表9-2-2 中。

表 9-2-2　保留时间及峰面积

标准溶液浓度/($\mu g \cdot mL^{-1}$)	2.5	5	10	25	50	饮料
t_R/min						
A						

(2) 绘制咖啡因峰面积-质量浓度标准曲线,并计算回归方程相关系数。
(3) 根据试样溶液中咖啡因的峰面积数值,计算饮料中咖啡因浓度。

【注意事项】

(1) 流动相、标准样及待测样品在进样前都要进行脱气处理。
(2) 流动相、标准样及待测样品在进样前都要用滤膜过滤。

【思考与讨论】

(1) 用外标法定量的优、缺点是什么?
(2) 样品为什么要脱气处理?

实验 9-3　高效液相色谱法测定饮料中山梨酸和苯甲酸的含量(综合性选做实验)

【目的要求】

(1) 了解高效液相色谱仪的组成及各部分的功能。
(2) 掌握保留值定性和标准曲线法定量的方法。

【基本原理与技能】

苯甲酸及其钠盐、山梨酸及其钾盐由于对大多数微生物有抑制作用,因而被广泛用做食品防腐剂。苯甲酸的代谢产物结构稳定,在人体中难以分解,过量摄入会对人体产生一定危害。国家规定限量使用这些添加剂。因此,此类添加剂在食品中残留量的测定是相关检验部门的一项重要工作。高效液相色谱法是以液体作为流动相的一种色谱分析方法,具有高速、高灵敏度、高选择性和高度自动化等特点,适合于作为质检部门常规检验的方法。

技能目标是能用高效液相色谱法准确分析饮料中山梨酸和苯甲酸的含量。

【仪器与试剂】

1. 仪器

高效液相色谱仪,带紫外吸收检测器;色谱工作站;色谱柱 YWG-C$_{18}$(250 mm × 4.6 mm,10 μm);微量进样器(20 μL);电子分析天平;容量瓶(10 mL);吸量管(1 mL、5 mL、10 mL)。

2. 试剂

以下试剂均为分析纯或色谱纯试剂。

(1) 甲醇:经滤膜(0.45 μm)过滤。

(2) 稀氨水(1+1):氨水与水等体积混合。

(3) 0.02 mol·L^{-1}乙酸铵溶液:称取 1.54 g 乙酸铵,加水至 1 000 mL,溶解,经滤膜(0.45 μm)过滤。

(4) 20 g·L^{-1}碳酸氢钠溶液:称取 2 g 碳酸氢钠(优级纯),加水至 100 mL,振摇溶解。

(5) 苯甲酸标准储备液:准确称取 0.100 0 g 苯甲酸,加 20 g·L^{-1}碳酸氢钠溶液 5 mL,加热溶解,移入 100 mL 容量瓶中,加水定容,苯甲酸含量为 1 mg·mL^{-1},作为储备溶液。经滤膜(0.45 μm)过滤,备用。

(6) 山梨酸标准储备液:准确称取 0.100 0 g 山梨酸对照品,加碳酸氢钠溶液(20 g·L^{-1})5 mL,加热溶解,移入 100 mL 容量瓶中,加水定容,山梨酸含量为 1 mg·mL^{-1},作为储备溶液。经滤膜(0.45 μm)过滤,备用。

(7) 苯甲酸、山梨酸混合标准溶液:取苯甲酸、山梨酸标准储备液各 10.0 mL,放入100 mL容量瓶中,加水至刻度。此溶液含苯甲酸、山梨酸各 0.1 mg·mL^{-1}。经滤膜(0.45 μm)过滤,备用。

【操作步骤】

1. 样品前处理

(1) 汽水:称取 5.00～10.0 g 样品,放入小烧杯中,微热搅拌除去二氧化碳,用氨水(1+1)调 pH 至 7 左右。加水稀释至 10～20 mL,经滤膜(0.45 μm)过滤。

(2) 果汁类:称取 5.00～10.0 g 样品,用氨水(1+1)调 pH 至 7 左右,加水定容至适当体积,离心沉淀,取上清液经滤膜(0.45 μm)过滤。

（3）配制酒类：称取 10.0 g 样品，放入小烧杯中，水浴加热除去乙醇，用氨水（1＋1）调 pH 至 7 左右，加水定容至适当体积，经滤膜（0.45 μm）过滤。

2．系列混合标准溶液的配制

分别移取苯甲酸、山梨酸混合标准溶液 1.00 mL、2.00 mL、3.00 mL、4.00 mL、5.00 mL、6.00 mL 于 10 mL 容量瓶中，用蒸馏水稀释至标线，制备成不同浓度的系列混合标准溶液，摇匀备用。

3．色谱条件

柱温：室温。

流动相：甲醇-乙酸铵溶液（0.02 mol · L^{-1}）（体积比为 60:40）。

流量：1 mL · min^{-1}。

检测波长：230 nm。

进样器：六通阀，配 10 μL 定量管。

4．仪器操作步骤

（1）打开仪器开关，启动计算机，进入 Windows 界面后点击色谱工作站软件图标，进入色谱工作站。打开排气旋钮排气，此时流动相由排气孔流出，不经色谱柱。检查输液管中空气是否已排尽，待排尽后旋紧排气旋钮。开启高压泵电源开关，电源指示灯亮，泵内电机工作，压力表上升至某一值，即指示柱前压力，同时流动相经六通进样阀、色谱柱、检测器，最后至废液瓶。

（2）缓慢提升流动相流量至所需流量值。

（3）开启紫外吸收检测器电源开关，电源指示灯亮。

（4）基线运行。待基线平直后，即可准备进样。

（5）旋转六通进样阀上手柄于"Load"处。

（6）用微量进样器吸取一定量试液，如有气泡存在应排除，然后插入六通进样阀上的针孔中，把试液缓缓推入，切换手柄向"Inject"处。

（7）约过半分钟，拔除微量进样器，并将手柄再切向"Load"处，即完成一次进样。

5．系列混合标准溶液的测定

由稀到浓依次等体积进样 10 μL，测得每一浓度混合标准溶液的色谱峰，每份混合标准溶液进样两次，要求两次峰面积数据基本一致，记录苯甲酸、山梨酸色谱峰的保留时间和峰面积，取平均值。

6．试样溶液的测定

取 10 μL 试样溶液进样分析，测定两次。根据混合标准溶液中苯甲酸和山梨酸的保留时间确定饮料中的苯甲酸和山梨酸组分的色谱峰，要求两次峰面积数据基本一致。记录色谱峰保留时间和峰面积，取平均值。

7．关机

待实验完毕后，清洗系统。清洗结束后，逐渐降低流动相的流速。依次关闭检测器、恒流泵等电源开关。退出色谱工作站，关闭计算机。最后关闭仪器电源。

【数据记录及处理】

（1）处理色谱数据，将系列混合标准溶液及饮料中苯甲酸和山梨酸的保留时间及峰面积列于表 9-2-3 中。

表 9-2-3　保留时间及峰面积

溶液		标准溶液						饮料
		0.01 mg • mL^{-1}	0.02 mg • mL^{-1}	0.03 mg • mL^{-1}	0.04 mg • mL^{-1}	0.05 mg • mL^{-1}	0.06 mg • mL^{-1}	
苯甲酸	t_R/min							
	A							
山梨酸	t_R/min							
	A							

（2）绘制苯甲酸和山梨酸峰面积-质量浓度标准曲线，并计算回归方程及相关系数。

（3）根据试样溶液中苯甲酸和山梨酸的峰面积值，计算饮料中苯甲酸和山梨酸的浓度。

【注意事项】

（1）本方法适用于酱油、果汁、果酱等食品中山梨酸、苯甲酸含量的测定。用于色谱分析的样品为 1 g 时，最低检出浓度为 1 mg • kg^{-1}。

（2）流动相需使用色谱纯试剂，使用前必须过滤，不要使用存放多日的蒸馏水。

【思考与讨论】

（1）流动相在使用前为什么要过滤？

（2）应如何选择流动相和柱子？为什么要控制样品的 pH？

实验 9-4　高效液相色谱法测定荞麦中芦丁的含量
（综合性选做实验）

【目的要求】

（1）掌握外标法定量分析的原理。

（2）比较一点校正法与标准曲线法定量分析的异同。

（3）熟悉高效液相色谱仪的性能和操作方法。

【基本原理与技能】

在高效液相色谱中,若采用非极性固定相(如 C_{18} 键合相)、极性流动相,即构成反相色谱分离系统。反相色谱分离系统所使用的流动相成本较低,应用也更为广泛。

常用的几种定量方法是外标法、内标法。由于高效液相色谱解决了准确进样的问题,因此常采用外标法进行定量分析。

外标法又称标准曲线法、绝对校正因子法,分析方法如下:

(1) 配制至少 5 份不同浓度的纯物质标准溶液;

(2) 测试各标准溶液,以峰面积为纵坐标,进样量为横坐标,绘制标准曲线,并求得该组分峰面积对浓度的线性回归方程;

(3) 测定样品,测得其中待测组分的峰面积;

(4) 利用回归方程或校正因子,计算样品中该组分的含量。

技能目标是学会用高效液相色谱法正确测定荞麦中芦丁的含量。

【仪器与试剂】

1. 仪器

高效液相色谱仪、微量注射器(100 μL)、7725i 六通阀、超声波清洗器、滤膜(0.45 μm)、电子分析天平、具塞锥形瓶、离心机、容量瓶(10 mL、100 mL)、吸量管(1 mL、5 mL、10 mL)、移液管(25 mL)。

2. 试剂

甲醇(色谱纯)、水、芦丁(对照品或标准品)、30%乙醇溶液。

【操作步骤】

(1) 色谱条件。

色谱柱:ODS(250 mm×4.6 mm,5 μm)。

柱温:35 ℃。

流动相:甲醇-水(体积比为 45:55)。

流量:1.0 mL·min⁻¹。

检测波长:256 nm。

进样器:六通阀,配 20 μL 定量管。

(2) 准备足够的流动相,用 0.45 μm 滤膜过滤。置于超声波清洗器上脱气 15 min。

(3) 启动高压泵,打开检测器的电源,打开色谱工作站,待仪器联机成功后,在色谱工作站中编辑测试方法并调用该方法。

(4) 芦丁标准储备液的制备。

精密称取经干燥至恒重的芦丁对照品 0.100 g,用 30%乙醇溶液溶解,并稀释至 100 mL,摇匀,即得(1 mL 溶液含芦丁 1 mg)。

(5) 供试品溶液的制备。

取经 80 ℃烘干冷却后的苦荞麦,粉碎,准确称取 0.120 g 左右,置于具塞锥形瓶中,精密称定,精密加入 25 mL 30%乙醇溶液,密闭,超声波处理 20 min,放冷,离心 (4 000 r·min^{-1}),取上清液,经滤膜(0.45 μm)过滤,备用。

(6) 芦丁系列标准溶液的制备和测定。

分别移取 1 mg·mL^{-1}芦丁标准储备液 1.00 mL、2.00 mL、3.00 mL、4.00 mL、5.00 mL、6.00 mL 于 5 只 10 mL 容量瓶中,用 30%乙醇溶液定容,配制成系列标准溶液,经滤膜(0.45 μm)过滤,备用。

由稀到浓等体积进样 20 μL,测得每一浓度标准溶液的色谱峰,每份标准溶液进样两次,要求两次峰面积数据基本一致。记录芦丁色谱峰的保留时间和峰面积,取平均值。

(7) 试样溶液的测定。

取 20 μL 试样溶液进样分析,测定两次,要求两次峰面积数据基本一致。根据标准溶液中芦丁的保留时间确定试样溶液中芦丁的色谱峰,记录色谱峰保留时间和峰面积,取平均值。

(8) 待实验完毕后清洗系统。清洗结束后逐渐降低流动相的流速。依次关闭检测器、恒流泵等电源。退出色谱工作站,关闭计算机。最后关闭仪器电源。

【数据记录及处理】

(1) 处理色谱数据,将系列标准溶液及待测溶液中芦丁的保留时间及峰面积列于表 9-2-4 中。

表 9-2-4　保留时间及峰面积

溶液	标准溶液						待测试液
	0.1 mg·mL^{-1}	0.2 mg·mL^{-1}	0.3 mg·mL^{-1}	0.4 mg·mL^{-1}	0.5 mg·mL^{-1}	0.6 mg·mL^{-1}	
t_R/min							
A							

(2) 绘制芦丁峰面积-质量浓度标准曲线,并计算回归方程及相关系数。

(3) 根据试样溶液中芦丁的峰面积值,计算试样溶液中芦丁的质量浓度。

(4) 根据取样量及稀释比,求得样品中待测物的含量(mg·g^{-1})。

【注意事项】

在供试品溶液的制备中,准确移取 25 mL 30%乙醇溶液后,可以先称重并记录;

然后,超声波处理 20 min,放冷,补足质量;最后,离心(4 000 r・min^{-1}),取上清液备用。

【思考与讨论】

（1）比较一点校正法与标准曲线法定量分析的异同。

（2）比较外标法和内标法的特点,说明各自的适用范围。

实验 9-5　高效液相色谱法分析水样中的酚类化合物(综合性选做实验)

【目的要求】

（1）掌握高效液相色谱法定性和定量分析方法。

（2）熟悉反相色谱法分离非极性、弱极性化合物的基本原理。

（3）了解高效液相色谱仪的使用方法。

【基本原理和技能】

酚类是指苯环或稠环上带有羟基的化合物。酚类对人体具有致癌、致畸、致突变的潜在毒性,毒性大小与其基团和结构,以及取代基的大小、位置、分布状态有关。因此,国内外对水中酚类化合物的检测非常重视。气相色谱法分离效果好,灵敏度高,但衍生化过程烦琐,所需试剂合成困难、毒性大。高效液相色谱法可同时分离、分析各种酚类化合物,并保持原化合物的组成不变,可直接测定。

本实验应用高效液相色谱法进行混合物的分离及定量、定性分析,包括以下内容:

（1）选择色谱柱。本实验采用高效液相色谱法分析水中的酚类物质。根据酚类物质的极性,色谱柱可以选择 C_8 或 C_{18} 键合相的色谱柱。

（2）选择流动相。反相色谱所采用的流动相通常是水或缓冲溶液与极性有机溶剂(如甲醇、乙腈)的混合溶液。在分离、分析疏水性很强的实际样品时,也可采用非水流动相,从而提高其洗脱能力。本实验分析水相中的酚类物质,若选择 C_8 柱,可选用甲醇-水(体积比为 20:80)作为流动相,流量为 0.8 mL・min^{-1};若选择 C_{18} 柱,可选用 45%～80% 的乙腈,或 20% 乙腈及 80%0.01 mol・L^{-1}磷酸混合液,流量为 1.5 mL・min^{-1}。柱温 35 ℃。

（3）定性分析。本实验采用绝对保留时间法进行定性。测定已知标准物质保留时间,当待测组分的保留时间与已知标准物质的保留时间相等或很相近时即被鉴定。

（4）定量分析。本实验采用外标法进行定量。

（5）评价色谱柱。通过实验数据计算下列参数来评价色谱柱:柱效(理论塔板数)n、容量因子 k、相对保留值 α、分离度 R。为达到好的分离效果,n、α 和 R 值尽可能地大一些。一般分离($\alpha=1.2$,$R=1.5$),n 需达到 2000。柱压一般为 10^4 kPa 或更小。

(6) 其他色谱实验参数。色谱柱(150 mm×4.6 mm)柱温为 35 ℃,紫外检测波长为 270 nm,进样量为 20 μL。

【仪器和试剂】

1. 仪器

高效液相色谱仪、真空脱气装置、微量注射器(25 μL)、滤膜(0.45 μm)、溶剂过滤器和过滤头、超声波清洗器、棕色容量瓶(10 mL、50 mL、500 mL)、吸量管(2 mL)。

2. 试剂

邻苯二酚(分析纯)、间苯二酚(分析纯)、对苯二酚(分析纯)、甲醇(色谱纯)或乙腈(色谱纯)、异丙醇(色谱纯)。

【操作步骤】

(1) 配制各组分的标准溶液:分别准确称取 50 mg(精确到 0.1 mg)邻苯二酚、间苯二酚和对苯二酚,用超纯水溶解后转移至 500 mL 棕色容量瓶中,定容,制成浓度为 100 μg·mL^{-1} 的单一组分标准溶液,作为定性用标准溶液,避光保存。

(2) 配制混合标准溶液:配制含有邻苯二酚、间苯二酚和对苯二酚各 100 μg·mL^{-1} 的混合标准溶液于 50 mL 棕色容量瓶中,避光保存。

(3) 配制系列混合标准溶液:分别准确吸取混合标准溶液 0.2 mL、0.4 mL、0.6 mL、0.8 mL、1.0 mL 于 10 mL 容量瓶中,用水稀释至刻度,摇匀。该系列混合标准溶液邻苯二酚、间苯二酚和对苯二酚浓度分别为 2 μg·mL^{-1}、4 μg·mL^{-1}、6 μg·mL^{-1}、8 μg·mL^{-1}、10 μg·mL^{-1}。

(4) 待测水样的预处理:将待测的水样经过 0.45 μm 微孔滤膜过滤后,避光保存在棕色容量瓶中,以供分析测定用。

(5) 打开计算机,进入色谱操作系统;打开色谱仪泵、进样器、柱温箱、检测器等组件的电源,完成模块自检。

(6) 设置色谱实验参数。

(7) 打开泵"Purge"阀,运行仪器控制系统,泵入流动相,排空废液管内气泡,关闭"Purge"阀,平衡色谱柱。同时,打开操作界面的信号监测窗口,选择所要监控的信号,待基线稳定后,点击信号窗口的平衡按钮("Balance")调整零点。

(8) 编辑样品信息。点击"Run Control"菜单,选择样品信息选项("Sample Info"),编辑样品信息。

(9) 进样分离,采集信号。选择手动进样方式,用微量注射器分别进样 20 μL 上述制备的各种溶液(先进定性分析的各组分标准溶液,再进定量分析的系列混合标准溶液,最后进待测的水样),扳动进样阀手柄至"Inject"位置。仪器开始自动记录所进溶液的分离过程(色谱图)。

(10)结束信号采集。待所有溶液分离分析完(需要峰出完),按停止采集按钮("Post run"或"F8")停止采集,保存采集信息和图谱。

(11)进行数据分析和处理。进入数据分析系统,调用所保存的数据,优化谱图,优化积分,建立一、二级校正表,制作标准曲线,进行定性和定量分析,输出报告和结果。

(12)关机。关机前,用水冲洗系统 20 min,然后用有机溶剂(如乙腈)冲洗系统10 min。对于手动进样器,当使用缓冲溶液时,还要用水冲洗进样口,同时扳动进样阀数次,每次数毫升。若使用带清洗柱塞杆的高效液相色谱仪,还要配制 90％水-10％异丙醇的溶液,以每分钟 2～3 滴的速度虹吸排除,不能干涸。做好上述处理后再关泵。然后退出色谱工作站及其他窗口,关闭计算机,最后关闭色谱仪电源。

【数据记录及处理】

记录实验过程的相关参数和数据,利用色谱工作站进行数据分析和处理。

【注意事项】

(1)本实验的重点在于样品和流动相的预处理过程、色谱仪的操作规程、色谱工作站的使用和数据处理等方面。

(2)分离时注意观察柱压,若柱压很高,应检查液路和泵系统是否堵塞,及时更换试剂过滤头和泵上的过滤包头。

(3)高效液相色谱仪为贵重精密仪器,使用仪器前一定要熟悉仪器的操作规程,在教师指导下进行练习,不可随意操作。甲醇、乙腈和酚类均为有毒试剂,避免吸入其蒸气或误服;按规定处理有机试剂,杜绝污染环境。

【思考与讨论】

(1)简要说明外标法进行色谱定量分析的优点和缺点。

(2)酚类化合物的洗脱顺序是怎样的?

第十章　离子色谱分析法与毛细管电泳分析法

第一节　离子色谱分析法与毛细管电泳分析法概述

一、离子色谱分析法

离子色谱法(ion chromatography，IC)是利用离子交换原理和液相色谱技术测定溶液中阴离子和阳离子的一种分析方法。离子色谱是液相色谱的一种。离子色谱是利用不同离子对固定相亲和力的差别来实现分离的。

离子色谱的固定相是离子交换树脂,离子交换树脂是苯乙烯、二乙烯基苯的共聚物。树脂外是一层可电离的无机基团,根据可电离基团的不同,离子交换树脂又分为阳离子交换树脂和阴离子交换树脂。当流动相将样品带到分离柱时,样品离子因对离子交换树脂的相对亲和能力不同而得到分离,由分离柱流出的各种不同离子经检测器检测,即可得到一个个色谱峰。然后用通常的色谱定性、定量方法进行定性、定量分析。

二、毛细管电泳分析法

毛细管电泳法又称高效毛细管电泳法(high performance capillary electrophoresis，HPCE)或毛细管电分离法,是一类以高压直流电场为驱动力、以毛细管为分离通道,依据试样中各组分的淌度或分配行为上的差异而实现分离、分析的新型液相分离技术。

毛细管电泳具有操作简单、分离效率高、样品用量少、运行成本低等优点。与高效液相色谱法比,其优越性主要体现在以下几点:①柱效更高,理论塔板数可达 $10^5 \sim 10^6 \text{ m}^{-1}$。②分离速度更快,数十秒至数十分钟内即可完成一个试样的分析,通常分析时间不超过 30 min。③溶剂和试样消耗极少,试样用量仅为纳升级(为高效液相色谱法的几百分之几);没有高压泵输液,因此仪器成本更低,通过改变操作模式和缓冲溶液的组成,毛细管电泳有很大的选择性,可以对性质不同的各种分离对象进行有效的分离。由于具有以上优点以及分离生物大分子的能力,毛细管电泳法已成为近年来发展最迅速的分离分析方法之一,广泛应用于分子生物学、医学、药学、化学、环境保护、材料等领域。

第二节 离子色谱与毛细管电泳分析法实验项目

实验 10-1 离子色谱法测定水样中阴离子(F^-、Cl^-、NO_3^-、SO_4^{2-})的浓度(综合性实验)

【目的要求】

(1) 掌握测定水样中阴离子的方法。

(2) 掌握离子色谱法定性和定量分析的依据。

(3) 学会离子色谱仪的使用。

【基本原理与技能】

在离子交换树脂上分离离子,实质上取决于样品离子、移动相、离子交换官能团三者之间的关系。离子 A 和 B 进行交换,对一价离子用反应式(1)表示,对有不同电荷数的离子用反应式(2)描述离子交换平衡:

$$A_s + B_r \longrightarrow A_r + B_s \tag{1}$$

$$bA_s + aB_r \longrightarrow bA_r + aB_s \tag{2}$$

下标 s 代表溶液相,r 代表树脂相;b 和 a 代表电荷数。平衡常数(也叫选择性系数)表示如下:

对于反应式(1) $K_B^A = \dfrac{[A_r][B_s]}{[B_r][A_s]}$

对于反应式(2) $K_B^A = \dfrac{[A_r]^b[B_s]^a}{[B_r]^a[A_s]^b}$

式中方括号代表离子浓度。

对已交换的离子 A,质量分配系数 D_g 为

$$D_g = \frac{[A_r]}{[A_s]} \tag{3}$$

体积分配系数 D_V 为

$$D_V = D_g \rho$$

式中:ρ——树脂床层的密度,g(干树脂)·mL^{-1}(树脂床层体积)。

色谱中常用的容量因子 k' 与分配系数有关,离子 A 的容量因子是柱中树脂相中的质量 p(不是浓度)与溶液中的质量 q 之商($k' = p/q$)。根据上述定义,再结合式(3)得到

$$D_g = \frac{[A_r]}{[A_s]} = \frac{p/V_r}{q/V_s} = \frac{p}{q}\frac{V_s}{V_r} = k'\beta \qquad (4)$$

式中,$\beta = V_s/V_r$。式(4)表明,容量因子可根据分配系数来计算。在现代色谱中,根据被洗脱的离子保留体积(V)或保留时间(t)来测定容量因子,即

$$k' = \frac{V - V_0}{V_0} = \frac{t - t_0}{t_0}$$

式中:V_0、t_0——该柱的死体积和死时间。

基本技能是能用离子色谱法准确测定水样中 F^-、Cl^-、NO_3^-、SO_4^{2-} 的浓度。

【仪器与试剂】

1. 仪器

ICS-1000 离子色谱仪、Ionpac AS14A 阴离子分析柱(4 mm×250 mm)、Ionpac AG14A 阴离子保护柱(4 mm×50 mm)、ASRS ULTRA Ⅱ 抑制器(4 mm)、电导池检测器、微量进样器(100 μL)。

2. 试剂

(1) F^-、Cl^-、NO_3^-、SO_4^{2-} 标准储备液:离子质量浓度均为 1 000 μg·L^{-1},相应阴离子的盐均为优级纯物质。

(2) 淋洗液:8.0 mmol·L^{-1} 碳酸钠-1.0 mmol·L^{-1} 碳酸氢钠混合液,碳酸钠和碳酸氢钠均为优级纯。使用时经 0.45 μm 微孔滤膜过滤。

(3) 纯水:经 0.45 μm 微孔滤膜过滤的去离子水,其电导率<5 μS·cm^{-1}。

(4) 抑制液:称取 6.2 g H_3BO_3,置于 1000 mL 烧杯中,加入约 800 mL 纯水溶解,缓慢加入 5.6 mL 浓硫酸,并转移到 1 000 mL 容量瓶,用纯水稀释至标线,摇匀。

(5) 阴离子混合标准应用液的配制:分别吸取上述四种标准储备液,体积分别为 F^- 0.75 mL、Cl^- 1.00 mL、NO_3^- 5.00 mL、SO_4^{2-} 12.50 mL,置于同一只 500 mL 容量瓶中,再加入 5.00 mL 淋洗液,然后用纯水稀释至标线,摇匀。该混合标准应用液中阴离子质量浓度分别为 F^- 1.50 μg·mL^{-1}、Cl^- 2.00 μg·mL^{-1}、NO_3^- 10.00 μg·mL^{-1}、SO_4^{2-} 25.00 μg·mL^{-1}。

(6) 试样:未知水样。

【操作步骤】

(1) 仪器实验条件。

分离柱:ϕ 4 mm×250 mm,内填充粒度为 10 μm 的阴离子交换树脂。

抑制器:电渗析离子交换膜抑制器,抑制电流 48 mA。

淋洗液:8.0 mmol·L^{-1}碳酸钠-1.0 mmol·L^{-1}碳酸氢钠混合液,流量 2.0 mL·min^{-1}。

柱保护液:3%H$_3$BO$_3$溶液(15g H$_3$BO$_3$溶解于 500 mL 纯水中)。

电导池:5 极。

主机量程:5 μS。

进样量:100 μL。

(2) 根据实验条件,将仪器按照使用说明调节至可进样状态,待仪器上液路和电路系统达到平衡,记录仪基线呈直线后,方可进样。

(3) 分别吸取 F$^-$、Cl$^-$、NO$_3^-$、SO$_4^{2-}$ 标准储备液 0.50 mL,置于 4 只 50 mL 容量瓶中,每只容量瓶中加入淋洗液 0.50 mL,用纯水稀释至标线,摇匀,即得各阴离子标准应用液。分别吸取 100 μL 各阴离子标准应用液进样,记录色谱图。各重复进样两次。

(4) 分别吸取阴离子混合标准应用液 1.00 mL、2.00 mL、4.00 mL、6.00 mL、8.00 mL,置于 5 只 10 mL 容量瓶中,每只容量瓶中加入 0.1 mL 淋洗液,用纯水稀释至刻度,摇匀。分别吸取 100 μL 上述配制的溶液进样,记录色谱图。各种溶液分别重复进样两次。

(5) 取未知水样 99.00 mL,加 1.00 mL 淋洗液,摇匀。经 0.45 μm 微孔滤膜过滤后,取 100 μL 按同样实验条件进样,记录色谱图,重复进样两次。

【数据记录及处理】

(1) 测定各阴离子标准应用液色谱峰保留时间(t_R),记录在表 10-2-1 中。

表 10-2-1　各阴离子标准应用液色谱峰保留时间

阴离子		F$^-$	Cl$^-$	NO$_3^-$	SO$_4^{2-}$
t_R/min	1				
	2				
	3				
	平均值				

(2) 测量混合标准应用液色谱图中各色谱峰保留时间(t_R)、峰面积(A),记录在表 10-2-2 中(以 F$^-$ 为例)。

表 10-2-2　混合标准应用液色谱峰保留时间、峰面积

离子	质量浓度/(μg·mL⁻¹)	编号	t_R/min	A	$\overline{t_R}$	$\overline{A}$
F⁻	0.15	1				
		2				
		3				
	0.30	1				
		2				
		3				
	0.60	1				
		2				
		3				
	0.90	1				
		2				
		3				
	1.20	1				
		2				
		3				

(3) 由测得的各组分数据作 $\overline{A}$ 与质量浓度的标准曲线,并计算回归方程和相关系数。

(4) 确定未知水样色谱图中各色谱峰所代表的组分及其峰面积平均值 $\overline{A}$,通过回归方程计算水样中各组分的质量浓度。

【注意事项】

(1) 注意保护色谱柱,应将色谱柱用去离子水冲洗干净。

(2) 洗脱液需经超声波脱气。

【思考与讨论】

(1) 简述离子色谱法分离的原理。

(2) 电导池检测器为什么可用做离子色谱分析的检测器?

(3) 为什么在每一种溶液中都要加入 1% 的淋洗液成分?

(4) 为什么离子色谱分离柱不需要再生,而抑制柱则需要再生?

实验 10-2　毛细管电泳法测定阿司匹林中水杨酸(综合性实验)

【目的要求】

(1) 掌握用毛细管电泳法测定阿司匹林中水杨酸的原理。

(2) 熟悉毛细管电泳仪及工作站的基本使用方法。

(3) 了解毛细管电泳定性和定量分析方法。

【基本原理和技能】

电泳也称电迁移,是指在电场作用下带电粒子在分散介质中向与其电性相反方向迁移的现象。毛细管电泳常用电泳淌度(μ_{ep})来描述带电粒子的电泳行为与特性。

电渗是毛细管中的溶剂或介质在轴向直流电场的作用下发生的定向迁移或流动现象。电渗的方向与管壁表面定域电荷的电泳方向相反。电渗的产生和双电层有关,当在毛细管两端施加高电压电场时,双电层中溶剂化的阳离子向阴极运动,通过碰撞作用带动溶剂分子一起向阴极移动形成电渗流,相当于高效液相色谱法的压力泵加压驱动流动相流动。衡量电渗流的大小可用电渗淌度 μ_{eo} 或电渗速率 ν_{eo}。

$$\nu_{eo} = \mu_{eo} E_{电场强度}$$

在有电渗流存在的情况下,带电粒子在毛细管内电解质溶液中的迁移速率 ν 等于电泳速率 ν_{ep} 和电渗速率 ν_{eo} 的总和。

$$\nu = \nu_{ep} + \nu_{eo} = (\mu_{ep} + \mu_{eo}) E_{电场强度}$$

在毛细管电泳分离中,电渗流的方向一般是正极到负极。阳离子向阴极迁移,与电渗流的方向一致,移动速率最快,所以最先流出;阴离子向阳极迁移,与电渗流方向相反,但电渗迁移速率一般大于电泳速率,所以阴离子被电渗流携带缓慢移向阴极;中性分子则随电渗流迁移,彼此不能分离。这样就将阳离子、中性分子和阴离子先后分别带到毛细管的同一末端进行检出。

毛细管电泳以其高效、快速、微量的优势,在药物分析中得到广泛应用。

阿司匹林是一种抗菌消炎药,同时具有软化血管、预防心血管疾病的功效。其主要成分为乙酰水杨酸,并含有少量杂质水杨酸(结构式如图 10-2-1 所示)。我国药典将阿司匹林中水杨酸杂质的含量作为一项质量控制指标,规定不得超过 0.1%。水杨酸的测定方法有比值导数波谱法及紫外吸收光谱法。

【仪器与试剂】

1. 仪器

毛细管电泳仪,配色谱工作站;石英毛细管柱(65 cm×100 μm);酸度计;超声波清洗器;滤膜(水相,0.45 μm);振荡器;离心机;烧杯(100 mL);移液管(5 mL);容量

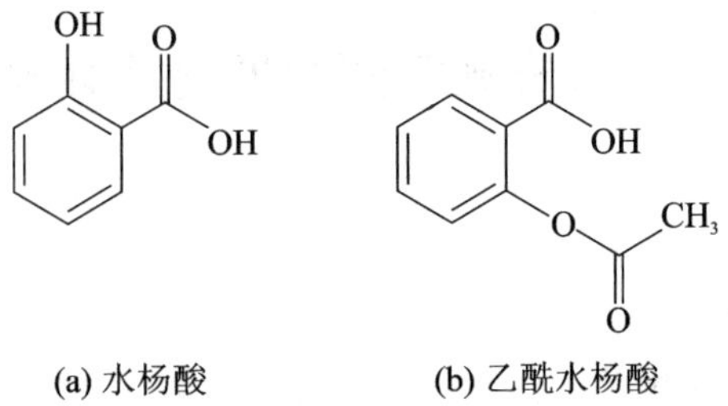

(a) 水杨酸　　　　　　(b) 乙酰水杨酸

图 10-2-1　水杨酸和乙酰水杨酸结构式

瓶(10 mL、100 mL);移液器(10~100 μL、100~1 000 μL)。

2. 试剂

水杨酸(分析纯)、四硼酸钠(分析纯)、NaOH(分析纯)、十二烷基硫酸钠(分析纯)、阿司匹林(药店提供)。

缓冲溶液:含 2.00 mmol·L^{-1} 的四硼酸钠和 4.00 mmol·L^{-1} 的十二烷基硫酸钠,用 0.100 0 mol·L^{-1} NaOH 溶液将 pH 调到 9.00。

【操作步骤】

1. 仪器的预热和毛细管的冲洗

在实验教师的指导下,打开毛细管电泳仪和配套的色谱工作站。

2. 电泳参数的设置

毛细管柱在使用前分别用 0.100 0 mol·L^{-1} NaOH 溶液、去离子水及缓冲溶液依次冲洗 3 min,在运行电压下平衡 5 min。以后每次进样前用缓冲溶液冲洗柱 3 min。本实验采用电迁移进样(15 kV、5 s);高压端进样,低压端检测;工作电压为 20 kV,检测波长为 210 nm。

3. 1 000 μg·L^{-1} 水杨酸标准储备液的制备

准确称取 0.100 0 g 水杨酸,置于 100 mL 烧杯中,加水溶解,转移至 100 mL 容量瓶中,定容。

4. 系列标准溶液的制备

分别移取 1 000 μg·L^{-1} 水杨酸标准储备液 0.05 mL、0.20 mL、0.50 mL、1.00 mL、3.00 mL、5.00 mL 于 10 mL 容量瓶中,用去离子水定容。水杨酸系列标准溶液的浓度为 5 μg·mL^{-1}、20 μg·mL^{-1}、50 μg·mL^{-1}、100 μg·mL^{-1}、300 μg·mL^{-1}、500 μg·mL^{-1}。

5. 水杨酸系列标准溶液的测定

分别测定 5 μg·mL^{-1}、20 μg·mL^{-1}、50 μg·mL^{-1}、100 μg·mL^{-1}、300 μg·mL^{-1}、500 μg·mL^{-1} 水杨酸标准溶液,每个浓度平行测定 3 次,取平均值。

6. 阿司匹林样品液的制备

将 5 片阿司匹林药片研成粉末,准确称量粉末状样品的质量并记录。将其倒入烧杯,加去离子水 30 mL,搅拌后,在振荡器中振荡 10 min。然后放入离心机中,在 3 500 r·min^{-1} 转速下离心分离 10 min,将上层清液转入 100 mL 容量瓶中,定容。

7. 阿司匹林样品液的测定

取阿司匹林样品液,在上述电泳条件下平行测定 3 次,然后再把 100 μg·mL^{-1} 的水杨酸加入样品溶液中进行 3 次平行测定,由测定的数据根据朗伯-比尔定律计算水杨酸的质量分数。

【数据记录及处理】

1. 阿司匹林中水杨酸的定性分析

打开水杨酸标准品、阿司匹林样品、水杨酸加阿司匹林样品这三个谱图。通过比较水杨酸标准品与阿司匹林样品这两个谱图,能够确定阿司匹林样品中存在水杨酸。通过比较阿司匹林样品与水杨酸加阿司匹林样品这两个谱图,能够确定哪一个峰是水杨酸的峰。

2. 阿司匹林中水杨酸的定量分析

(1) 水杨酸标准曲线的绘制。打开谱图采集窗口,打开样品谱图,点击"Make report"、"Report"后,可看到谱图中峰的信息,包括保留时间和峰面积,并记录峰面积。按此步骤,记录测定的系列标准溶液的峰面积,平行实验的峰面积取 3 次进样的平均值。在 Microsoft Excel 工作表中作峰面积-质量浓度的线性关系图,得到线性方程。

(2) 将阿司匹林样品液水杨酸峰面积的平均值代入上步得到的线性方程,可求得样品液中水杨酸的质量浓度,并算出阿司匹林药片中水杨酸的质量分数。

【注意事项】

(1) 冲洗毛细管时禁止在毛细管上施加电压;严格按实验要求进行操作,不允许改动工作条件。

(2) 冲洗毛细管对于实验结果的可靠性和重现性至关重要,务必认真完成每一次冲洗,不允许缩短冲洗时间甚至不冲洗。

(3) 每组做完实验后一定要用去离子水冲洗毛细管,并用空气吹干,防止毛细管堵塞,影响测定。

【思考与讨论】

(1) 毛细管电泳仪的基本组成和使用方法是什么?

(2) 毛细管电泳有几种分离模式?常用的是哪一种?并简述其分离原理。

实验 10-3　毛细管电泳分离测定饮料中的防腐剂(综合性选做实验)

【目的要求】

(1) 了解毛细管电泳的基本原理,掌握毛细管电泳仪的操作方法。

(2) 初步熟悉毛细管电泳测定真实样品的方法。

【基本原理与技能】

高效毛细管电泳(HPCE)是将溶液状态的混合物以相对较窄的区带引入毛细管中并在电场作用下迁移。它是由于混合物中各物质所带的电荷和大小不同而具有不同的电泳淌度(单位电场强度下的迁移速度),因此迁移速度存在差异而实现分离的一种分析方法,是经典电泳技术和现代微柱分离相结合的产物。

高效毛细管电泳和高效液相色谱同属液相分离技术,但分离机制不同,在很大程度上可以相互补充。从分离效率、速度、样品用量和消耗费用来说,高效毛细管电泳更有优势。除此之外,高效毛细管电泳和其他分离分析方法相比还有一个重要的特点,就是环保。由于所用流动相很少,并且大多数情况下采用水溶液,给环境以及操作人员所带来的危害极小。因此,高效毛细管电泳已成为一种重要的分离分析方法,在生物、医药、化工、环保、食品等领域具有广阔的应用前景。

苯甲酸在紫外区有吸收,利用其在 225 nm 波长处的吸收进行检测,根据朗伯-比尔定律用峰面积定量。

技能目标是能用毛细管电泳法正确测定饮料中的防腐剂。

【仪器与试剂】

1. 仪器

毛细管电泳仪及相应工作站;紫外吸收检测器($190\sim380$ nm);石英毛细管,内径为 75 μm,总长度为 60 cm,有效长度为 50.5 cm;吸量管(1 mL);容量瓶(5 mL、10 mL)。

2. 试剂

(1) 100 mmol·L^{-1}硼砂缓冲溶液。

(2) 0.1 mol·L^{-1}氢氧化钠溶液。

(3) 1.0 mg·mL^{-1}苯甲酸钠标准储备液。

(4) 市售饮料。

【操作步骤】

1. 分离条件

（1）分离介质：0.01 mmol·L^{-1}硼砂溶液，pH＝9.2，经 0.45 μm 滤膜过滤，脱气。

（2）仪器条件：工作电压为 25 kV；紫外吸收检测器波长为 225 nm，阴极检测。两次进样之间对毛细管以 0.1 mol·L^{-1}氢氧化钠溶液、蒸馏水和运行缓冲溶液各冲洗 2 min。毛细管恒温在 25 ℃。样品以 30 mBar(1 Bar＝10^5 Pa)的压力进样 10 s。

2. 标准曲线绘制

分别吸取 1.0 mg·mL^{-1}苯甲酸钠标准储备液 0.10 mL、0.20 mL、0.40 mL、0.60 mL、0.80 mL 于 10 mL 容量瓶中，加蒸馏水稀释至刻度，配制浓度为 10 μg·mL^{-1}、20 μg·mL^{-1}、40 μg·mL^{-1}、60 μg·mL^{-1}、80 μg·mL^{-1}的苯甲酸钠系列标准溶液，在上述分离条件下测定不同浓度苯甲酸钠的峰面积。以峰面积为纵坐标，苯甲酸钠质量浓度为横坐标，绘制标准曲线，进行线性回归，得到该曲线的回归方程。

3. 样品分析

准确移取市售饮料 0.5 mL 于 5 mL 容量瓶中，并以蒸馏水稀释至刻度，经 0.45 μm 滤膜过滤，脱气，在所确定的最佳条件下测定饮料中苯甲酸钠的峰面积。重复测定 3 次，计算峰面积的平均值，将峰面积代入回归方程，求得测量状态下样品溶液中苯甲酸钠的质量浓度。

【数据处理】

样品溶液中苯甲酸钠的质量浓度按下式计算：

$$C_x = \frac{CV_0}{V}$$

式中：C_x——样品中苯甲酸钠的质量浓度，μg·mL^{-1}；

C——由回归方程求得相应苯甲酸钠的浓度，μg·mL^{-1}；

V_0——样品定容体积，mL；

V——取样的体积，mL。

【注意事项】

毛细管电泳仪采用高压电源，实验过程需要严格执行操作规程，以免损坏设备，并保证人身安全。

【思考与讨论】

毛细管电泳能否分离不带电荷的物质？

第十一章　其他方法（核磁共振波谱法、质谱法、差热-热重分析法和联用分析技术）

第一节　核磁共振波谱法

实验 11-1　乙基苯核磁共振氢谱测绘和谱峰归属（综合性选做实验）

【目的要求】

（1）了解核磁共振氢谱的基本原理和测试方法。

（2）初步掌握简单核磁共振氢谱谱图的解析技能。

【基本原理与技能】

核磁共振（NMR）谱是分析和鉴定有机化合物结构的有效手段之一。其基本原理如下：核自旋量子数 $I \neq 0$ 的原子核在外磁场作用下只可能有 $2I+1$ 个取向，每一个取向都可以用一个自旋磁量子数（m）来表示。^{1}H 核的 $I = 1/2$，在外磁场中有两个取向，存在两个不同的能级，两能级的能量差 ΔE 与外磁场强度成正比。让处于外加磁场中的 ^{1}H 核受到一定频率的电磁波辐射，当辐射所提供的能量（$h\nu$）恰好等于 ^{1}H 核两能级的能量差（ΔE）时，^{1}H 核便吸收该频率电磁辐射的能量从低能级向高能级跃迁，改变自旋状态。这种现象称为核磁共振。

由于 ^{1}H 核周围电子的运动将产生感应磁场，有机物分子中不同化学环境的 ^{1}H 核实际受到的磁场强度不同，导致产生共振吸收的电磁辐射的频率不同，这就是化学位移。不同化学环境中的质子的化学位移值相差很小，其绝对值的测量精度难以达到要求，而且用不同的仪器时，其值也有差别。为避免测量困难并便于使用，在实际工作中，使用一个与仪器无关的相对值表示。以某一标准物质的共振吸收峰为标准，测出样品中各共振吸收峰与标样的差值，采用无因次的 δ 值表示，即

$$\delta(\text{ppm}) = \frac{\nu_S - \nu_R}{\nu_0} \times 10^6$$

式中：ν_S——样品中的共振频率；

ν_R——标准物质四甲基硅烷的吸收峰频率；

ν_0——核磁共振仪的频率。

四甲基硅烷$((CH_3)_4Si$，简称 TMS)具有沸点低、易汽化、易溶于有机溶剂、与试样无副作用和具有较大的共振吸收频率等特点，是最常用的标准物质。在核磁共振谱图上，四甲基硅烷的 δ 值为 0。

质子自旋产生的局部磁场可通过成键的价电子传递给相邻碳原子上的氢，即氢核与氢核之间相互影响，使各氢核受到的磁场强度发生变化。或者说，在外磁场中，由于质子有两种自旋不同的取向，因此，与外磁场方向相同的取向加强磁场的作用，反之，则减弱磁场的作用。即谱线发生了"分裂"。这种相邻的质子之间相互干扰的现象称为自旋耦合。该种耦合使原有的谱线发生分裂的现象称为自旋裂分。

受耦合作用而产生的谱峰裂分的数目，是由邻近原子核(磁性核)的数目决定的，即裂分峰数目等于 $2nI+1$，对质子而言，$I=1/2$，故裂分峰的数目等于 $n+1$。若同时受到两种以上不同基团质子的耦合作用，则裂分峰数目为$(n+1)(n'+1)$。需要注意的是，这种处理是一种非常近似的处理，只有当相互耦合核的化学位移差值 $\Delta\nu \gg J$ 时，才能成立。

裂分后每组多重峰中各裂分峰之间的距离，用耦合常数 J 来表示，它表示相邻质子间相互作用力的大小。根据基团结构的不同，J 值在 $1\sim20$ Hz，如果质子与质子之间相隔四个或四个以上单键，相互作用力已很小，J 值减小到 1 Hz 左右或零；等价质子或磁全同质子之间也有耦合，但不裂分。

在^{1}H NMR 谱图中有几组峰就表示样品中有几种类型的质子，每组峰的强度对应于峰的面积，与这类质子的数目成正比。根据各组峰的面积比，可以推测各类质子的数目比。峰的面积用电子积分器测定，得到的结果在谱图上用积分曲线表示。积分曲线为阶梯形线，各个阶梯的高度比表示不同化学位移的质子数目之比。

基本技能是能用核磁共振波谱法正确测得乙基苯化合物中氢核的核磁共振波谱并学会谱峰的归属。

【仪器与试剂】

1. 仪器

Bruke-500 MHz 核磁共振谱仪、NMR 样品管(直径 5 mm，长 20 cm)、吸量管(1 mL)。

2. 试剂

乙基苯(AR)、乙酸乙酯(AR)、氘代氯仿(AR)、四甲基硅烷(AR)等。

【操作步骤】

1. 样品的制备

在样品管中放入 $2\sim5$ mg 样品,并加入 0.5 mL 氘代试剂(如 $CDCl_3$)及 $1\sim2$ 滴 TMS(内标),盖上样品管盖子。

2. 做谱

在实验教师的指导下,参照核磁共振谱仪说明书,学习测定有机化合物氢谱的基本操作方法。

3. 谱图解析

(1) 由核磁共振信号的组数判断有机化合物分子中化学等价(化学环境相同)质子的组数;

(2) 由各组共振信号的积分面积比推算出各组化学等价质子的数目比,进而判断各组化学等价质子的数目;

(3) 由化学位移值推测各组化学等价质子的归属;

(4) 由裂分峰的数目、耦合常数(J)、峰形推测各组化学等价质子之间的关系。对于一级氢谱,峰的裂分数符合 $n+1$ 规律(n 为相邻碳上氢原子的数目);相邻两裂分峰之间的距离为耦合常数,反映质子间自旋耦合作用的强度,相互耦合的两组质子的 J 值相同;相互耦合的两组峰之间呈"背靠背"的关系,外侧峰较低,内侧峰较高。

【数据记录及处理】

(1) 实验结果:记录有关氢核的化学位移 δ(ppm)、相对峰面积、峰的裂分数及 J(Hz)值、可能的结构。

(2) 讨论 NMR 数据,说明推导理由。

【注意事项】

(1) 本实验的重点在于认识核磁共振氢谱谱图,并初步掌握简单氢谱的解析方法。

(2) 待测样品要纯,样品及氘代试剂的用量要适当;氘代试剂对样品的溶解性要好,而且与样品间不能发生化学反应。

(3) 要遵守核磁共振实验室的管理规定。

【思考与讨论】

(1) 氘代试剂一般比较昂贵,请思考在制样做核磁共振测试时该如何选择氘代试剂。

(2) 乙基苯的 ^1H NMR 谱中,化学位移 2.65×10^{-6} 处的峰为什么分裂成四重峰?

化学位移 1.25×10^{-6} 处的峰为什么分裂成三重峰? 其峰裂分的宽度有什么特点?

(3) 利用 ^1H NMR 谱图,可否计算两种不同物质的含量? 为什么?

第二节　质谱法

实验 11-2　质谱法测定固体阿司匹林试样(综合性选做实验)

【目的要求】

(1) 学习质谱分析的基本原理。

(2) 了解质谱仪的基本构造、工作原理及操作方法。

(3) 学习质谱图解析的基本方法。

【基本原理与技能】

质谱分析是先将物质离子化,按离子的质荷比分离,然后测量各种离子谱峰的强度而实现分析目的的一种分析方法。质量是物质的固有特征之一,不同的物质有不同的质量谱(即质谱),利用这一性质可以进行定性分析;谱峰的强度也与它代表的化合物含量有关,利用这一点,可以进行定量分析。

有机质谱学是有机化合物分子结构鉴定和测定的科学。在有机化合物的质谱中,能给出有机分子的相对分子质量、分子离子和碎片离子以及碎片离子和碎片离子的相互关系、各种离子的元素组成以及有机分子的裂解方式及其与分子结构的关系。目前,质谱已成为鉴定有机物结构的重要方法。

1. 分子离子

分子失去一个价电子后生成的正离子称为分子离子,分子离子是质谱图中最重要的离子。对于一个比较稳定的化合物而言,除同位素离子外,质谱图中质荷比最大的离子就是分子离子,其质荷比等于化合物的相对分子质量。通过判别和确定质谱图上的分子离子可测定化合物的相对分子质量,它的相对强度表明分子的稳定程度,从而以此可以推测出化合物的类型。

2. 同位素离子

质谱法中规定以最丰富同位素组成的离子为分子离子或碎片离子,而其他同位素构成的离子称为同位素离子。同位素离子的质荷比总是较对应的分子离子或碎片离子大。

分子离子和同位素离子的相对强度可以用 $(a+b)^n$ 来计算,其中 a 是较轻同位素的相对丰度,b 是较重同位素的相对丰度,n 是分子中该同位素原子个数。

进样方式可分为直接注入、气相色谱、液相色谱和气体扩散四种。对于固体样品,通过直接进样杆将样品注入,加热使固体样品转为气体分子;对于不纯样品,可经气相色谱或液相色谱预先分离后,通过接口引入。

本实验用直接进样法测定阿司匹林的电子轰击质谱。

技能目标是能用质谱法正确测定固体阿司匹林。

【仪器与试剂】

1. 仪器

带直接进样探头的质谱仪。

2. 试剂

阿司匹林。

【实验步骤】

1. 开启质谱仪

按仪器操作步骤开启质谱仪的真空系统,等待仪器真空度达到规定要求。一般情况下,质谱仪一旦开启就处于持续运行状态,在开始测试前,只需检查仪器的状态是否正常。

2. 启动质谱操作软件

打开计算机电源,点击质谱操作软件的图标。

3. 设定仪器及实验条件

设定仪器及实验条件,如电离方式和电离电位、电离源温度、进样温度、质荷比扫描范围等。

4. 设定采样参数

设定采样参数,如试样名称和编号等。

5. 进样

待仪器状态达到设定的要求后方可进样。严格按照所用仪器的操作步骤进样,并立即开动质谱扫描。

6. 观察测定过程

观察计算机显示屏上实时出现的质谱信号,当总离子流信号由小到大然后变小时,停止扫描。

7. 除去残留

按照所用仪器的操作步骤将直接进样杆分步拉出仪器,用灼烧法除去残余。

【数据记录及处理】

根据特征离子及同位素的离子丰度判断每个组分;另外,可根据质谱的谱库检索功能检索各个组分,鉴定未知物。

【注意事项】

(1) 对于直接进样样品,样品的性质不同,则采取的进样方式不同。对于纯物质,若汽化点在 280 ℃以下、相对分子质量在 700 以下,可采取直接进样方式。

(2) 真空系统是维持质谱正常运转的前提,在离子源内分子的电离是一个单分子反应。因此,样品的用量要小。

【思考与讨论】

(1) 什么是分子离子? 它在质谱分析中的作用是什么?

(2) 什么是同位素离子?

(3) 用直接进样法测定固体试样时,应注意哪些事项?

(4) 为什么质谱仪需要高真空系统?

(5) 如何利用质谱确定有机化合物的相对分子质量? 质荷比最大者的相对分子质量是否就是化合物的相对分子质量?

(6) 分子离子峰的强弱与化合物的结构有何关系?

第三节　差热-热重分析法

实验 11-3　$CuSO_4 \cdot 5H_2O$ 热重-差热分析(综合性选做实验)

【目的要求】

(1) 掌握热重-差热分析的原理及方法。

(2) 了解热重-差热同步分析仪的构造,学会操作技术。

(3) 根据测得的谱图,分析 $CuSO_4 \cdot 5H_2O$ 在加热过程中发生变化的情况。

【基本原理与技能】

1. 差热分析

差热分析是在程序控制温度下,测量试样与参比物(一种在测量范围内不发生任何热效应的物质)之间的温度差与温度关系的一种技术。

许多物质在加热或冷却过程中发生熔化、凝固、晶型转变、分解、化合、吸附、脱附等物理化学变化。这些变化必将伴随体系焓的改变,因而产生热效应。其表现为该物质与环境之间有温度差。选择一种对热稳定的物质作为参比物,将其与样品一起置于可按设定速率升温的电炉中,分别记录参比物的温度以及样品与参比物之间的温度差。以温度差对温度作图,就可以得到一条差热分析曲线,或称差热谱图。

如果参比物和被测物质的热容大致相同,而被测物质又无热效应,两者的温度基本相同,此时测到的是一条平滑的直线,该直线称为基线。一旦被测物质发生变化,因而产生了热效应,在差热分析曲线上就会有峰出现。热效应越大,峰面积也就越大。在差热分析中通常还规定:峰顶向上的峰为放热峰,它表示被测物质的焓变小于零,其温度将高于参比物;相反,峰顶向下的峰为吸热峰,则表示试样的温度低于参比物。

差热曲线的峰形、出峰位置、峰面积等受被测物质的质量、热传导率、比热容、粒度、填充的程度、周围气氛和升温速率等因素的影响。因此,要使结果具有良好的再现性,对上述各点必须十分注意。一般来说,升温速率增大,达到峰值的温度向高温方向偏移,峰形变锐,但峰的分辨率降低,两个相邻的峰中,一个将会把另一个遮盖起来。

2. 热重分析

当被测物质在加热过程中有升华、汽化、分解出气体或失去结晶水时,被测物质的质量就会发生变化。这时热重曲线就不是直线而是有所下降。通过分析热重曲线,就可以知道被测物质在多少度时产生变化,并且可以根据失重量计算物质质量变化。

技能目标是能用差热分析法正确测定 $CuSO_4 \cdot 5H_2O$。

【仪器与试剂】

1. 仪器

热重-差热同步分析仪、电子分析天平。

2. 试剂

$CuSO_4 \cdot 5H_2O(AR)$:实验前碾成粉末,粒度为 100～300 目。

【操作步骤】

(1) 仔细阅读仪器操作说明书,在教师指导下,开启仪器和计算机,运行有关程序。

(2) 样品称量。先在十万分之一的电子分析天平上准确称取 α-Al_2O_3 坩埚质量并记录,再在其中准确称取约 10 mg 固体 $CuSO_4 \cdot 5H_2O$。

(3) 样品放置。升起加热炉体,用镊子小心地将空的参比坩埚和盛有样品的坩埚放置在测量支架上,落下炉体。

(4) 设定测试程序。在教师的指导下选择相应的实验参数,设置温度程序为:30 ℃初始等待状态,升温范围 30～300 ℃,升温速率为 5 ℃·min^{-1}。测试气氛为 30 $cm^3 \cdot min^{-1}$ 的流动空气。

(5) 初始等待约 35 min 后,清零,开始测定。

(6) 测试结束后,待样品温度降至 100 ℃以下,升起炉体,用镊子取出坩埚放在规定处,降下炉体,结束实验。

【数据记录及处理】

(1) 启动数据分析程序,调入已做的谱图,对其热重及差热曲线进行分析并在图中标注。

(2) 根据分析结果,给出 $CuSO_4 \cdot 5H_2O$ 的热分解机理,写出相应的反应式及热效应。

(3) 将实验结果与标准数据对比,并进行讨论。

【注意事项】

(1) 被测样品应在实验前碾成粉末,一般粒度在 $100\sim300$ 目。装样时,应在实验台上轻轻敲几下,以保证样品之间有良好的接触。

(2) 将坩埚放置在测试支架上时,要小心操作,不能让样品洒在支架上。镊子不能与支架托盘接触,坩埚与支架必须接触良好。

(3) 初始等待开始时,注意手动调节气体流量计。

【思考与讨论】

(1) 差热分析实验中应选择合适的参比物,本次实验的参比物是什么? 常用的参比物有哪些?

(2) 差热曲线的形状与哪些因素有关? 影响差热分析结果的主要因素是什么?

第四节　联用分析技术

实验 11-4　GC-MS 检测邻二甲苯中的杂质苯和乙苯(综合性选做实验)

【目的要求】

(1) 了解 GC-MS 的工作原理及分析条件。

(2) 学习使用 GC-MS 分离有机混合体系。

(3) 熟悉内标法定量检测的基本原理和操作方法。

【基本原理和技能】

GC-MS 由气相色谱单元、接口、质谱单元、计算机四部分组成。气相色谱完成对混合样的分离,接口是样品组分的传输线和 GC、MS 两机工作流量或气压的匹配器,质谱是样品组分的鉴定器,计算机是整机的工作指挥器、数据处理器和分析结果输出器。

测定试样中少量杂质和仅需测定试样中某些组分时,可以采用内标法。

内标法的原理是选取与被测物结构相似的化合物 A 作为内标物,并称取一定量内标物 A 加入已知量的待测组分 B 中,质谱仪聚焦在待测组分 B 特征离子和内标物 A 的组分特征离子上。用待测组分 B 的峰面积与内标物 A 的峰面积的比值与它们的进样量之比作图,绘制标准曲线。在相同条件下测出试样中的这一比值,对照标准曲线即可求出试样中待测组分 B 的含量。内标法消除了进样量差别等因素造成的误差。

内标法定量结果准确,进样量及操作不需严格控制。

内标物选择原则如下:一定是试样中不存在的纯物质;内标物的色谱峰应位于被测组分色谱峰附近;与被测组分有相似的物理化学性质;加入的量与被测组分含量接近。在很难选择合适的内标物时,也可以采用同位素标记物作为内标物。

本实验选择甲苯作为内标物,测定邻二甲苯中的杂质苯和乙苯的含量。

技能目标是能用 GC-MS 分析法正确测定邻二甲苯中的杂质含量。

【仪器和试剂】

1. 仪器

气相色谱-质谱联用仪、容量瓶(10 mL)、微量注射器(1 μL)、电子分析天平。

2. 试剂

苯(分析纯)、甲苯(分析纯)、乙苯(分析纯)、邻二甲苯(分析纯)、乙醚(分析纯)、含杂质邻二甲苯待测样品。

【操作步骤】

1. 标准溶液的配制

按表 11-4-1 配制标准溶液,分别置于 10 mL 容量瓶中,用乙醚稀释至刻度,摇匀备用。

表 11-4-1　标准溶液的配制

编号	$m_{苯}/g$	$m_{甲苯}/g$	$m_{乙苯}/g$	$m_{邻二甲苯}/g$
1	0.05	0.15	0.05	6.00
2	0.10	0.15	0.10	6.00
3	0.15	0.15	0.15	6.00
4	0.20	0.15	0.20	6.00
5	0.30	0.15	0.30	6.00

2. 未知样品溶液的配制

称取 6.00 g 样品,置于 10 mL 容量瓶中,加入 0.15 g 甲苯后用乙醚稀释至刻度,摇匀备用。

3. 实验条件的设置

开启 GC-MS,抽真空、检漏,设置实验条件。

(1) GC:色谱柱为 DB25MS 石英毛细管柱(30 m×0.25 mm,0.25 μm);流动相为氮气,流量为 15 mL·min⁻¹;进样口温度 80 ℃,柱初始温度 50 ℃,保持 2 min,程序升温到 60 ℃,升温速度 5 ℃·min⁻¹,最后在 60 ℃保持 2 min。

(2) MS:发射电流为 150 eV,离子源温度为 200 ℃,电离方式为 EI,电子能量为 70 eV,扫描范围为 20~250 amu。

4. 分析测定

依次吸取上述各标准溶液及制备的未知样品溶液 1 μL 进样,记录色谱图。

在"Processing setup"程序设置窗口设立定量检测方法,将检测方式设定为内标法,并将甲苯设置为内标物。应用设置的定量检测方法对上述标准溶液及未知样品溶液重新运行序列,从定量窗口查看运行结果。

【数据记录及处理】

(1) 记录实验条件。

(2) 测量标准溶液中待测组分与内标物峰面积,并将其比值列于表 11-4-2。

表 11-4-2　数据记录和实验结果处理

标准溶液编号	苯/甲苯		乙苯/甲苯	
	m_i/m_s	A_i/A_s	m_i/m_s	A_i/A_s
1				
2				
3				
4				
5				

(3) 绘制各组分的 A_i/A_s - m_i/m_s 标准曲线。

(4) 根据未知样品的 A_i/A_s 值,在标准曲线上查出相应的 m_i/m_s。

(5) 根据下式计算样品中苯和乙苯的含量:

$$w = \frac{m_s}{m_{样品}} \times \frac{m_i}{m_x} \times 100\%$$

【注意事项】

(1) 微量注射器改换样品时要用待进样溶液洗涤 9~10 次。

（2）内标物需合理选择。

【思考与讨论】

（1）如何选取内标物？

（2）与外标法相比，内标法具有何种优点？

（3）GC-MS 定量分析与 GC 定量分析相比，有什么相同和不同之处？

实验 11-5　HPLC-MS 测定人体血浆中扑热息痛的含量（综合性实验）

【目的要求】

（1）学习高效液相色谱-质谱联用仪的结构、工作原理和使用方法。

（2）了解 HPLC-MS 的特点和应用，学会谱图的分析和数据处理方法。

（3）掌握 HPLC-MS 测定人体血浆中扑热息痛含量的方法。

【基本原理和技能】

高效液相色谱灵敏、专属性强，质谱能提供相对分子质量和结构信息，高效液相色谱-质谱联用是一种快速分析和可实现对多个化合物同时分析，并能识别痕量样品的分离分析技术。HPLC-MS 比 GC-MS 困难得多，HPLC 作为液相分离技术，流动相是液体，如果流动相直接进入真空条件下工作的质谱，将严重破坏质谱真空系统。

HPLC-MS 联用技术的关键在于二者接口，其基本功能是去溶剂化和离子化。在采用大气压电离化技术后，HPLC-MS 才发展成为常规应用的分离及分析方法。大气压电离化是在大气压下将溶液中的离子或分子转变成气态离子，有电喷雾电离（ESI）和大气压化学电离（APCI）两种模式。ESI 接口属于"软"电离技术，只产生高丰度的准分子离子峰，无碎片离子峰，可测定不稳定的极性化合物和直接分析混合物。APCI 接口技术只产生单电荷的准分子离子峰，适用于弱极性的小分子化合物分析。

扑热息痛常用于治疗感冒和发热，健康人体在口服药物 15 min 后药物进入血液，1～2 h 后该药物在人体血液中的浓度达到最大值。使用高效液相色谱测定血液中的药物浓度，可以研究药物在人体内的代谢过程。本实验采用扑热息痛纯品（对照品）进行定量分析，以测定的扑热息痛系列标准品的峰面积与对应的浓度绘制标准曲线，最后由标准曲线确定待测血浆中扑热息痛的浓度。

【仪器和试剂】

1. 仪器

高效液相色谱-质谱联用仪、高速离心机、离心管（10 mL）、微量注射器（50 μL、

100 μL、500 μL)。

2. 试剂

健康人体血浆、扑热息痛纯品(纯度>99.9%)、三氯乙酸(分析纯)、甲醇(分析纯)、乙腈(色谱纯)、服用扑热息痛的人体待测血浆。

【操作步骤】

(1) 标准溶液的配制:取健康人体血浆 0.50 mL 于 5 支 10 mL 离心管中,分别加入扑热息痛纯品使其浓度分别为 0.50 μg·mL^{-1}、1.00 μg·mL^{-1}、2.00 μg·mL^{-1}、5.00 μg·mL^{-1}、10.00 μg·mL^{-1},再分别用 20%三氯乙酸-80%甲醇溶液定容,定容后振荡 1 min,离心 5 min 备用。

(2) 实验条件的设置。

开启 HPLC-MS,抽真空、检漏,设置实验条件。

① 高效液相色谱:色谱柱为 Econosphere C$_{18}$,10 cm×4.6 mm;流动相为水-乙腈,体积比为 90:10,流量 1 mL·min^{-1};检测器工作波长 254 nm;柱温 30 ℃。

② 质谱:EI 离子源,离子源温度 230 ℃,电离能量 70 eV;四极杆质量分析器温度 150 ℃,扫描范围 15~250 amu。

(3) 取离心后标准溶液的上清液 20 μL 注入高效液相色谱仪中,除空白血浆离心液外,每个浓度需进样 3 次。计算各个浓度扑热息痛峰面积的平均值,以该平均值为纵坐标,相应的浓度为横坐标,绘制标准曲线。

(4) 取 0.50 mL 待测血浆,置于 10 mL 离心管中,加入 20%三氯乙酸-80%甲醇溶液定容,振荡 1 min,离心 5 min 后取上清液 20 μL,注入高效液相色谱仪中,平行分析 3 次,确定待测血浆中扑热息痛峰面积的平均值。

【数据记录及处理】

(1) 根据标准溶液测定数据计算线性回归方程。
(2) 由待测血浆中测定的数据计算其扑热息痛的浓度。

【注意事项】

(1) 准确称取扑热息痛,正确使用离心管,浓度的准确性直接关系到实验结果的准确性。

(2) 使用微量注射器时避免抽入空气,将干燥并用分析液吸洗 9~10 次的微量注射器插入分析溶液的液面下,反复提拉数次驱赶气泡,然后慢慢提升至针芯刻度。每注射完一种溶液后需用后一种溶液抽洗微量注射器 9~10 次。实验结束后,要用去离子水彻底清洗微量注射器,以防污染和生锈。

（3）离心后的溶液不要振荡。

（4）稳定要在 30 min 以上才可开始测定。

【思考与讨论】

（1）LC-MS 的特点有哪些？LC-MS 联用技术的关键是什么？

（2）本实验使用了标准曲线法定量，该方法有哪些特点？是否还有其他定量方法？

第十二章　仪器分析研究创新性实验

【目的要求】

在做完仪器分析基础性实验和综合性实验的基础上,为了进一步发挥学生的学习主动性,巩固学过的基础知识和操作技术,在查阅文献能力、解决问题和分析问题能力以及动手能力等诸方面得到锻炼与提高,本章安排了一些研究创新性实验。要求学生针对教师给定的实验题目,自己预先查阅参考文献,搜集文献上对该题目的各种分析方法,结合本实验室的设备条件和本人的兴趣,选择其中的一种或两种方法,拟定具体实验步骤,写出实验设计报告。在此基础上,同学之间在实验讨论课上交流各自设计的实验,并展开讨论,其内容包括以下几方面:

(1) 所选分析方法的理论依据;

(2) 所需仪器和试剂;

(3) 具体操作步骤;

(4) 含量测定实验结果的处理;

(5) 实验中应注意的事项;

(6) 参考文献。

然后在教师的指导下,确定具体的实验方法。实验时,根据各自设计的实验,从试剂的配制到最后写出实验报告,都由学生独立完成。

【教学学时】

8 学时(不包括学生查阅文献和书写报告的时间)。

【实验题目】

(1) 人发中微量元素铜和锌的测定。

(2) 城市干道树叶上铅的分析统计。

(3) 复方阿司匹林片中阿司匹林、非那西丁、咖啡因含量测定。

(4) 奶粉中微量元素分析。

(5) 矿泉水中微量金属元素的分析。

(6) 尿中钙、镁、钠和钾的测定。

（7）血清或血浆中铜和锌的测定。

（8）鱼或肉中铅和汞的测定。

（9）番茄中维生素 C 的测定。

（10）化妆品中限用或禁用物质检验方法设计与评价。

（11）设计一种紫外测定方法，用其来测定牛血清中蛋白质的浓度。

（12）设计一种电泳法，测定 DNA 的纯度、含量与相对分子质量。

（13）设计一种色谱-质谱法，测定苹果汁中各种有机酸成分及其含量。

（14）设计一种色谱-质谱法，测定环境中多环芳烃各成分组成及每种组分的含量。

（15）设计高效液相色谱法测定饮用水中 N-亚硝胺的含量。

（16）设计毛细管气相色谱法测定蔬菜、水果中多种有机磷农药残留。

（17）设计四谱(UV-Vis、IR、NMR、GC-MS)联合解析方法，鉴定中药山柰挥发油中结晶物质的结构。

【教学安排】

（1）学生选题、分组，并由指导教师布置查文献和其他有关事宜。

（2）每位学生在规定时间内设计出实验方法、实验措施等内容，然后相互讨论。

（3）每位学生根据各自所确定的分析方法和经修改的实验设计报告，在教师指导下独立完成实验。

【文献查阅】

为了帮助学生迅速、准确地搜集到切合所选的设计实验题目的文献资料，下面列出一些常用的书刊和化学信息网址，以供参考。

1. 全书、手册和图集

（1）《中国大百科全书化学卷》，北京：中国大百科全书出版社。

（2）《化工百科全书》，北京：化学工业出版社。

（3）《分析化学手册》，北京：化学工业出版社。

（4）《现代化学试剂手册》，北京：化学工业出版社。

（5）《Lange's Handbook of Chemistry》(兰氏化学手册)，北京：科学出版社。

（6）《Sadtler Reference Spectra Collection》(萨德勒标准光谱集)，美国：Sadtler Research Laboratories.

2. 期刊

1）期刊式检索工具

期刊式检索工具是像期刊一样的定期连续出版物，具有收集文献量大面广、出版速度快等优点，是手工检索原始文献最重要的工具。有关仪器分析的检索期刊列举如下。

(1)《Analytical Abstracts》(英国分析文献),创刊于 1954 年,是一部分析化学学科的综合性文摘。

(2)《分析化学文摘》,创刊于 1960 年,由中国科学技术信息研究所编辑,科学技术文献出版社出版。

(3)《Chemical Abstracts》(美国化学文摘),创刊于 1907 年,摘录范围包括刊物 1 万多种,是化学工作者检索化学文献最重要、最方便的工具。

2）分析期刊

(1)《分析化学》,创刊于 1973 年,中国化学会长春应用化学所主办。

(2)《分析测试学报》,创刊于 1982 年,中国分析测试学会主办。

(3)《理化检验(化学分册)》,创刊于 1965 年,中国机械师学会主办。

(4)《色谱》,创刊于 1984 年,中国化学会色谱专业委员会主办。

(5)《分析实验室》,创刊于 1982 年,中国有色金属学会主办。

(6)《光谱学与光谱分析》,创刊于 1981 年,中国光学学会主办。

(7)《冶金分析》,创刊于 1981 年,北京钢铁研究总院主办。

(8)《药学学报》,创刊于 1953 年,中国药学会主办。

(9)《药物分析杂志》,创刊于 1981 年,中国药学会主办,中国食品药品检定研究院承办。

(10)《环境化学》,创刊于 1982 年,中国环境科学学会和中国科学院生态环境研究中心主办。

(11)《食品与发酵工业》,创刊于 1974 年,中国食品与发酵工业科技情报站主办。

(12)《高等学校化学学报》,创刊于 1964 年,中国教育部主办。

(13)《Analytical Chemistry》(分析化学),创刊于 1949 年,由 American Chemical Society 出版。

(14)《Analytica Chemica Acta》(分析化学学报),创刊于 1947 年,荷兰 Elsevier Science Publishers 出版。

(15)《Analytical Letters—Part A:Chemical Analysis》(分析快报——A 辑:化学分析),创刊于 1967 年,美国 Marcel Dekker,Inc. 出版。

3. 化学信息网址

1）化学信息与检索

(1)中国科学院文献情报中心　http://www.las.ac.cn/

(2)中国科技情报网　http://www.chinainfo.gov.cn/

(3)中国中医药信息网　http://www.cintcm.ac.cn/

(4)中国医学信息网　http://www.imicams.ac.cn/

(5)英国皇家化学会　http://www.rsc.org/

（6）美国化学学会出版集团　http://pubs.acs.org/

2）化学教育、教学、实验网

（1）中国教育科研网　http://www.cernet.edu.cn/

（2）分析化学　http://www.chem.vt.edu/

（3）化学结构绘制软件　http://www.cheminnovation.com/

（4）剑桥大学化学实验室　http://www.ch.cam.ac.uk/

（5）牛津大学化学实验室　http://www.chem.ox.ac.uk/

（6）化学演示实验集锦　http://www.anachem.umu.se/

3）化学仪器及化学试剂供应商

（1）仪器信息网　http://www.instrument.com.cn/

（2）中国仪器仪表信息网　http://www.instrnet.com/

4）其他重要网址

（1）化学领域多来咪站　http://csite.myrice.com/

（2）诺贝尔化学奖得主　http://nobelprizes.com/nobel/chemistry/chemistry.html

第十三章 Excel 和 Origin 在实验数据处理与误差分析中的应用

　　无论是化学科研工作者还是做化学实验的学生,经常要处理大量的实验数据,而以往落后的处理工具和计算方法不仅处理时间长,工作效率低,而且不直观也不准确,早已不符合现代科研工作的要求。于是,在计算机科学日益发展的今天,出现了很多方便计算与处理实验数据的工具软件,这些工具软件可以根据一套原始数据,在数据库、公式、函数、图表之间进行数据传递、链接和编辑工作,因而具有对原始数据进行汇总列表、数据处理、统计计算、绘制图表、回归分析及验证等多项功能,使实验数据得到及时、有效、准确的表达。Excel 是微软公司办公软件 Microsoft Office 的重要组成部分,是世界上使用最普遍的办公软件之一,可以大大提高误差计算和实验数据统计处理工作效率。本书重点介绍 Excel 在实验数据处理与误差分析中的应用。

第一节　排　　序

　　Q 检验等实验数据统计中常需要对数据从小到大或从大到小进行排列,少数数据尚可以手工进行,但当数据量较大时,手工排序就显得非常不便。将数据输入Excel 表格中,选中需要排序的数据,如图 13-1-1 所示。

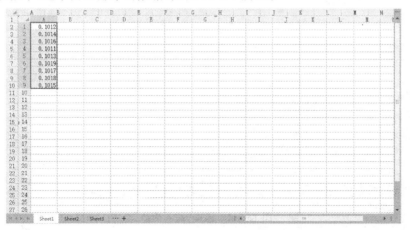

图 13-1-1　用 Excel 排序

　　点击菜单栏中的"数据"，选择"排序"，在对话框中根据要求选择"升序"或"降序"，点击"确定"即可。

第二节　常用函数的使用

　　在数据统计中，经常需要反复进行求平均值、求标准偏差这些运算，Excel 中具有这些常用函数，可以直接调用。将数据输入 Excel 的表格中以后，将光标移入某空白单元格以放置运算结果，如图 13-2-1 所示。

图 13-2-1　用 Excel 选择常用函数对话框

　　点击菜单栏中的"插入"，选择"函数"。或点击菜单栏中的"公式"，选择"插入函数"，如图 13-2-2 所示。

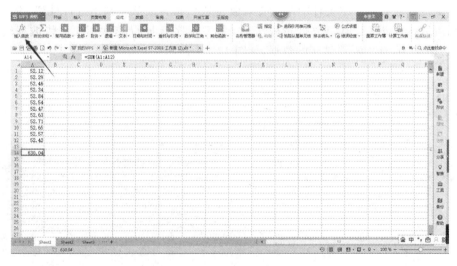

图 13-2-2　选择"插入函数"

点击"插入函数"弹出"插入函数"对话框,在该对话框中选择所需的计算类别(如常用函数),并用鼠标选中相应的具体函数,如:求和(SUM)、平均值(AVERAGE)、中位数(MEDIAN)、标准偏差(STDEVP)等,然后点击"确定",此时又会弹出另一"函数参数"对话框,在出现的对话框中单击带红色箭头的按钮,用键盘输入或用鼠标选中的方式将所需运算的原始数据区域加入其中,点击"确定"即可。比如求和(SUM)计算,如图 13-2-3 所示。

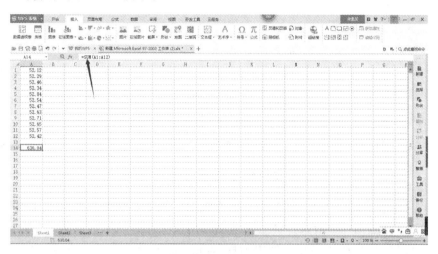

图 13-2-3　用 Excel 求和(SUM)

第三节　工作曲线的绘制

在紫外-可见分光光度法中,吸光度与浓度呈正比是基本的定量关系,经常需要得到标准溶液的浓度与相应吸光度之间的线性关系并作图,这些功能可以用最小二乘法编程完成,也可以用函数计算器完成,但均不如 Excel 方便。将实验数据输入数据区中的 A(自变量)列和 B(因变量)列,并拖动鼠标选中数据区域,如图 13-3-1 所示。

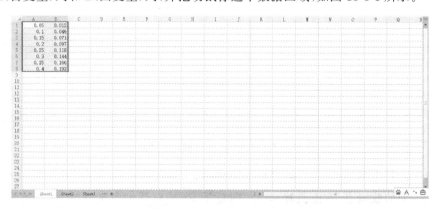

图 13-3-1　数据输入 Excel 中整理成表格

　　从菜单栏里选择"插入"，再依次选择"图表"，如图 13-3-2 所示。

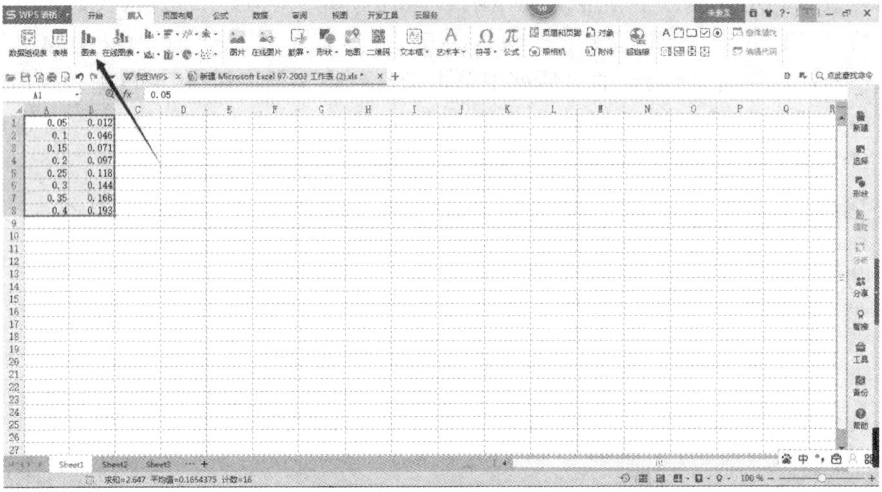

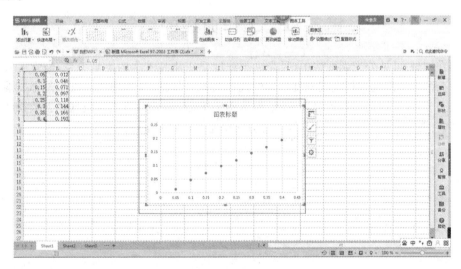

图 13-3-2　选择"图表"

　　单击"图表"弹出"插入图表"对话框，在该对话框中左侧则会出现"柱形图"、"折线图"、"XY 散点图"，一般选择"XY 散点图"，用鼠标点击"XY 散点图"，在对话框右上侧会出现子图表类型，选中子图表类型，点击"确定"即可绘成散点图，如图 13-3-3 所示。

图 13-3-3　用 Excel 绘制散点工作曲线

　　双击或右击图中的坐标轴、图标等对象，均可对这些对象进行格式修改。选中图中任意一个的数据点，右击鼠标弹出一对话框，在该对话框内选择"添加趋势线"，此时的散点图变为直线图，如图 13-3-4 所示。

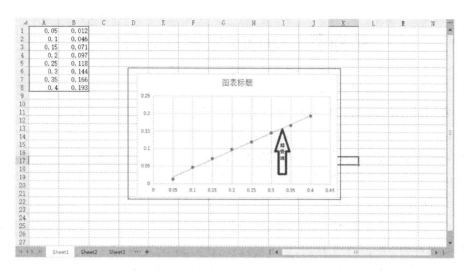

图 13-3-4　用 Excel 绘制线性工作曲线

在上述对话框右侧趋势线选项中,选择趋势线类型(如线性,最常用);在趋势线名称中,选择"自动";在趋势预测中选中趋势线参数(如显示公式、显示 R 平方值),此时在该图上侧可出现回归方程式(公式)和 R^2 值,如图 13-3-5 所示。

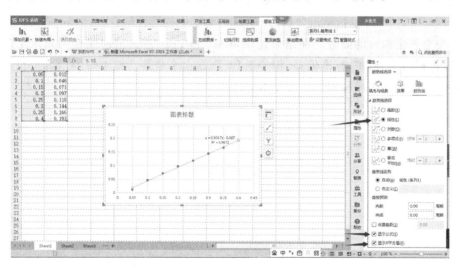

图 13-3-5　显示趋势线参数

图中所有对象的格式均可通过双击对象后出现设置对话框进行更改。

第四节　Origin 使用方法简介

1. Origin 结构组成

常用的 Origin 的结构包括两部分,即工作表(Worksheet)和绘图窗口(Plot Windows)。工作表可以迅速进行大量的数据处理及转换。使用绘图窗口,可以方便地更改图形的外貌,直观地进行数学分析、拟合。绝大多数实验数据的处理可以在 Origin 上完成,并且其数据处理和绘图可以同时完成。

2. Origin 使用方法

(1) 在"开始"菜单中单击 Origin 程序图标,即可启动 Origin。Origin 启动后,自动给出名称为"Datal"的工作表,该工作表有 A(X)和 B(Y)两列。

(2) 在工作表(Worksheet)中的 A(X)列和 B(Y)列输入数据,一般默认 A 列和 B 列分别为 X(自变量)和 Y(因变量)数据。

(3) 输入相应数据后,单击绘图(Plot)菜单中的分散(Scatter)命令,或使用工具栏中按钮绘制出散点图。该图形点的形状和大小、坐标轴的形式、数据的范围均可通过用鼠标双击相应位置打开的对话框来调整。

(4) 绘制散点图后,单击分析(Analysis)菜单中的线性拟合(Fit Linear)命令,则在图中会产生拟合的曲线。在结果记录(Results Log)窗口给出线性回归求出的参数值,包括斜率、截距、标准偏差、相关系数、数据点个数等。该窗口的内容可以拷贝粘贴到其他程序中或保存为一个文本文件。

参 考 文 献

[1] 张晓丽.仪器分析实验[M].北京:化学工业出版社,2006.

[2] 张剑荣,戚苓,方惠群.仪器分析实验[M].北京:科学出版社,1999.

[3] 王少云,姜维林.分析化学与药物分析实验[M].山东:山东大学出版社,2003.

[4] 刘珍.化验员读本 下册(仪器分析)[M].北京:化学工业出版社,2004.

[5] 华中师范大学,东北师范大学,陕西师范大学,北京师范大学.分析化学实验[M].3 版.北京:高等教育出版社,2001.

[6] 杜晓燕.卫生化学实验[M].北京:人民卫生出版社,2007.

[7] 杨梅,梁信源,黄富嵘.分析化学实验[M].上海:华东理工大学出版社,2005.

[8] 张正奇.分析化学[M].2 版.北京:科学出版社,2006.

[9] 李发美.分析化学[M].7 版.北京:人民卫生出版社,2011.

[10] 李克安.分析化学教程[M].北京:北京大学出版社,2005.

[11] Rubinson K A,Rubinson J F.现代仪器分析[M].影印版.北京:科学出版社,2003.

[12] 苏克曼,张济新.仪器分析实验[M].2 版.北京:高等教育出版社,2005.

[13] 杨根元.实用仪器分析[M].4 版.北京:北京大学出版社,2010.

[14] 曾元儿,张凌.仪器分析[M].北京:科学出版社,2007.

[15] 王蕾,崔迎.仪器分析[M].天津:天津大学出版社,2009.

[16] 叶宪曾,张新祥.仪器分析教程[M].2 版.北京:北京大学出版社,2007.

[17] Silverstein R M,Webster F X,Kiemle D J.有机化合物的波谱解析[M].上海:华东理工大学出版社,2007.

[18] 许金钩,王尊本.荧光分析法[M].3 版.北京:科学出版社,2006.

[19] 陈义.毛细管电泳技术及应用[M].2 版.北京:化学工业出版社,2006.

[20] 吴烈钧.气相色谱检测方法[M].2 版.北京:化学工业出版社,2005.

[21] 孙毓庆.现代色谱法及其在药物分析中应用[M].北京:科学出版社,2005.

[22] 傅若农.色谱分析概论[M].2 版.北京:化学工业出版社,2005.

[23] 张寒琦.仪器分析[M].北京:高等教育出版社,2009.

[24] 朱明华,胡坪.仪器分析[M].4 版.北京:高等教育出版社,2011.

[25] 宋航.药学色谱技术[M].北京:化学工业出版社,2007.

[26] 汪正范.色谱定性与定量[M].2 版.北京:化学工业出版社,2007.

[27] 于世林.高效液相色谱方法及应用[M].2 版.北京:化学工业出版社,2005.

[28] 李梦龙,薄雪梅.分析化学数据速查手册[M].北京:化学工业出版社,2009.

[29] 佘振宝,姜桂兰.分析化学实验[M].北京:化学工业出版社,2008.

[30]　浙江大学,华东理工大学,四川大学.新编大学化学实验[M].北京:高等教育出版社,2002.

[31]　林金明.化学发光基础理论与应用[M].北京:化学工业出版社,2004.

[32]　牟世芬,刘克纳.离子色谱方法及应用[M].北京:化学工业出版社,2000.

[33]　徐秉玖.仪器分析[M].北京:北京大学医学出版社,2005.

[34]　贾琼,马玖彤,宋乃忠.仪器分析实验[M].北京:科学出版社,2016.